轨道交通装备制造业职业技能鉴定指导丛书

材料物理性能检验工

中国北车股份有限公司　编写

中国铁道出版社

2015年·北京

图书在版编目(CIP)数据

材料物理性能检验工/中国北车股份有限公司编写．—北京：中国铁道出版社，2015．4

(轨道交通装备制造业职业技能鉴定指导丛书)

ISBN 978-7-113-20057-2

Ⅰ．①材…　Ⅱ．①中…　Ⅲ．①工程材料－物理性能－性能检测－职业技能－鉴定－自学参考资料　Ⅳ．①TB303

中国版本图书馆CIP数据核字(2015)第042876号

书　　名： 轨道交通装备制造业职业技能鉴定指导丛书
材料物理性能检验工

作　　者： 中国北车股份有限公司

策　　划： 江新锡　钱士明　徐　艳

责任编辑： 王　健　　**编辑部电话：** 010-51873065

封面设计： 郑春鹏

责任校对： 孙　玫

责任印制： 郭向伟

出版发行： 中国铁道出版社(100054，北京市西城区右安门西街8号)

网　　址： http://www.tdpress.com

印　　刷： 北京尚品荣华印刷有限公司

版　　次： 2015年4月第1版　2015年4月第1次印刷

开　　本： 787 mm×1 092 mm　1/16　**印张：** 12.25　**字数：** 307千

书　　号： ISBN 978-7-113-20057-2

定　　价： 40.00元

中国北车职业技能鉴定教材修订、开发编审委员会

序

在党中央、国务院的正确决策和大力支持下，中国高铁事业迅猛发展。中国已成为全球高铁技术最全、集成能力最强、运营里程最长、运行速度最高的国家。高铁已成为中国外交的新名片，成为中国高端装备"走出国门"的排头兵。

中国北车作为高铁事业的积极参与者和主要推动者，在大力推动产品、技术创新的同时，始终站在人才队伍建设的重要战略高度，把高技能人才作为创新资源的重要组成部分，不断加大培养力度。广大技术工人立足本职岗位，用自己的聪明才智，为中国高铁事业的创新、发展做出了重要贡献，被李克强同志亲切地赞誉为"中国第一代高铁工人"。如今在这支近5万人的队伍中，持证率已超过96%，高技能人才占比已超过60%，3人荣获"中华技能大奖"，24人荣获国务院"政府特殊津贴"，44人荣获"全国技术能手"称号。

高技能人才队伍的发展，得益于国家的政策环境，得益于企业的发展，也得益于扎实的基础工作。自2002年起，中国北车作为国家首批职业技能鉴定试点企业，积极开展工作，编制鉴定教材，在构建企业技能人才评价体系、推动企业高技能人才队伍建设方面取得明显成效。为适应国家职业技能鉴定工作的不断深入，以及中国高端装备制造技术的快速发展，我们又组织修订、开发了覆盖所有职业(工种)的新教材。

在这次教材修订、开发中，编者们基于对多年鉴定工作规律的认识，提出了"核心技能要素"等概念，创造性地开发了《职业技能鉴定技能操作考核框架》。该《框架》作为技能人才评价的新标尺，填补了以往鉴定实操考试中缺乏命题水平评估标准的空白，很好地统一了不同鉴定机构的鉴定标准，大大提高了职业技能鉴定的公信力，具有广泛的适用性。

相信《轨道交通装备制造业职业技能鉴定指导丛书》的出版发行，对于促进我国职业技能鉴定工作的发展，对于推动高技能人才队伍的建设，对于振兴中国高端装备制造业，必将发挥积极的作用。

中国北车股份有限公司总裁：

2015.2.7

前　言

鉴定教材是职业技能鉴定工作的重要基础。2002年，经原劳动保障部批准，中国北车成为国家职业技能鉴定首批试点中央企业，开始全面开展职业技能鉴定工作。2003年，根据《国家职业标准》要求，并结合自身实际，组织开发了《职业技能鉴定指导丛书》，共涉及车工等52个职业（工种）的初、中、高3个等级。多年来，这些教材为不断提升技能人才素质、适应企业转型升级、实施"三步走"发展战略的需要发挥了重要作用。

随着企业的快速发展和国家职业技能鉴定工作的不断深入，特别是以高速动车组为代表的世界一流产品制造技术的快步发展，现有的职业技能鉴定教材在内容、标准等诸多方面，已明显不适应企业构建新型技能人才评价体系的要求。为此，公司决定修订、开发《轨道交通装备制造业职业技能鉴定指导丛书》（以下简称《丛书》）。

本《丛书》的修订、开发，始终围绕促进实现中国北车"三步走"发展战略、打造世界一流企业的目标，努力遵循"执行国家标准与体现企业实际需要相结合、继承和发展相结合、坚持质量第一、坚持岗位个性服从于职业共性"四项工作原则，以提高中国北车技术工人队伍整体素质为目的，以主要和关键技术职业为重点，依据《国家职业标准》对知识、技能的各项要求，力求通过自主开发、借鉴吸收、创新发展，进一步推动企业职业技能鉴定教材建设，确保职业技能鉴定工作更好地满足企业发展对高技能人才队伍建设工作的迫切需要。

本《丛书》修订、开发中，认真总结和梳理了过去12年企业鉴定工作的经验以及对鉴定工作规律的认识，本着"紧密结合企业工作实际，完整贯彻落实《国家职业标准》，切实提高职业技能鉴定工作质量"的基本理念，在技能操作考核方面提出了"核心技能要素"和"完整落实《国家职业标准》"两个概念，并探索、开发出了中国北车《职业技能鉴定技能操作考核框架》；对于暂无《国家职业标准》、又无相关行业职业标准的40个职业，按照国家有关《技术规程》开发了《中国北车职业标准》。经2014年技师、高级技师技能鉴定实作考试中27个职业的试用表明：该《框架》既完整反映了《国家职业标准》对理论和技能两方面的要求，又适应了企业生产和技术工人队伍建设的需要，突破了以往技能鉴定实作考核中试卷的难度与完整性评估的"瓶颈"，统一了不同产品、不同技术含量企业的鉴定标准，提高了鉴定考核的技术含量，保证了职业技能鉴定的公平性，提高了职业技能鉴定工作质量和管理水平，将成为职业技能鉴定工作、进而成为生产操作者技能素质评价的新标尺。

本《丛书》共涉及98个职业(工种),覆盖了中国北车开展职业技能鉴定的所有职业(工种)。《丛书》中每一职业(工种)又分为初、中、高3个技能等级,并按职业技能鉴定理论、技能考试的内容和形式编写。其中:理论知识部分包括知识要求练习题与答案;技能操作部分包括《技能考核框架》和《样题与分析》。本《丛书》按职业(工种)分册,并计划第一批出版74个职业(工种)。

本《丛书》在修订、开发中,仍侧重于相关理论知识和技能要求的应知应会,若要更全面、系统地掌握《国家职业标准》规定的理论与技能要求,还可参考其他相关教材。

本《丛书》在修订、开发中得到了所属企业各级领导、技术专家、技能专家和培训、鉴定工作人员的大力支持;人力资源和社会保障部职业能力建设司和职业技能鉴定中心、中国铁道出版社等有关部门也给予了热情关怀和帮助,我们在此一并表示衷心感谢。

本《丛书》之《材料物理性能检验工》由北京南口轨道交通机械有限责任公司《材料物理性能检验工》项目组编写。主编王盼盼,副主编陈更强;主审杨万军,副主审杨楠;参编人员李忙、李广庆。

由于时间及水平所限,本《丛书》难免有错、漏之处,敬请读者批评指正。

中国北车职业技能鉴定教材修订、开发编审委员会

二〇一四年十二月二十二日

目　录

材料物理性能检验工(职业道德)习题

一、单项选择题

1.(　　)是指坚持某种道德行为的毅力,它来源于一定的道德认识和道德情感,又依赖于实际生活的磨炼才能形成。

(A)道德观念　　(B)道德情感　　(C)道德意志　　(D)道德信念

2. 营造良好和谐的社会氛围,必须统筹协调各方面的利益关系,妥善处理社会矛盾,形成友善的人际关系。那么社会关系的主体是(　　)。

(A)社会　　(B)团体　　(C)人　　(D)以上都是

3. 无产阶级世界观和马克思主义思想的基础是(　　)。

(A)改革创新　　(B)实事求是　　(C)廉洁奉公　　(D)勤政爱民

4. 人们对未来的工作部门、工作种类、职责业务的想象、向往和希望称为(　　)。

(A)职业文化　　(B)职业素养　　(C)职业理想　　(D)职业道德

5. 共产党的宗旨是(　　),它是对共产党员的要求,也是对各职业一切先进分子的要求。

(A)个人利益服从集体利益　　(B)全心全意为人民服务

(C)奉献社会　　(D)爱岗敬业

6. 在社会主义市场经济条件下,要促进个人与社会的和谐发展,集体主义原则要求把社会集体利益与(　　)结合起来。

(A)国家利益　　(B)个人利益　　(C)集体利益　　(D)党的利益

7. 人生的基本内容决定人生是一个充满矛盾的生活过程,概括地说,人生的基本内容是(　　)。

(A)物质生活　　(B)精神生活

(C)物质生活和精神生活　　(D)以上都不是

8. 以下行为活动中,不属于爱人民的行为表现的是(　　)。

(A)处处尊重人民,尊重人民的首创精神

(B)关心人民的疾苦,一心一意为人民谋利益

(C)要同一切危害人民利益的行为作坚决斗争

(D)维护人民群众的一切权益

9. 促进社会和谐的重要因素是坚持正确的(　　)。

(A)社会新闻播报　　(B)思想舆论导向　　(C)政策方针指引　　(D)优惠政策扶持

10. 不同于其他的行为准则,能够区分善与恶、好与坏、正义与非正义的行为准则是(　　)。

(A)法律规范　　(B)政治规范　　(C)道德理论体系　　(D)道德规范

11. 集体主义原则的出发点和归宿是(　　)。

(A)集体利益高于个人利益　　(B)集体利益服从个人利益

(C)集体利益与个人利益相结合　　(D)集体利益包含个人利益

12. 道德的特点有(　　)。

(A)独立性　　(B)历史性和阶级性

(C)全人类性和批判继承性　　(D)以上都是

13. 下面选项中,没有体现出社会信用制度的特征的是(　　)。

(A)道德为支撑　　(B)产权为基础　　(C)诚信为根本　　(D)法律为保障

14. 做人的最高标准是(　　)。

(A)道德认识　　(B)道德意志　　(C)道德信念　　(D)道德理想

15. 人民的利益高于一切是无产阶级道德观的最集中概括和共产党人人生价值的选择,为人民服务是(　　)的核心。

(A)马克思主义的科学人生价值观　　(B)社会主义道德建设

(C)邓小平理论　　(D)社会主义荣辱观

二、多项选择题

1. 马克思主义伦理学在肯定社会存在和经济基础的作用的前提下,同时承认道德反过来对社会存在和经济基础具有很大的能动作用。道德的社会作用的主要表现在(　　)。

(A)对社会现实的认识作用　　(B)对社会关系的调节作用

(C)对人们行为的教育作用　　(D)对经济基础的巩固作用。

2. 在新的历史条件下,集体主义作为社会主义的道德原则,内涵在不断地丰富和发展,其主要内涵是(　　)。

(A)集体利益高于个人利益,这是集体主义原则的出发点和归宿

(B)个人利益要服从集体利益和人民利益

(C)集体主义利益的核心是为人民服务

(D)在保障社会整体利益的前提下,个人利益与集体利益要互相结合,实现二者的统一

3. 社会主义核心价值体系的重要性体现在(　　)。

(A)是我国现代化建设保持正确方向的必然要求

(B)是构建社会主义和谐社会的重要内容和条件

(C)是促进民族团结和国家安定必不可少的推动力量

(D)是一项艰巨而复杂的任务,需要我们坚持不懈、努力奋斗

4. 职业道德教育,要根据不同行业和职业不同的实际情况,采取多种多样的方法,最主要的方法有舆论扬抑的方法、开展活动的方法以及(　　)。

(A)理论灌输的方法　　(B)自我教育的方法

(C)典型示范的方法　　(D)潜移默化的方法

5. 道德体系是由(　　)等因素构成。

(A)道德原则　　(B)道德规范　　(C)道德范畴　　(D)道德要求

6. 以下有关社会主义核心价值体系的说法,正确的是(　　)。

(A)建设社会主义核心价值体系,最根本的是坚持马克思主义的指导地位

(B)中国特色社会主义共同理想是社会主义核心价值体系的主题

(C)民族精神和时代精神是社会主义核心价值体系的精髓

(D)社会主义荣辱观是社会主义核心价值体系的基础

7. 加强公民道德建设的指导思想是( )。

(A)邓小平理论 (B)社会主义荣辱观

(C)精神文明建设 (D)"三个代表"重要思想

8. 道德作为一种社会意识形态,具有相对独立性,表现在( )。

(A)道德的变化同经济关系变化的不完全同步性

(B)道德的发展同经济发展水平的不平衡性

(C)道德的发展进程受到经济发展的制约

(D)道德有自身相对独立的历史发展过程

9. 贯穿社会主义荣辱观的思想主线是( )。

(A)以人为本 (B)以德为先 (C)以教为本 (D)以德立人

10. 为人民服务作为社会主义职业道德的核心精神,是社会主义职业道德建设的核心,体现了中国共产党的宗旨,其低层次的要求是( )。

(A)人人为我 (B)为人民服务 (C)人人为党 (D)我为人人

11. 和谐文化是和谐社会的反映,建设和谐文化是构建社会主义和谐社会的重要任务,也是一项基础性工程。建设和谐文化的意义在于( )。

(A)丰富人们的精神文化生活,为和谐社会奠定精神文化基础

(B)有利于激发全社会的创造活力,促进社会的全面、协调、可持续发展

(C)有利于坚持以人为本的理念,整合社会力量,化解矛盾,凝聚人心

(D)有利于加强文化自身的发展,实现和维护人民群众的文化权益

12. 加强诚信建设,既是促进社会主义市场经济健康发展的迫切需要,也是社会主义精神文明建设的重大课题。加强诚信建设的重要意义是( )。

(A)加强诚信建设是整顿和规范市场经济秩序,促进先进生产力发展的根本要求

(B)加强诚信建设是适应进一步扩大对外开放的新形势,提高国民经济整体素质和竞争力的迫切需要

(C)加强诚信建设是维护人民群众根本利益,为群众多办好事实事的具体体现

(D)加强诚信建设是提高公民文明素质和社会文明程度,把用先进思想武装人民群众的任务落到实处的重要内容

13. 社会主义核心价值体系是内涵十分丰富的完整体系,该体系是由( )构成。

(A)经济价值观 (B)政治价值观 (C)文化价值观 (D)社会价值观

14. 在社会主义市场经济条件下,坚持集体主义原则的重要作用有( )。

(A)增强企业和全社会的凝聚力

(B)激发劳动者的主人翁责任感、调动各行业劳动者生产和工作的积极性

(C)反对个人主义、损公肥私,保证国有资产的保值增值和防止流失

(D)推动社会主义市场经济秩序建设

15. 社会主义职业道德必须以集体主义为原则,这是( )的必然要求。

(A)社会主义道德要求 (B)社会主义经济建设

(C)社会主义政治建设　　(D)社会主义文化建设

三、判 断 题

1. 树立和实践社会主义荣辱观作为和谐文化建设的一项重要内容,促进了良好道德风尚与和谐社会的进一步形成。(　　)

2. 道德的内容包括三个方面:道德观念、道德关系和道德活动。(　　)

3. 个人谋求正当的利益是合理合法的。国家不仅不反对,而且大力支持。每个公民富裕了,国家自然而然就繁荣昌盛。(　　)

4. 许多舍己救人的模范人物,他们在他人遭遇生命危险的关键时刻,往往是“不假思索”、“毫不犹豫”,便冲上去,这是偶然的行为,属于人的瞬间反应。(　　)

5. 为人民服务原则在社会主义道德规范体系中,对其他原则和规范起着指导作用,并且处于主导地位,是最本质、最高的规范,是一切道德规范和范畴的统帅。(　　)

6. 为人民服务的最高要求,就是人民当家做主。(　　)

7. 发展的目的在于人,发展的动力在于经济,发展的举措要依靠社会。(　　)

8. 社会主义职业道德是一个内容丰富的科学体系,由“一个原则”“五个规范”“九个范畴”组成。这一个原则是指共产主义。(　　)

9. 所谓道德情感,是指人们对行为善恶、正邪的一种内心体验。(　　)

10. 职业道德信念是职业道德认识和情感相统一的“结晶”,也是社会主义职业道德品质的核心。(　　)

11. 构建社会主义和谐社会必须要做到与精神文明的建设是同步的,相辅相成的。(　　)

12. 加强公民道德建设,培育文明道德风尚,要坚持以邓小平理论和“三个代表”重要思想为指导,全面落实科学发展观。(　　)

13. 人民的利益高于一切是无产阶级道德观的最集中概括和共产党人人生价值的选择,为人民服务是马克思主义的科学人生价值观的核心。(　　)

14. 科研工作者职业道德是知识分子职业道德之一,是从事科学技术工作的人们在其职业活动中所应遵循的基本道德规范,是社会主义道德、共产主义道德在科研工作者身上的具体化。(　　)

15. 道德范畴的含义有广狭之分,从狭义上说,是指那些反映和概括道德的主要本质的,体现一定社会整体的道德要求的,并需成为人们的普遍信念而对人们行为发生影响的基本概念。(　　)

材料物理性能检验工(职业道德)答案

一、单项选择题

1. C　2. C　3. B　4. C　5. B　6. B　7. C　8. D　9. B
10. D　11. A　12. D　13. C　14. D　15. B

二、多项选择题

1. ABCD　2. AD　3. ABCD　4. ABCD　5. ABCD　6. ABCD　7. AD
8. ABD　9. AD　10. AD　11. BCD　12. ABCD　13. ABCD　14. ABCD
15. BCD

三、判 断 题

1. √　2. ×　3. √　4. ×　5. ×　6. ×　7. ×　8. ×　9. ×
10. √　11. ×　12. √　13. ×　14. √　15. √

材料物理性能检验工(初级工)习题

一、填 空 题

1. 实际结晶与理论结晶温度之差称为(　　)。

2. 高炉炼铁冶炼中,应完成的三个过程是:还原过程、造渣过程、(　　)。

3. GCr15 为(　　)。

4. 一般工厂常用的型砂水分测定方法有标准法和(　　)两种。

5. 铸件常见的表面缺陷为粘砂、夹砂和(　　)。

6. 特殊铸造包括金属型铸造、压力铸造、离心铸造和(　　)。

7. 45 钢的含碳量为(　　)。

8. 合金渗碳钢的含碳量一般为(　　)。

9. 合金调质钢的含碳量一般为(　　)。

10. 9SiCr 钢中的含碳量为(　　)左右。

11. 按合金元素总含量多少来分,高速工具钢是一种(　　)钢。

12. 从零件上截取试样时需注意不能产生(　　)使试样的组织发生变化。

13. 延伸率指试样拉断后标距部分增加的长度与(　　)长度的百分比。

14. 断面收缩率指试样拉断后的残余(　　)的相对收缩的百分比。

15. 冲击韧性表示材料抵抗(　　)的能力。

16. 压缩试样有圆柱体、正方形柱体、矩形板、(　　)试样。

17. 硬度是材料表面抵抗局部变形,特别是塑性变形、压痕或划痕的能力,是衡量金属(　　)程度的一种性能指标。

18. 90HRB 表示的意思是用(　　)标尺测得洛氏硬度值为 90。

19. 洛氏硬度试验是通过测量压痕(　　)的方法来表示材料的硬度值。

20. 冲击试验要求试样数量,一般对每一种材料试验的试样不少于(　　)个。

21. 拉伸试验的形状及尺寸,一般按金属产品的品种、规格及试验目的的不同而分为圆形、矩形(　　)及三类。

22. 取样的一般原则:首先应考虑试样具有(　　)。

23. 试样原始横截面积的计算值修约到(　　)位有效数字,修约方法按四舍六入五单双的数字修约规则进行。

24. 冲击试验试样的类型可分为缺口冲击试样和(　　)冲击试样二类。

25. 冲击实验缺口冲击试样一般情况下,可分为 V 型缺口和(　　)两种标准试样。

26. 冲击实验数据至少应保留(　　)位有效数字。

27. 冲击实验数据计算的数值需要修约时,应按照四舍六入五单双的修约规则进行,但在(　　)时不允许修约。

28. 纵向取样是指沿着钢材的(　　)方向进行取样。

29. 由于塑性变形,使金属的强度、硬度增高,而塑性与韧性降低的现象,称为(　　)。

30. 利用金相显微镜,在100～2 000×的放大倍率下,研究金属显微镜组织和缺陷的方法叫做(　　)。

31. 贝氏体组织形态的基本类型有上贝氏体、下贝氏体和(　　)。

32. 冷变形钢加热时要经历回复、再结晶和(　　)三个阶段。

33. S在钢中的作用是使钢产生(　　)。

34. P在钢中的作用是使钢产生(　　)。

35. 所谓淬透层深度即为从淬火的表面马氏体层到(　　)的深度。

36. 有效硬化层的深度是指从零件表面测到维氏硬度(　　)的垂直距离,并规定采用9.807 N(1 kgf)试验力。

37. 碳元素以化合碳(渗碳体)形式存在,断口呈亮白色的铸铁称为(　　)铸铁。

38. 促进铸铁石墨化的元素是(　　)。

39. 碳素钢铸态组织的特点为晶粒粗大和(　　)。

40. 钢中加入合金元素的目的:(1)提高机械性能;(2)改善热处理工艺性能;(3)获得特殊的(　　)。

41. 钢中的V、Ti等合金元素能沿奥氏体晶界形成稳定的(　　),故在加热时具有阻止奥氏体晶粒长大的作用。

42. 金属的冲击韧性对于评定材料(　　)的性能,鉴定冶炼及加工工艺质量或构件设计中选材等有很大作用。

43. 做压缩试验有两点非常重要,一是试样和试验机压板的平行度要好,二是(　　)。

44. 测屈服点的常用方法有图示法和(　　)两种。

45. 金属材料的拉伸试验,表征其塑性的性能指标为断后伸长率和(　　)。

46. 为了防止锻件产生的白点,应进行(　　)。

47. 屈服点有物理屈服点和(　　)之分。

48. 对于高速钢和高铬钢中粗大共晶碳化物,只有通过(　　)的办法才能改变它们的形态和分布。

49. 断裂按其性质可分为韧性断裂和(　　)断裂。

50. 金属结晶是由形核和(　　)两个基体过程组成的。

51. 由熔融的液态金属冷却至熔点以下,转变为固态晶体的过程称为(　　)。

52. 典型的铸锭结晶组织是由表层细晶区,次表层柱状晶区和(　　)三部分组成的。

53. 由两种或两种以上的金属或金属与非金属组成的具有金属特性的物质,称为(　　)。

54. 金属常见的晶格类型有:体心立方、面心立方和(　　)。

55. 在晶格中,某些应该占据原子而实际空缺的晶格结点位置,称为(　　)。

56. 晶粒与晶粒之间的界面称为(　　)。

57. 根据溶质原子在溶剂晶格中的位置,固溶体可分为置换固溶体和(　　)两类。

58. 当组成合金的各组元,在固态下既不能互相固溶,又不能形成化合物,而以机械混合形式组成时,称为(　　)。

59. Fe-FeC相图中的共析点的含碳量为(　　)。

60. 在钢中，碳溶于 α-Fe 中所形成的间隙式固溶体称为(　　)。

61. 具有两种或两种以上的元素组成的具有(　　)特性的物质称为合金。

62. 根据合金元素含量和工艺性能的特点，铝合金可分为变形铝合金和(　　)。

63. 甲类钢是按(　　)方式供应。

64. 工程上一般将金属材料分为两大类，即黑色金属材料和(　　)金属材料。

65. 钢按品质分类包括(　　)、优质钢、高级优质钢等。

66. 将切削切下所必须的基本运动称为主体运动，使被切削的金属继续不断地被投入切削的运动称为(　　)。

67. 压力加工对金属组织与性能的影响有改善金属的组织和性能及(　　)具有方向性。

68. 切削的形式过程分为挤压、滑移、挤裂和(　　)。

69. 金属加热产生的缺陷有：氧化及脱碳、(　　)、热应力。

70. 把相同材料或不同材料的两种金属，通过加热或加压的方法，利用原子间的联系及质点的扩散作用，以形成永久性联接的方法称为(　　)。

71. 对刀具材料的性能要求有：冷硬性、红硬性和(　　)。

72. 在磨削时，工件的移动和工件的旋转或砂轮的移动都是(　　)。

73. 使用游标卡尺应首先校准零位，即当两卡脚测量面接触时，主、副尺(　　)是否对齐。

74. 使用千分尺测量零件时，应擦净和测微螺杆端面并核准(　　)。

75. 千分尺的微分筒转动一周，测微螺杆移动(　　)mm。

76. 材料性能包括物理性能、化学性能、机械性能和(　　)。

77. 材料机械性能就是指材料在一定环境下，受力或能作用时，所反应出来的一系列(　　)。

78. 焊接接头包括焊缝、熔合区、热影响区、(　　)四部分。

79. 焊缝中的宏观偏晰主要有中心偏晰和(　　)。

80. 焊缝中的显微偏晰主要包状晶间偏析和(　　)。

81. 溶合线是(　　)与母材金属之间的交界线。

82. 洛氏硬度试验的压头分为两种，其中(　　)适用淬火材料及硬质合金材料等的硬度测定。

83. 洛氏硬度试验的钢球压头直径为(　　)mm。

84. 表面洛氏硬度常用标尺中，(　　)是采用金刚石圆锥压头，适用于硬性材料的硬度测定。

85. 金相试样的尺寸一般为 ϕ12 mm，高 10 mm 的圆柱体，或(　　)的长方体。

86. 抛光材料有：氧化铝、氧化镁、氧化铬、(　　)。

87. 显影液的组成一般有显影剂、保护剂、促进剂和(　　)。

88. 拉伸圆试样横截面直径的测量规定在标距两端及中间处两个相互垂直的方向上各测一次，取其(　　)并选用三处测得的直径最小值计算横截面积。

89. 当拉伸试样断裂在与标距端点距离小于或等于 $L_0/3$ 时应用(　　)来测延伸率。

90. 在三点弯曲情况下灰铸铁的抗弯强度计算公式为(　　)。

91. 布氏硬度试验要求试样的最小厚度应不小于压痕深度的(　　)倍。

92. 物镜有四种重要性能即放大率、数值孔径、分辨率和(　　)。

93. 分辨率是物镜对显微组成物造成(　　)的能力。

94. 光阑的作用是为提高成像(　　)。

95. 调整孔径光阑的大小可以达到控制入射光束(　　)的效果。

96. 调整(　　)光阑的大小,可以改变视域的大小,但不影响物镜的分辨率。

97. 使用低倍物镜时,应配合(　　)放大倍数的目镜。

98. 能够应用于金相磨光和抛光全过程的磨料只有氧化铝和(　　)。

99. 对于经常使用的高氯酸必须注意安全,因为高氯酸是酸中最强的一种,一经脱水形成高氯酸酐就很容易(　　)。

100. 底片的感光速度是指感光材料在拍摄后得到一张适当密度底序所需的(　　)。

101. 底片的感色性是指胶片对颜色的(　　)程度。

102. 底片的鉴别率与清晰度都是反映对被摄物(　　)能力。

103. 配制常用的D72显微液中,使用米吐尔对苯二酚称之为(　　)。

104. 一般金属的拉伸试样,按其直径的尺寸分为标准试样和比例试样两种,而(　　)试样的直径为任意的。

105. 根据试样类型,头部形状可选择合适的试验机夹持方法,以(　　)夹头为最好。

106. 在进行试样伸长率的测定时,测定断后标距长度会有(　　)和移位法两种测定方法。

107. 矩形试样断后横截面积 S_u 可用测得断后缩颈处的最大宽度 b_u 乘以(　　)求得。

108. 影响拉伸试验结果的外界因素主要指变形速度、试样尺寸、应力状态和(　　)等。

109. 磨制的过程包括粗磨、细磨和(　　)三个步骤。

110. 试样磨制更换一道砂纸时,试样应转动(　　),并使前一道的磨痕彻底去除。

111. 电解抛光系采用(　　)作用,使试样达到抛光的目的。

112. 对于极易加工变形的合金,象奥氏体不锈钢,高锰钢等采用(　　)更为合适。

113. 常用的金属组织浸蚀法有化学浸蚀法及(　　)等。

114. 显微硬度试验中,试样表面的粗糙度应为(　　)以上。

115. 检验钢中的流线、应变线,条带组织,应取(　　)试样。

116. 使用油镜的主要目的是用来获得(　　)。

117. 酸蚀试样必须取自最易发生各种(　　)的部位。

118. 在倾倒液体药品时标签应(　　),液体应沿玻璃棒缓慢倒出。

119. 凡是用对玻璃起侵蚀作用的如氟化钠、氢氧化钠等药品配置时,必须采用(　　)瓶。

120. 在加热过程中,奥氏体的形成过程可分为奥氏体晶核生成、奥氏体晶核长大、残余奥氏体溶解和(　　)四步骤。

121. 回火的目的是减小应力降低脆性,获得优良综合机械性能和(　　)。

122. 由于合金钢加热时奥氏体的形成和均匀化过程比碳钢(　　),所以合金钢热处理时保温时间比碳钢长。

123. 淬火加热时造成奥氏体晶粒显著粗化的现象,称为(　　)。

124. 经球化处理后,铸铁中的石墨主要呈球状,这种铸铁称(　　)。

125. 球铁中球化正常区呈银灰色,石墨漂浮区呈(　　)。

126. 扩散退火的主要目的是为了消除(　　)。

127. 碳素结构钢的常规检验项目有游离渗碳体、带状组织和(　　)。

128. 碳素工具钢的淬火组织要控制马氏体针叶长度和(　　)。

129. 球墨铸铁正火后获得的基体组织是(　　)。

130. 弹簧钢因淬火加热温度偏低,组织中会出现铁素体,淬火冷却不足会出现(　　)。

131. GCr15 钢正常球化退火后的组织为(　　)。

132. 合金刃具钢淬火后马氏体级别的检验主要评定依据是(　　)。

133. W18Cr4V 高速工具钢淬火后的组织是淬火马氏体,粒状碳化物和(　　)。

134. 评定高速钢淬火质量之一的金相检验项目是(　　)。

135. 高碳合金工具钢通常的热处理是(　　)、淬火、回火。

136. 40Cr 经调质处理后,其正常的金相组织应是(　　)。

137. GCr15 钢制零件经淬火处理后,若出现屈氏体和多量未溶碳化物是由于淬火加热温度(　　)。

138. 因高速钢在淬火状态常有 20%～25%的(　　),所以通常要三次回火,以达到理想的硬化效果。

139. 形成氢脆裂缝的基本条件:①焊缝接头出现淬硬组织;②焊接接头中含有氢;③焊接接头中存在较大(　　)。

140. 低倍检验方法一般为酸浸试验、断口检验和(　　)。

141. 按 GB 224 标准规定钢的脱碳层深度测定方法有金相法、硬度法和测定碳含量,日常脱碳层测定中以(　　)为主。

142. 金相显微组织显示方法有:化学法、电解法和(　　)。

143. 磷共晶为 Fe_3P 与(　　)形成的共晶组织。

144. 碳钢的室温平衡组织中会出现如下三种组织组成物:铁素体、渗碳体和(　　)。

145. 钢过烧时的基本显微特征是:沿晶界氧化或(　　)。

146. 钢的 CCT 图适用于(　　)条件下判断钢的组织。

147. 钢的 TTT 图适用于(　　)条件下判断钢的组织。

148. 碳氮共渗产生的黑色网络状屈氏体缺陷是由(　　)引起的。

149. 一般钢中存在的非金属夹杂物是指氧化物、硫化物、硅酸盐和(　　)等四大类。

150. 随着金属材料的化学成分与(　　)的不同其拉伸曲线的形状也不同。

151. 材料由于应力的作用必然会发生变形,变形可分为弹性变形和(　　)。

152. 在断裂时的抗力指标有强度极限及(　　)。

153. 内燃机车东风 4 活塞销,材质为 12CrNi3A 表面需渗碳,金相法测定渗碳层深度,试样必须是(　　)状态。

154. 车轴钢坯进厂原材料复验时,被检试块必须进行(　　)处理后做机械性能试验。

155. 合金钢的标准冲击试样的冲击吸收功 Aku=80 J,则其冲击值 aku=(　　)J/cm^2。

156. 经过变形的硫化物夹杂、硅酸盐夹杂及氧化铁夹杂在金相显微镜下快速区分它们,观察时采用(　　)。

157. 将钢加热到临界点以上,保温一定时间后使其缓慢冷却以获得接近平衡状态的组织,这种工艺称为(　　)。

158. 铸铁件适宜的硬度测试方法是(　　)。

159. 冲击载荷下的σ_s比静载拉伸下的(　　)。

160. 拉伸断口的剪切层表征材料最后断裂前发生了(　　)。

161. 检验材料缺陷对力学性能影响的测试方法一般采用(　　)。

162. 40Cr 钢是合金结构钢中的(　　)。

163. ZG230-450 代表(　　)。

164. 加工硬化的金属由于晶格歪扭，晶粒破碎，其结构处于不稳定状态。当加热达到某一数值时，由于原子活动能力加强，在金属破碎晶粒的碎块中，产生形状完好的，即新的无变形小晶体，这一过程称为金属的(　　)。

165. 钢的表面渗碳、氮化、氰化、渗铝统称为钢的(　　)。

二、单项选择题

1. 低碳钢的碳含量范围是(　　)。

(A)≤0.04%　　(B) 0.04%～0.25%
(C)0.25%～0.60%　　(D)0.66%～0.77%

2. 低合金钢的合金元素总含量为(　　)。

(A)5%～10%　　(B)>10%　　(C)≤5%　　(D) 10%～15%

3. 40Cr 钢是合金结构钢中的(　　)。

(A)普通低合金钢　　(B)合金渗碳钢　　(C)合金调质钢　　(D)合金结构钢

4. 优质碳素钢中的硫含量和磷含量分别为(　　)。

(A) P≤0.045%,S≤0.055%　　(B) P≤0.040%,S≤0.040%
(C) P≤0.035%,S≤0.035%　　(D) P≤0.060%,S≤0.060%

5. 下列钢中是弹簧钢的是(　　)。

(A)15MnVTi　　(B) 60Si2Mn　　(C) W18Cr4V　　(D)40Cr

6. 下列标准代号说明正确的是(　　)。

(A)ASTM 代表美国标准　　(B)BS 代表日本标准
(C)ISO 代表法国标准　　(D)NF 代表英国标准

7. 砂子对透气性的影响主要表现在砂子的(　　)方面。

(A)颗粒大小　　(B)颗粒形状　　(C)化学成分　　(D)型砂水分

8. 为了适应砂型、砂芯在生产中翻箱、搬运的要求和避免浇注时由于高温金属液的冲刷、静压力的作用使铸件产生冲砂、夹砂、砂眼、粘砂和错箱等缺陷，要求型砂、芯砂经紧实后有足够的(　　)。

(A)强度　　(B)黏膜性　　(C)透气性　　(D)流动性

9. 型砂性能的湿强度和干强度差；冲击韧性下降；起膜性差；铸件易夹砂和冲砂(砂眼)等缺陷，则型砂(　　)。

(A)水分太高　　(B)水分太低　　(C)水分偏高　　(D)水分偏低

10. 型砂性能透气性差、流动性差，铸件出现气孔、针孔、夹砂等缺陷，则型砂(　　)。

(A)水分太高　　(B)水分太低　　(C)水分偏高　　(D)水分偏低

11. 铸件易产生气孔、夹砂、浇注不到现象，则型砂(　　)。

(A)透气率太低　　(B)透气率太高　　(C)透气率偏高　　(D)透气率偏低

12. 零件图中的数字单位是(　　),一般不标出。

(A)cm　(B)mm　(C) m　(D) um

13. 主视图所在的投影由用(　　)表示。

(A) H　(B) W　(C) V　(D) S

14. 含碳 6.69%的铁与碳的化合物叫(　　)。

(A)莱氏体　(B)珠光体　(C)渗碳体　(D)贝氏体

15. 应力的单位名称是(　　)。

(A)kgf/mm^2　(B)PA　(C) BAr　(D) A

16. 含有 Cr、Ni、Mn 等合金元素合金化的铁基合金,它具有良好的抗氧化性、耐蚀性和耐热性,称之为(　　)。

(A)不锈钢　(B)工具钢　(C)弹簧钢　(D)合金钢

17. 硬度试验的分类通常按施加试验力的速度分类,有静力硬度试验和动力硬度试验,(　　)具有此两种硬度试验的方法。

(A)布氏硬度试验　(B)洛氏硬度试验　(C)维氏硬度试验　(C)里氏硬度试验

18. 用冷剪方法取样坯时,若在一块 25 mm 厚的钢材上取样,应对样品留有的加工余量是(　　)。

(A)4.5 mm　(B)10 mm　(C)15 mm　(D)20 mm

19. 表面粗糙度 $Ra=0.8\ \mu m$,它相当于原来表面光洁度的(　　)。

(A)8 级　(B)7 级　(C)6 级　(D)9 级

20. 棒料取样时,对截面尺寸大于 60mm 的圆钢、方钢和六角钢,应在直径或对角线外端(　　)切取拉力及冲击试样。

(A)中心　(B)三分之一　(C)四分之一　(D)四分之三

21. 型材取样对工字钢和槽钢是在腰高(　　)处沿轧制方向切取拉力、弯曲、冲击试样。

(A)1/4　(B)1/3　(C)1/2　(D)1/5

22. 测定淬火工件硬度一般选择的硬度计为(　　)。

(A)维氏　(B)布氏　(C)洛氏　(D)以上都不对

23. 维氏硬度试验采用的压头是(　　)。

(A)两相对面夹角为 136°的金刚石正四棱锥体

(B)ϕ1.588 mm 的钢球

(C)顶角为 120°的金刚石圆锥体

(D)顶角为 90°的金刚石圆锥体

24. 洛氏硬度试验的优点是(　　)。

(A)能测量粗大且不均匀的材料硬度　(B)操作简单,压痕小,适宜半成品

(C)测不同厚薄的试样硬度,测试精度高　(D)无压痕,不破坏材料表面

25. 洛氏硬度试验标尺 B 的测量范围是(　　)。

(A)20～67　(B)25～100　(C)60～85　(D)85～100

26. 测微尺是(　　)。

(A)将 1 mm 等分 100 格的尺子　(B)目镜测微尺

(C)分格细的尺子　(D)将 1 mm 等分 10 格的尺子

27. 拉伸试样原始横截面积的计算值修约到(　　)有效数字。

(A)三位　(B)二位小数　(C)四位小数　(D)一位小数

28. 在进行试样伸长率的测定时,如果拉断处到最邻近标距端点的距离小于或等于(　　)L_0,则按移位法测定 L_u 进行计算。

(A)1/3　(B)1/4　(C)1/5　(D)1/6

29. 根据性能数值修约规定,当性能指标 R_m、R_{eL} 等数值为 185.4 N/mm² 时修约到(　　)。

(A)0.5 N/mm²　(B)1 N/mm²　(C)5 N/mm²　(D)10 N/mm²

30. 根据测定性能数值修约规定,当性能指标 R_m、R_{eL} 等数值为 522.3 N/mm² 时修约到(　　)。

(A)0.5 N/mm²　(B)1 N/mm²　(C)5 N/mm²　(D)10 N/mm²

31. 根据测定性能数值修约规定,当性能指标 R_m、R_{eL} 等数值为 1152.8 N/mm² 时修约到(　　)。

(A)1 N/mm²　(B)5 N/mm²　(C)10 N/mm²　(D)50 N/mm²

32. 拉伸试样原始标距应精确到标称标距的±(　　)。

(A)0.1%　(B)0.2%　(C)0.5%　(D)1%

33. 根据测定性能数值修约规定,当性能指标 A 数值为 10.3%时则修约到(　　)。

(A)0.1%　(B)0.5%　(C)1%　(D)10%

34. 根据测定性能数值修约规定,当性能指标 A 数值为 25.4%时则修约到(　　)。

(A)0.1%　(B)0.5%　(C)1%　(D)10%

35. 根据测定性能数值修约规定,当性能指标 Z 数值为 24.6%时,则修约到(　　)。

(A)0.1%　(B)0.5%　(C)1%　(D)10%

36. 根据测定性能数值修约规定,当性能指标 Z 数值为 25.4%时,则修约到(　　)。

(A)0.1%　(B)0.5%　(C)1%　(D)10%

37. 经拉伸试验测得 R_{eH} 为 202.54 N/mm²,按测定性能数值修约规定应修约为(　　)。

(A)205 N/mm²　(B)203 N/mm²　(C)202.5 N/mm²　(D)202 N/mm²

38. 经拉伸试验测得 A 为 10.28%,按测定性能数值修约规定应修约为(　　)。

(A)10%　(B)10.3%　(C)10.5%　(C)11.0%

39. 经拉伸试验测得 Z 为 24.74%,按测定性能数值修约规定应修约为(　　)。

(A)24.5%　(B)24.7%　(C)25%　(D)25.5%

40. 截面尺寸 D=60 mm 的圆钢材料应在距表面(　　)处切取拉伸试样样坯。

(A)30 mm　(B)20 mm　(C)15 mm　(D)12 mm

41. 截面尺寸 D=80 mm 的圆钢材料应在距表面(　　)处切取拉伸试样样坯。

(A)40 mm　(B)27 mm　(C)20 mm　(D)16 mm

42. 弯曲试样的直径要求试样同一横截面上最大直径与最小直径之差不大于最小直径的(　　)。

(A)3%　(B)5%　(C)10%　(D)8%

43. 淬透性是指(　　)。

(A)钢淬火后获得硬度的能力　(B)钢淬火后获得硬化层深度的能力

(C)钢淬火后获得强度的能力　(D)钢淬火后获得韧性的能力

44. 将合金加热到相变温度以上，保温一定时间，然后快速冷却，以获得不稳定组织的热处理工艺叫(　　)。

(A)退火　(B)淬火　(C)回火　(D)正火

45. 马氏体是碳在 α-Fe 中(　　)的固溶体。

(A)饱和　(B)过饱和　(C)不饱和　(D)不确定

46. 奥氏体是碳与其它元素溶于(　　)中的固溶体。

(A)α-Fe　(B)β-Fe　(C)γ-Fe　(D)x-Fe

47. 检验钢中流线、应变线、条带组织，则应取(　　)截面的试样。

(A)斜　(B)纵　(C)阶梯　(D)横

48. 钢件在淬火后在 200 ℃～350 ℃之间回火时，出现的冲击韧性下降现象称之为(　　)回火脆性。

(A)第一类　(B)第二类　(C)第三类　(D)高温

49. 氰化是同时以碳及氮原子渗入(饱和)钢制的零件表面的过程，因此称为(　　)。

(A)辉光离子氮化　(B)气体渗碳　(C)气体氮化　(D)碳氮共渗

50. (　　)的存在对可锻铸铁性能的影响更大，因此，可锻铸铁中一般不允许其存在。

(A)磷共晶　(B)珠光体　(C)铁素体　(D)渗碳体

51. 高碳合金工具钢等，淬火后都会有残余奥氏体存在，使工件发生变形，人们通过科学实验，将淬火工件过冷至 0 ℃以下，使残余奥氏体转变为马氏体，这种处理称(　　)。

(A)低温回火　(B)去应力退火　(C)冷处理　(D)扩散退火

52. 符号 R_{eH} 表示拉伸试验中的(　　)性能指标。

(A)屈服点　(B)上屈服点　(C)下屈服点　(D)断裂强度

53. 制造汽车、拖拉机的变速齿轮的材料应选用(　　)。

(A)16Mn　(B)20CrMnTi　(C)Y12　(D)T8

54. 制造锉刀的材料应选用(　　)。

(A)T7　(B)T10　(C)T13　(D)T8

55. 机床操作者在操作机床时，为确保安全生产，不应(　　)。

(A)检查机床上危险部件的防护装置　(B)保持场地整洁

(C)配戴护目镜　(D)穿领口敞开的衬衫

56. 在一定条件下，由均匀液相中同时结晶出两种不同相的转变称为(　　)。

(A)共晶反应　(B)包晶反应　(C)共析反应　(D)同素异构转变

57. 合金的结晶过程和纯金属结晶过程从本质上相似的都是由晶核产生和晶核长大两过程所组成，但纯金属的结晶总是在(　　)下进行的。

(A)室温　(B)中温　(C)高温　(D)恒温

58. 在晶格中取一个能代表全部晶格特征的，并且是由最少的原子排列而成的小单元通常是六面体称为(　　)。

(A)晶胞　(B)晶坯　(C)组元　(D)晶体

59. 单晶体几乎所有的性质都随晶体方向而呈现出各向(　　)的变化。

(A)同性　(B)异性　(C)不确定性　(D)不稳定性

60. 用一种或多种难熔金属硬质化合物与粘接金属，用粉末冶金方法所制得的合金材料叫做(　　)。

(A)陶瓷合金　(B)铁碳合金　(C)硬质合金　(D)软质合金

61. 钢中的渗碳体 Fe_3C 以及 M_2C、M_7C_3、$M_{23}C_6$ 等碳化物都是典型的(　　)。

(A)正常价化合物　(B)电子化合物　(C)间隙化合物　(D)间隙相

62. 铁碳合金从液相中结晶出来的渗碳体称为初晶渗碳体或(　　)渗碳体。

(A)一次　(B)二次　(C)三次　(D)四次

63. ZG230-450 代表(　　)。

(A)铸铁　(B)铸钢　(C)结构钢　(D)合金钢

64. 球墨铸铁的代号是(　　)。

(A)KT　(B)HT　(C)QT　(D)ZG

65. 材料牌号为 T10,该材料为(　　)。

(A)结构钢　(B)滚动轴承钢　(C)弹簧钢　(D)工具钢

66. 材料牌号为 GCr15,该材料含铬大约为(　　)%。

(A)0.15　(B)1.5　(C)15　(D)20

67. 焊接时,为了降低焊接金属的含碳量,应选用(　　)焊条。

(A)高合金高强度钢　(B)低合金高强度钢　(C)低合金钢　(D)高合金钢

68. 材料的焊接性为(　　)。

(A)物理性能　(B)化学性能　(C)机械性能　(D)工艺性能

69. 两块相同或不同的金属,在局部加热至熔融状态下能牢固焊合在一起的能力叫做(　　)。

(A)铸造性能　(B)锻造性能　(C)工艺性能　(D)焊接性能

70. 金属或合金由于加热温度过高而发生晶界氧化或局部有熔化的现象称为(　　)。

(A)过热　(B)内氧化　(C)过烧　(D)兰脆

71. 钢铁浸入磷酸盐溶液中,在一定温度下,金属与溶液界面发生化学反应,生成难溶的磷酸盐薄膜的工艺称为(　　)。

(A)硫化　(B)氮化　(C)发脆　(D)磷化

72. 零件失效分析的金相试样应在零件的(　　)部位切取。

(A)最小断面　(B)中心　(C)破裂　(D) 最大断面

73. 硫化检验应取有代表性的(　　)截面。

(A)纵　(B)横　(C)中心　(D)次表面

74. 当固态合金从高温冷却到某一恒定的温度,从某一恒定成分的单相固溶体中,同时析出两种不同成分固相的转变过程叫(　　)。

(A)共晶反应　(B)共析反应　(C)包晶反应　(D) 伪共析反应

75. 碳以(　　)状态存在的铸铁叫白口铁。

(A)球状石墨　(B)片状石墨　(C)渗碳体　(D)团絮状石墨

76. 铸钢件牌号为 ZG200-400,其数字 400 的含义是(　　)≥400 N/mm^2。

(A)抗拉强度　(B)抗剪强度　(C)疲劳强度　(D)屈服强度

77. 扩散退火的主要目的是(　　)。

(A)消除枝晶偏析　(B)细化晶粒

(C)使钢中碳化物为球状　　(D)消除内氧化

78. 调质处理即(　　)。

(A)淬火＋低温回火　　(B)淬火＋中温回火

(C)淬火＋高温回火　　(D)高温回火

79. 在目镜中观察到的是(　　)。

(A)一个放大的虚像　　(B)一个放大的像

(C)一个放大的实像　　(D)一个不变的虚像

80. 金相试样是(　　)。

(A)按标准或有关规定截取有代表性的金相试块

(B)特制的金相试块

(C)任意截取的金相试块

(D)在每个成品上截取的金相试块

81. 鉴别率是(　　)。

(A)鉴别能力　　(B)垂直分辨率　　(C)清晰度　　(D)分析能力

82. 暗场观察时,被观察面上(　　)。

(A)没有光线照射　　(B)斜射光照射

(C)空心柱光线照射　　(D)有微弱的光线照射

83. 在用光学显微镜观察试样时,物镜的选用应(　　)。

(A)从高倍到低倍　　(B)从低倍到高倍　　(C)随意　　(D)500 倍

84. 在洗印金相照片后,发现照片上有赤斑,这是因为(　　)。

(A)定影时间太短　　(B)水洗不充分

(C)在定影时没有及时翻动　　(D)定影时间太长

85. 在断口观察中很少采用光学金相显微镜,是由于(　　)。

(A)物镜数值孔径的影响　　(B)景深的影响

(C)入射波长的影响　　(D)分辨率的影响

86. 为改变显微镜观察域的大小,可以调节或变更(　　)。

(A)孔径光阑　　(B)视野(像域)束光阑

(C)滤光片　　(D)照明方式

87. 影响拉伸试验结果的因素较多,大致可分为内在因素和外在因素两大类,(　　)属于内在因素。

(A)试样大小　　(B)晶界　　(C)应力状态　　(D)晶粒大小

88. 对于楔型夹头,试样头部被夹持的长度,一般至少为夹头夹持长度的(　　)。

(A)1/2　　(B)3/4　　(C)4/5　　(D)2/3

89. 布氏硬度试验的试样要有一定的厚度,其最小厚度不应小于压痕深度的(　　)倍。

(A)4　　(B)8　　(C)10　　(D)15

90. 洛氏硬度试验中,(　　)适用于测定坚硬或薄的材料。

(A)HRA 标尺　　(B)HRB 标尺　　(C)HRC 标尺　　(D)HV 标尺

91. 洛氏硬度试验中(　　)适用测定中等硬度的材料。

(A)HRA 标尺　　(B)HRB 标尺　　(C)HRC 标尺　　(D)HV 标尺

92. 洛氏硬度试验中(　　)适用于测定淬火及低温回火后的钢铁材料等。

(A)HRA 标尺　(B)HRB 标尺　(C)HRC 标尺　(D)HV 标尺

93. 洛氏硬度试验各标尺均有一定测量范围,例如(　　),应采用(A)标尺的试验条件进行试验。

(A)>HRB100　(B)<HRB20　(C)HRC67　(D) >HRC67

94. 洛氏硬度试验各标尺均有一定测量范围,例如(　　),应采用(B)标尺的试验条件进行试验。

(A)HRB100　(B)<HRB20　(C)>HRC67　(D)HRC67

95. 洛氏硬度试验各标尺均有一定测量范围,例如(　　),应采用(C)标尺的试验条件进行试验。

(A)>HRB100　(B)<HRB20　(C)>HRC67　(D) HRC67

96. 维氏硬度试验时,试验力保持时间:黑色金属为(　　)s。

(A)2～8　(B)10～15　(C)30±2　(D)2～6

97. 维氏硬度试验时,对有色金属,两相邻压痕间距或任一压痕中心距试样边缘距离不应小于压痕对角线平均值的(　　)倍。

(A)2.5　(B)5　(C)1.0　(D)1.5

98. 用洛氏硬度计测定铸铁材料硬度时,选用的硬度标尺应为(　　)。

(A)HRA　(B)HRB　(C)HRC　(D)HV

99. 测定材料的规定非比例压缩应力和弹性模量时,其试样的长度 L_0,直径 D_0 应满足(　　)。

(A)$L_0=(2.5\sim3.5)D_0$　(B)$L_0=(1\sim2)D_0$

(C)$L_0=(5\sim8)D_0$　(D)$L_0=(8\sim10)D_0$

100. 压缩试验方法规定对仅测破坏强度的试样,要求长度 L 为(　　)。

(A)$(1\sim2)D_0$　(B)$(5\sim8)D_0$　(C)$(2.5\sim3.5)D_0$　(D)$(8\sim10)D_0$

101. 测定公称尺寸 2～10 mm 的试样,适用量具精度为(　　)。

(A)0.05 mm　(B)0.01 mm　(C)0.1 mm　(D)1.0 mm

102. 夏比冲击 V 型试样缺口底部的半径为(　　)。

(A)$R1\pm0.07$　(B)$R0.25\pm0.025$　(C)$R2$　(D)$R3$

103. 在计算断面收缩率时,矩形截面试样缩颈处最小横截面 S_u 的测量方法为:缩颈处的最大宽度 B_u 乘以(　　)。

(A)最大厚度　(B)平均厚度　(C)最小厚度　(D)随意位置

104. 化学抛光不易产生机械抛光时易出现的金属(　　)层。

(A)形变　(B)强化　(C)脱碳　(D)氧化

105. 金相试样机械抛光时出现水渍,可用(　　)去除。

(A)砂纸细磨　(B)水轻抛　(C)水粗抛　(D)粗纸粗磨

106. 感光材料按比例正确反映景物明暗亮度(反差)的范围叫(　　)。

(A)鉴别率　(B)宽容度　(C)清晰度　(D)景深

107. 制备金相试样第一道工序应上砂轮打磨平,为了操作人员的安全必须站在砂轮旋转方向的(　　)才符合操作规程要求。

(A)正面 (B)后面 (C)侧面 (D)斜面

108. 复消色物镜可以使用( )的滤光片与之配合。

(A)绿色 (B)红色 (C)任何颜色 (D)紫色

109. 钢材淬火状态的断口是( )。

(A)纤维状 (B)瓷状 (C)结晶状 (D)台阶状

110. 钢材经调质后的断口是( )。

(A)纤维状 (B)瓷状 (C)结晶状 (D)台阶状

111. 中温回火转变产生物为( )。

(A)珠光体 (B)回火屈氏体 (C)贝氏体 (D) 回火索氏体

112. 断口检验是( )检验的方法之一。

(A)宏观检验 (B)微观检验 (C)低倍检验 (D)常规检验

113. 直接腐蚀法显示( )晶粒度。

(A)铁素体 (B)奥氏体 (C)马氏体 (D)珠光体

114. 直接腐蚀法显示晶粒度方法适合( )。

(A)任何钢种 (B)亚共析钢 (C)渗碳钢 (D)渗碳钢

115. 在检验非金属夹杂物时,在同一视场出现多种夹杂物,则应( )。

(A)综合评定 (B)分别进行评定 (C)按形态评定 (D)任意评定

116. 欲改善工具钢的切削加工性和降低硬度,可以采用( )处理。

(A)回火 (B)正火 (C)淬火 (D)球化退火

117. 某些合金结构钢在下述何种热处理后可能产生第二类回火脆性( )。

(A)退火 (B)正火 (C)淬火 (D)调质

118. 亚共析钢中严重带状组织可采用( )热处理来消除。

(A)正火 (B)完全退火 (C)高温退火+正火 (D)调质处理

119. 在光学显微镜下可以清楚地分辨下述组织中铁素体和渗碳体相( )。

(A)珠光体 (B)贝氏体 (C)屈氏体 (D)马氏体

120. 钢中的下列宏观缺陷,属于不允许存在的是( )。

(A)中心疏松 (B)一般疏松 (C)白点 (D)锭型(方形)偏析

121. GCr15 钢中淬火软点为沿晶网状分布的屈氏体而引起的,其原因在于( )。

(A)淬火冷却不足 (B)淬火加热温度过高

(C)淬火加热不足 (D)淬火加热温度过低

122. 用金相法控制合金钢渗碳件渗层深度时,可按下述公式计算( )。

(A)过共析层+共析层+亚共析过渡层

(B)过共析层+共析层+1/2 亚共析过渡层

(C)过共析层+共析层+2/3 亚共析过渡层

(D)过共析层+共析层+3/4 亚共析过渡层

123. 具有明显屈服现象的金属材料,应测定其上屈服点或下屈服点或两者,但当有关标准或协议没有规定时,一般应测( )。

(A)上屈服点和下屈服点或下屈服点 (B)下屈服点或上屈服点

(C)上屈服点 (D)下屈服点和上屈服点

124. 下述何种裂纹是焊接接头中的热裂纹(　　)。

(A)结晶裂纹　(B)氢致延迟裂纹　(C)热应力裂纹　(D)疲劳裂纹

125. 锭型偏析明显地降低钢材横向(　　)。

(A)塑性　(B)强度　(C)韧性　(D)应力

126. 酸蚀试样必须取自易发生各种(　　)的部位。

(A)应力　(B)缺陷　(C)组织　(D)疲劳

127. 金属热处理过程中,由于工件各部位相变的不同时性所引起的应力叫做(　　)。

(A)铸造应力　(B)组织应力　(C)残余应力　(D)热应力

128. 铝及铝合金加工制品,低倍组织检验粗晶环大小必须先进行(　　)后再检查。

(A)退火　(B)时效　(C)淬火　(D)正火

129. 钢在拉伸试验屈服前,试验速度应控制其应力速率在(　　)范围内。

(A)1～10 N/mm^2s^{-1}　(B)6～60 N/mm^2s^{-1}

(C)30～50 N/mm^2s^{-1}　(D)50～60 N/mm^2s^{-1}

130. 布氏硬度试验在选定钢球直径 D 的条件下,要使试验结果有效,压痕直径必须满足(　　)。

(A)(0.25～0.70)D　(B)(0.3～0.8)D　(C)(0.24～0.6)D　(D)(0.6～0.8)D

131. 金属夏比(V型缺口)冲击试验要求冲击试验机的正常使用范围为每套摆锤最大打击能量的(　　)。

(A)5%～80%　(B)10%～90%　(C)10%～80%　(D)20%～80%

132. 在 0 ℃～60 ℃低温冲击试验时的过冷温度应是(　　)。

(A)0 ℃　(B)2 ℃　(C)1 ℃～2 ℃　(D)2 ℃～3 ℃

133. 对于一些重要的结构零件,为获得良好的综合机械性能,其经淬火后往往接着进行(　　)处理。

(A)低温回火　(B)中温回火　(C)高温回火　(D)退火

134. 屈服过后或只需测定抗拉强度时,试样拉伸时的两夹头分离的速度,每分钟不超过试样平行部分原始长度的(　　)%,直至样品断裂。

(A)20　(B)50　(C)80　(D)40

135. 维氏硬度试验时,对黑色金属,两相邻压痕中心间距或任一压痕中心距离试样边缘距离不小于压痕对角线平均值的(　　)倍。

(A)2.5　(B)5　(C)1.0　(D)4.0

136. 金属夏比冲击试验过程中遇到(　　)时,则试验数据无效。

(A)试验的试样未完全折断

(B)试样断口有明显的淬火裂纹

(C)试验断口上有明显淬火裂纹且试验数据显著偏低

(D)数据偏低

137. 所谓静载荷是指应变速率为(　　)/s 时所加的载荷。

(A)10^{-4}～10^{-2}　(B)10^{-3}～10^{-1}　(C)10^{-2}～10^{0}　(D)10^{-2}～10^{-1}

138. 利用指针法测定材料抗拉强度和上、下屈服强度时,有初始瞬时效应影响的是(　　)。

(A)上屈服强度 R_{eH} (B)抗拉强度 R_m (C)下屈服强度 R_{el} (D)不会有影响

139. 焊接后的组织都是由焊缝、熔合线、(　　)三个主要区域组成。

(A)热影响区 (B)过热区 (C)不完全熔化区 (D)相变区

140. 一般低碳钢在低温(摄氏 0 ℃以下)时,随温度的下降而强度提高,塑性降低,降到某一温度材料完全脆化,这称作(　　)。

(A)兰脆 (B)冷脆 (C)红脆 (D)氢脆

141.(　　)石墨片厚且短,两端部圆钝,因此在石墨周围产生应力集中的现象比较小,故具有比灰铸铁高得多的强度。

(A)化合状 (B)片状 (C)蠕虫状 (D)条状

142. GB 6394 金属平均晶粒度测定法:有比较法、截点法、面积法,如果评定结果有争议时,仲裁时应用(　　)。

(A)比较法 (B)面积法 (C)截点法 (D)对比法

143. 金属夏比(U 型缺口)冲击试验时,冲击试验机正常使用范围为所用摆锤最大冲击能量的(　　)。

(A)10%～90% (B)10%～80% (C)20%～80% (D)20%～90%

144. 洛氏硬度试验时,对于加荷后随时间缓慢变形的试样,保持时间为(　　)s。

(A)≤2 (B)6～8 (C)20～25 (D)20～30

145. 三点加载弯曲试验中,对圆截面试样的正应力计算公式为(　　)。

(A)$\sigma_{(B)(B)}=8FL/\pi(D)^3$ (B)$\sigma_{(B)(B)}=32FL/\pi(D)^3$

(C)$\sigma_{(B)(B)}=16FL/\pi(D)^3$ (D)$\sigma_{(B)(B)}=64FL/\pi(D)^3$

146. 底片上黑白色调的对比程度,称为(　　)。

(A)对比度 (B)反差 (C)色调比 (D)景深比

147. 暗室处理时全色照相底片的安全灯以(　　)灯光为宜。

(A)红色 (B)黄色 (C)桔红色 (D)深绿色

148. 完全退火只适用于(　　)。

(A)共析钢 (B)亚共析钢 (C)过共析钢 (D)渗碳钢

149. 低温退火(　　)。

(A)发生组织转变 (B)不发生组织转变

(C)发生局部组织转变 (D)不确定

150. 生产上希望得到的下贝氏体组织,是采用(　　)。

(A)等温淬火 (B)单液淬火 (C)双液淬火 (D)分级淬火

三、多项选择题

1. 合金组织组成为(　　)。

(A)固溶体 (B)金属化合物 (C)机械混合物 (D)离子化合物

2. 莱氏体是由(　　)组成。

(A)奥氏体 (B)渗碳体 (C)贝氏体 (D)马氏体

3. 三种典型的金属结构是(　　)。

(A)面心立方晶胞 (B)体心立方晶胞 (C)密排六方晶胞 (D)八面体晶胞

4. 金属发生塑性变形方式有(　　)。

(A)滑移　(B)孪生　(C)滑动　(D)弹性变形

5. 合金工具钢按用途可分为(　　)。

(A)合金刃具钢　(B)合金模具钢　(C)合金量具钢　(D)轴承工具钢

6. 布、洛、维硬度测试的试样的表面粗糙度分别不低于 Ra(　　)。

(A)0.8 mm　(B)0.8 mm　(C)0.2 mm　(D)0.4 mm

7. 按晶体的缺陷的几何形状,可分为(　　)缺陷。

(A)点　(B)线　(C)面　(D)整体

8. DIC 装置是由其(　　)组成。

(A)起偏镜　(B)渥拉斯顿棱镜　(C)物镜　(D)检偏镜

9. 热染法可用来显示(　　)定向好的金属的晶粒位相。

(A)Zn　(B)Mg　(C)Cu　(D)Fe

10. 随着含碳量的增加,钢的(　　)不断提高,而塑性韧性降低。

(A)强度　(B)硬度　(C)塑性　(D)韧性

11. 定影液成分中,(　　)是定影剂,(　　)是坚膜剂。

(A)硫代硫酸钠　(B)钾钒　(C)硫酸钠　(D)硫酸钾

12. 根据误差的性质及其产生的原因,误差可分(　　)。

(A)人为误差　(B)偶然误差　(C)过失误差　(D)系统误差

13. 规定总伸长应力的工程定义是:试样标距部分的总伸长达到规定的原始标距百分比时的应力。这里的总伸长为(　　)的总合。

(A) 加工变形　(B)断裂伸展　(C)弹性伸长　(D)塑性伸长

14. 在拉伸试验中用来测定各种力值和伸长量的方法有(　　)。

(A)指针法　(B)图解法　(C)引伸计法　(D)断后测量法

15. 常见的铸造缺陷有(　　)。

(A)缩孔　(B)疏松

(C)气泡　(D)白点偏析

(E)夹杂物

16. 断后标距 L_u 测量方法有(　　)。

(A)目测法　(B)比较法　(C)直测法　(D)移位法

17. 钢坯低倍检验缺陷一般项目有(　　)。

(A)带状　(B)中心疏松　(C)缩孔　(D)偏析

18. 硬度测试通常可分为(　　)。

(A)比较法　(B)压入法　(C)回跳法　(D)刻划法

19. 裂纹扩展的方式有(　　)。

(A)直线型　(B)张开型　(C)滑开型　(D)撕开型

20. 材料由于外力作用而产生的变形可分为(　　)三个阶段。

(A)弹性变形　(B)塑性变形　(C)断裂　(D)磨削

21. 冲击试样的制备应避免由于(　　)而影响金属的冲击性能。

(A)过烧　(B)内氧化　(C)加工硬化　(D)过热

22. 从试样断裂的形态通常可将断口分为(　　)。

(A)瓷状断口　(B)结晶状断口　(C)脆性断口　(D)韧性断口

23. 断口分析,按其观察方法分类,有(　　)两种。

(A)宏观分析　(B)成分分析　(C)微观分析　(D)低倍分析

24. 显微镜的光学透镜组包括(　　)。

(A)物镜　(B)目镜　(C)像镜　(D)偏光镜

25. 一般拉伸试样分为(　　)。

(A)工作部分　(B)过渡部分　(C)加工部分　(D)夹持部分

26. 铁碳合金固态下的基本组成相有(　　)。

(A)马氏体　(B)铁素体　(C)渗碳体　(D)奥氏体

27. 疲劳断裂在宏观上由(　　)组成。

(A)相变区　(B)疲劳源　(C)扩展区　(D)破断区

28. 国家标准规定冲击试验标准试样是(　　)。

(A)T 型缺口　(B)L 型缺口　(C)U 型缺口　(D)V 型缺口

29. 金属的工艺性能主要包括(　　)。

(A)可锻造性　(B)焊接性　(C)铸造性　(D)切削加工性

30. 金属裂纹包括裂纹(　　)两个阶段。

(A)形成　(B)扩展　(C)缩短　(D)变深

31. 金属塑性变形方式为(　　)。

(A)滑移　(B)孪生　(C)晶界滑动　(D)扩散性蠕变

32. 材料由于外力作用而产生的变形可分为(　　)阶段。

(A)弹性变形　(B)塑性变形　(C)断裂　(D)加工硬化

33. 盐浴炉的加热方式分为(　　)。

(A)散热式　(B)气体式　(C)外热式　(D)内热式

34. 退火工艺分为(　　)。

(A)完全退火　(B)等温退火　(C)球化退火　(D)扩散退火

35. 所有亚共析钢的室温平衡组织都由(　　)组成。

(A)马氏体　(B)贝氏体　(C)渗碳体　(D)珠光体

36. 抗拉强度 σ_b 是表示材料抵抗破断时的最大应力,它表示材料产生(　　)变形和开始产生(　　)变形的分界线。

(A)最大均匀塑性　(B)最小均匀塑性　(C)局部塑性　(D)局部弹性

37. 钢的分类按化学成分分,可分(　　)。

(A)马氏体钢　(B)贝氏体钢　(C)碳素钢　(D)合金钢

38. 在拉伸时,金属材料在弹性变形范围内 E 就是材料的(　　),其值愈大,则在相同应力条件下产生的弹性变形量就(　　)。

(A)抗拉强度　(B)愈小　(C)弹性模量　(D)愈小

39. 拉伸试样按标距长度 L_0 与横截面积 S_0 的关系可分为(　　)试样。

(A)比例　(B)定标距　(C)非比例　(D)最大比例

40. 对于 30 mm 的板材在要求 $d=3A$ 时,采用减薄至 25 mm 加工试样时,其弯曲试样宽度为(　　)mm,采用弯心为(　　)mm。

(A)50　(B)40　(C)80　(D)75

41. 对于大直径螺旋焊管,拉伸试样可制成(　　)试样,纵轴(　　)于焊缝,焊缝处于试样标距中间。

(A)切向　(B)横向　(C)平行　(D)垂直

42. 弹性变形的特点:变形是(　　)且在加载或卸载期内应力与应变之间保持(　　)关系。

(A)不可回复　(B)可回复的　(C)曲线　(D)直线

43. 韧脆转变温度 FATT50 测定,一般采用标准(　　)夏比型缺口试样,它反映了(　　)对韧脆性的影响。

(A)U 型　(B)V 型　(C)温度　(D)强度

44. 压缩试验的原理是指一等截面直杆的两端作用大小(　　),方向相反的两力 F,力过截面中心并与轴线重合,其试验方向与拉伸试验受力方向(　　)。

(A)不相等　(B)相等　(C)相同　(D)相反

45. 在拉伸试验中用来测定各种力值和伸长量的方法有(　　)。

(A)指针法　(B)图解法　(C)引伸计法　(D)断后测量法

46. 提高耐热钢热强性的主要强化途径有(　　)。

(A)固溶强化　(B)碳化物相的沉淀强化

(C)晶界强化　(D)加工硬化

47. 洛氏硬度主要有(　　)标尺。

(A)HRA　(B)HRB　(C)HRC　(D)HRE

48. 不同含碳量的马氏体在相同温度下回火,分解出来的 ε 碳化物随原马氏体含碳量的(　　)而(　　)。

(A)增高　(B)降低　(C)减少　(D)增多

49. 低合金钢和普通合金钢的焊接接头热影响区包括(　　)特征区。

(A)过热区　(B)正火区　(C)不完全正火区　(D)回火区

50. 在碳钢中出现的网状铁素体和网状渗碳体可用(　　)进行鉴别。

(A)显微硬度法　(B)化学试剂浸蚀法　(C)硬针划刻法　(D)低倍法

51. 常见的象差有(　　)。

(A)景深差　(B)球面象差　(C)色象差　(D)象域弯曲

52. 低合金钢调质中加入合金元素有(　　)作用。

(A)增加淬透性　(B)细化奥氏体晶粒

(C)提高回火稳定性　(D)改善第二类回火脆性

53. 高炉炼铁冶炼中,应完成的三个过程是(　　)。

(A)分解过程　(B)还原过程　(C)造渣过程　(D)渗碳过程

54. 一般工厂常用的型砂水分测定方法有(　　)。

(A)目测法　(B)比较法　(C)标准法　(D)快速法

55. 铸件常见的表面缺陷为(　　)。

(A)黏砂　(B)夹砂　(C)冷隔　(D)非金属夹杂

56. 冷变形钢加热时要经历(　　)三个阶段。

(A)硬化　(B)回复　(C)再结晶　(D)晶粒长大

57. 典型的铸锭结晶组织是由(　　)三部分组成的。

(A)表层细晶区　(B)次表层柱状晶区　(C)中心等轴晶区　(D)中心细晶区

58. 根据溶质原子在溶剂晶格中的位置,固溶体可分为(　　)两类。

(A)位错固溶体　(B)置换固溶体　(C)间隙固溶体　(D) 空位固溶体

59. 金属加热产生的缺陷有(　　)。

(A)氧化　(B)脱碳　(C)过热　(D)过烧

60. 物镜有四种重要性能有(　　)。

(A)放大率　(B)数值孔径　(C)分辨率　(D)景深

61. 一般钢中存在的非金属夹杂物是(　　)等几大类。

(A)氧化物　(B)硫化物　(C)硅酸盐　(D)氮化物

62. 切削的形成过程分为(　　)。

(A)挤压　(B)滑移　(C)挤裂　(D)切离

63. 显示磷偏析的试验方法有(　　)。

(A)微观分析　(B)低倍分析　(C)铜离子沉积法　(D)硫代硫酸钠显示法

64. 金属元素不同程度的具有(　　)。

(A)导电性　(B)可塑性　(C)反射性　(D)热性

65. 提高分析结果准确度的措施有(　　)。

(A)选择合适的分析方法　(B)减不测量误差

(C)增加平行测定次数　(D)消除测定过程的系统误差

66. 金相显微镜的一般照明方式有(　　)。

(A)设备照明　(B)散光照明　(C)平行光照明　(D)斜光照明

67. 技术标准分为(　　)。

(A)国家标准　(B)行业标准　(C)地方标准　(D)企业标准

68. 影响弯曲试验结果的因素有(　　)。

(A)弯心直径　(B)支座跨距的大小　(C)试样尺寸　(D) 试样形状

69. 高炉生产用的原料主要有(　　)。

(A)铜矿　(B)烧结矿　(C)球团矿　(D)富块矿

70. 设备检查按照时间间隔可以分为(　　)。

(A)随机检查　(B)长期检查　(C)日常检查　(D)定期检查

71. 数据分度的方法有(　　)。

(A)代入公式法　(B)图解法　(C)最小二乘法　(D)对比法

72. 钢的低倍组织及缺陷的酸蚀试验主要有(　　)三种。

(A)热酸浸蚀法　(A)冷酸浸蚀法　(B)电解腐蚀法　(C)热碱浸蚀法

73. 下列是布氏硬度试验的压头球体直径的有(　　)。

(A)1 mm　(B)2 mm　(C)2.5 mm　(D)5 mm

74. 马氏体形态可依马氏体含碳量的高低而形成两种基本形态(　　)。

(A)淬火马氏体　(B)板条状马氏体　(C)回火马氏体　(D)片状马氏体

75. 进行暗场观察,金相显微镜必须具备(　　)三个主要装置。

(A)偏光镜　(B)暗场变化遮光板　(C)环行反射镜　(D)曲面反射镜

76. 机械成品和工作构件失效的三种主要形式是(　　)。

(A)变形　(B)断裂　(C)磨损　(D)腐蚀

77. 在静拉伸断口中,一般由(　　)等三个区域即所谓断口三要素组成。

(A)纤维区　(B)放射区　(C)剪切唇　(D)弹性变形区

78. 硬度计的压头有(　　)。

(A)铸钢压头　(B)金刚石压头　(C)硬质合金压头　(D)淬火钢球压头

79. 韧性断裂的两种形式为(　　)。

(A)磨削断裂　(B)腐蚀断裂　(C)纯剪断型断裂　(D)微孔聚集断裂

80. X-射线探伤用于检验工件(　　)缺陷。

(A)内部缩孔　(B)内部气泡　(C)夹渣　(D)内部裂纹

81. 位错的类型包括(　　)。

(A)楔形位错　(B)刃型位错　(C)螺型位错　(D)混合位错

82. 球墨铸铁基体组织有(　　)。

(A)铁素体基体　(B)珠光体基体　(C)奥氏体基体　(D)屈氏体基体

83. 根据碳在铸铁中的存在形态铸铁可分为(　　)。

(A)白口铸铁　(B)灰铸铁　(C)可锻铸铁　(D)球墨铸铁

84. 贝氏体组织形态的基本类型有(　　)。

(A)反常贝氏体　(B)上贝氏体　(C)粒状贝氏体　(D)下贝氏体

85. 锻造结构钢可能由于(　　)等三种原材料内部缺陷而造成废品。

(A)中心疏松　(B)晶粒细小　(C)残余缩孔　(C)方框偏析

86. 材料的疲劳抗力指标有(　　)。

(A)疲劳极限　(B)过负荷持久值

(C)过负荷损害界　(D)疲劳缺口敏感度

87. 构件的断裂,通常分为(　　)三种。

(A)过载断裂　(B)疲劳断裂　(C)缺陷断裂　(D)人为断裂

88. 由铁素体和渗碳体组成的混合物有(　　)。

(A)珠光体　(B)索氏体　(C)屈氏体　(D)贝氏体

89. 合金钢的偏析有(　　)。

(A)一般偏析　(B)晶内偏析　(C)晶间偏析　(D)区域偏析

90. 回火时常见缺陷有(　　)。

(A)回火后硬度过高　(B)回火后硬度不足

(C)高合金钢容易产生回火裂纹　(D)回火后有脆性

四、判 断 题

1. 除了锑和铋外,所有金属凝固时都发生体积收缩。(　)

2. 莱氏体是由奥氏体渗碳体组成的共析体。(　　)

3. 在碳素钢中,低中高碳钢的区分是以含碳量来确定的,低碳钢的含碳量小于0.20%,中碳钢的含碳量:0.20%~0.60%,高碳钢的含碳量大于0.60%。(　)

4. 铸钢件质量分为三级。( )

5. 18Cr4V 是一种高速钢。( )

6. 砂粒的形状、大小和均匀度对型砂流动性的影响很大,固形砂的流动性比尖角形砂的流动性好。粒度小而分散的砂的流动性比粒度大而均匀的砂的流动性好。( )

7. 型砂和芯砂一般是由原砂(有时加入一部分旧砂),粘接剂和附加物(附助材料)配制而成。( )

8. 铸件常见的缺陷只有孔眼类缺陷和裂纹类缺陷二类。( )

9. 机械性能试验可分为静力试验和动力试验两大类,静力试验有拉伸试验、弯曲试验、硬度试验和冲击试验。( )

10. 决定碳钢性能的主要元素是碳。( )

11. T10 钢和 10 钢含碳量相同。( )

12. 主视图反映了物体的长度和宽度。( )

13. GB 是中华人民共和国标准代号;YB 是冶金工业部标准代号;TB 是铁道部标准代号;JJC 是国家计量局标准代号。( )

14. 截面尺寸小于或等于 60 mm 的圆钢、方钢和六角钢应在中心切取拉力及冲击样坯。( )

15. 在 GB 228 中的规定非比例伸长应力为 R_r。( )

16. R_m 是表示材料的抗拉强度,即试样断裂时的载荷除以试样原始横截面积的商。( )

17."规定非比例伸长应力"是按试样标距部分的非比例伸长量达到原始标距百分比时的应力。( )

18. 马氏体是一种硬而脆的组织。( )

19. 60Si2Mn 钢的含碳量大约 60%,硅含量大约 20%。( )

20. 9Mn2V 钢含碳量大约为 9%,锰大约为 0.2%。( )

21. 淬透性随冷却速度的增加而增大。( )

22. 随着含碳量的增加,钢的强度、硬度不断提高,而塑性韧性降低。( )

23. 为改善钢的性能,在碳钢的基础上特意加入一些元素的钢就称为合金钢。( )

24. 钢中存在锰,热处理时可有效防止回火脆性产生。( )

25. 钢中的合金元素大多数都能溶于铁素体,使铁素体的强度有所提高,但韧性塑性有所降低。( )

26. Cr 在钢中的作用是使钢的淬透性降低。( )

27. Mn、Cr、Mo 等合金元素是形成碳化物的元素。( )

28. GCr15 钢中的 Cr 含量大约为 1.5%。( )

29. 合金渗碳钢的碳含量一般为 0.45%~0.65%。( )

30. 冷裂缝是在 Ar_3 以下温度内形成的裂缝。( )

31. 金相显微镜都是由物镜、目镜和照明系统三大主要部分组成。( )

32. 布氏硬度试验是常用的硬度试验方法之一,其硬度值的正确表示方法应为 120HBS10/1000/30(钢球压头)。( )

33. 金属锻造可分为自由锻造和模型锻造。( )

34. 布、洛、维硬度测试的试样的表面粗糙度分别不低于 Ra0.8 μm、0.8 μm 和 0.2 μm。( )

35. 材料的冲击韧性取决于材料本身的内在因素,与外界条件没有关系。( )

36. 在相同的试验条件下,布氏硬度试验的压痕直径越大,其硬度越高。( )

37. 洛氏硬度是以压痕深度来衡量的,在相同的试验条件下,压入深度越深,硬度越大。( )

38. 测量值和真实值的差叫相对误差。( )

39. JB30B 冲击试验机的最大冲击能量为 294 J。( )

40. 试样断在机械刻线标记上或标距外时试验结果无效。( )

41. 因试验失误结果无效,试验可以补做,称"重试","重试"可以不计次数。( )

42. 比例试样原始标距的计算值,对于短试样应修约到接近 5 mm 的倍数;对于长试样应修约到接近 10 mm 的倍数,如为中间数值则可向接近较大或较小的任一方修约。( )

43. 布氏硬度试验中压痕中心至试样边缘不应小于压痕平均直径的 2.5 倍,对于软金属(HB<35)不得小于 5 倍。( )

44. 在国标 GB 9441 中,球状石墨的球径级别数与其实际大小成反比。( )

45. 对于截面尺寸≤40 mm 的圆钢、方钢和角钢,应使用全截面试样进行拉伸试验。( )

46. 一般渗碳零件均采用碳钢和高碳钢较好。( )

47. 只要把钢加热和冷却都能使内部组织发生改变。( )

48. 常用东风 4 活塞销材质为 12CrNi3A 是标准的合金工具钢。( )

49. KIC 是材料弹性断裂韧性,它反映了材料抵抗裂纹失稳、扩展的能力。( )

50. 弱碳化物形成元素锰,中强碳化物形成元素是铬、钼和钨,强碳化物形成元素钒、铌、钛。( )

51. 钢件在淬火后,用 200 ℃~300 ℃之间回火时出现的冲击韧性下降现象称为第二类回火脆性。( )

52. 拉伸试验时,由于试验失误引起的试验结果不可靠,可以用同样数量的试样补做试验,这种情况称为"复试"。( )

53. 弹性变形是外部载荷去除后,能恢复到原始形状和尺寸的变形;而塑性变形则是不能恢复到原始形状和尺寸的变形。( )

54. 脆性材料的弯曲试验,一般在弹性范围内或仅产生少量塑性变形即破断的情况下应用。( )

55. 冲击试验过程中遇到操作不当,发生卡锤现象,试样断口上有明显淬火裂纹,且试验数据显著偏低等情况之一时,试验数据则无效。( )

56. 夏比 V 型缺口冲击试样缺口较尖,对缺口韧性反应敏感,能充分反映裂纹等尖锐缺陷破坏的特征,比 U 型缺口试样更适用于测定材料的脆性转变温度。( )

57. 纤维区标志着脆性状态,而放射区标志着韧性状态,若断口纤维区越大,材料及零件的韧性越差;反之,放射区越大,则韧性越好。( )

58. 对工字钢和槽钢在腰高的三分之一处沿轧制方向切取矩形拉力、弯曲、冲击样坯。( )

59. 金属晶体是由原子通过离子键结合而成的。( )

60. 金属结晶主要受三个因素的影响:一、金属的化学成分,二、冷却速度,三、金属结晶时

的状态。(　　)

61. 组成合金的最基本的独立物质(如各元素或稳定化合物)称为组元。(　　)

62. 纯金属结晶是在一定恒温下进行的,结晶时液相与固相的成分始终不变。(　　)

63. 合金结晶时,温度和成分都是在变化的。(　　)

64. 原子在面心立方晶格中排列的紧密程度,比在体心立方晶格中小。(　　)

65. 过冷度大小与冷却速度有关,冷却速度越大,过冷度越大。(　　)

66. 在晶体中某处出现一列或若干列原子发生有规律的错排现象称为位错。(　　)

67. 对于某些多晶体的金属,可以通过定向凝固、特定的轧制和热处理退火,使晶粒取向全部与特定方向趋于一致,则其各向异性又会显示出来。(　　)

68. 多晶体的晶粒越细,则强度、硬度越高,塑性、韧性越大。(　　)

69. 合金组织组成物为固溶体、金属化合物和机械混合物。(　　)

70. 相是合金中具有同一化学成分,同一结构和原子聚集状态,以及同一性能的均匀组成部分。(　　)

71. 伪共晶是共晶点附近的合金,在冷却后得到的非共晶组织,称为伪共晶。(　　)

72. 合金工具钢按用途可分为合金刃具钢、合金模具钢和合金量具钢。(　　)

73. 甲类钢是按化学成分供应,乙类钢是按机械性能供应,特类钢的供应既要保证化学成分又要保证机械性能。(　　)

74. 普通碳素结构钢分为甲类和乙类两种。(　　)

75. 金属压力加工对金属组织与性能的影响,主要表现为两个方面:改善金属的组织和金属的机械性能具有方向性。(　　)

76. 再结晶是一种引起晶格形式改变的生核及长大过程。(　　)

77. 普低结构钢焊接的重要特点是影响区有较大的淬硬倾向。(　　)

78. 随着钢含碳量的增加,其可焊性逐步降低。(　　)

79. 碳当量越高,材料的淬硬倾向越大,冷裂敏感性也越大。(　　)

80. 铝合金牌号为 LD7、LD8、LD11 均为锻铝,牌号 ZL102、ZL203 均为铸铝。(　　)

81. 一般工程用铸造碳钢牌号为 ZG230～450,其数字含义是 230 表示抗拉强度为 230 N/mm^2,450 表示屈服强度为 450 N/mm^2。(　　)

82. 柱状晶生长方向与散热方向垂直。(　　)

83. 焊缝缺陷中,气孔的危害最大。(　　)

84. 焊接接头中,只要有氢存在就可能产生氢脆裂缝。(　　)

85. 焊接接头中,层状撕裂只在母材热影响区产生。(　　)

86. 合金钢按用途分,可分为合金结构钢、合金工具钢、特殊用途钢。(　　)

87. 影响铸铁石墨化的主要因素是化学成分和冷却速度。(　　)

88. 碳在铸铁中的存在形式有两种,即游离态(石墨)和化合态(Fe_3C)。(　　)

89. D 型石墨的特点是短小方状枝晶石墨呈无方向性分布。(　　)

90. 冷却速度越快,越有利于铸铁的石墨化。(　　)

91. 晶粒度是晶粒大小的量度。(　　)

92. 渗碳法显示钢的奥氏体晶粒度适用于亚共析钢,不适用于其他用途的钢。(　　)

93. 显微镜的实际放大倍数 $M=M_{物}\times M_{目}$。(　　)

94. 测量显微镜的实际放大倍数一般用测微尺。( )

95. 采用平行光照明时,经过透镜、物镜后得到一束平行光线射到试样表面。( )

96. 金相试样磨制有手工磨制和机械磨制两种。( )

97. 在用光学显微镜观察金相试样时,物镜的选用应从高倍到低倍。( )

98. 对于轧制钢材,在检验钢中非金属夹杂物时,应取横向截面为金相磨面。( )

99. 人们在正常的热处理操作工序间检测的钢的晶粒度,都是钢的实际晶粒度。( )

100. 按照 YB/T 5148～1993 中的规定,使用比较法评定钢的晶粒度时可以把视场中的观察图象,直接与晶粒度的标准评级图进行比较。( )

101. 压缩试验时,圆柱体试样的长度 L_0 与直径 d_0 的比值大小对试验结果无影响。( )

102. 为了比较不同材料的抗弯强度,采用圆柱体试样(或矩形试样)进行弯曲试验时,支座跨距 L_0 与试样直径 d_0 应有严格的规定。( )

103. 布氏硬度和维氏硬度的试验原理是相同的。( )

104. 在进行布氏硬度试验时,只要根据试样的材料和厚度选用不同的力 F 和球体直径 D,在不同的试样上所测得结果具有可比性。( )

105. 为测定冲击韧性 Ak,切取试样时,试样轴线平行轧制方向的 Ak 要比垂直方向的试样高。( )

106. 合金是一种金属元素和另一种元素在一起所形成的一种具有金属特征的新物质。( )

107. 在进行试样伸长率的测定时,如果拉断处到最临近标距端点的距离小于或等于 $1/3L_0$,则直接测量标距两端点间的距离 L_u 进行计算。( )

108. 试样拉断处于如移位法所述位置,如采用直测法测得的断后伸长率达到有关标准或技术协议规定的最小值,则可以不必采用移位法。( )

109. 在圆形试样缩颈最小处两个相互垂直的方向上测量最小直径(一般将试样断裂部分对接起来测量),取其最小值计算横截面积 S_u。( )

110. 断面缩颈处最小横截面尺寸的测量时,对于横截面尺寸在 0.5～10.0 mm 之间的试样,允许用最小刻度值不大于 0.05 mm 的量具进行测量。( )

111. 在进行冲击试验前,应进行一次空打试验,以检查试验机摩擦、阻尼情况及刻度盘指针是否在 0 位。( )

112. 洛氏硬度试验在施加初载荷时,指针或指示线超过硬度计规定标志,则应卸除初负载,重新换一位置再试验。( )

113. 布氏硬度试验,洛氏硬度试验,维氏硬度试验都属于压痕硬度试验。( )

114. 布氏硬度试验时,当试验力 F 一定,则布氏硬度 HB 与压痕深度 h 成反比,即 h 越大 HB 越低,反之则高。( )

115. 合金渗碳钢淬火回火后,理想组织为隐针或细针回火马氏体及粒状碳化物。( )

116. 合金调质钢淬火高温回火后的理想组织为回火索氏体及少量游离渗碳体。( )

117. 纤维状断口是允许存在的正常断口,结晶状断口是不允许存在的缺陷断口。( )

118. 钢中外来夹杂物是由于炼钢时加入的铁合金与氧结合形成氧化物而产生。( )

119. 脱碳是由于钢中的铁与介质起反应而引起的。( )

120. 评定渗碳件的网状渗碳体应在渗碳后的淬火前进行。(　　)

121. 钢的回火抗力(回火稳定性)是指淬火钢回火时抵抗硬度下降的能力。(　　)

122. 低、高碳钢的淬火组织分别为片状马氏体和板条状马氏体。(　　)

123. 碳素结构钢和碳素工具钢的正常加热温度都必须高于 Ac3 温度。(　　)

124. 铸铁中的石墨,主要有片状、球状、团絮状和蠕虫状石墨等四种基本存在形式。(　　)

125. 检查钢中的非金属夹杂物和渗碳层深度时,都应切取横向试片,而且都要进行淬火。(　　)

126. 采用波长短的光源照明或采用浸油物镜,都能适当提高物镜的分辨率。(　　)

127. 在多数情况下,焊接接头中的氢致延迟裂纹,都形成在母材近缝区(即热影响区)的粗晶带内。(　　)

128. 轴承钢退火球化后时显微组织为片状珠光体加网状碳化物。(　　)

129. 酸浸和断口检验,都属于钢中宏观低倍检验。(　　)

130. 金属晶粒度测定,应截取纵截面试样。(　　)

131. 钢中渗碳体,铁素体组织呈网状、条状存在用 4%硝酸酒精腐蚀,渗碳体变黑色。(　　)

132. HT200 是灰铸铁,其中数字 200 表示抗拉强度≥200 N/mm^2。(　　)

133. 铸件、锻件检验钢中夹杂物,为了清晰易辨清夹杂物的颜色,应用 4%的硝酸酒精进行深腐蚀。(　　)

134. 铸钢件常用热处理状态的代号是:Z—铸态,T—退火态,C—淬火态,Zh—正火态,H—回火态。(　　)

135. 高锰钢铸件进行水韧性处理后,金相组织检验时,未熔碳化物越多越好,说明水韧性处理效果好。(　　)

136. 高速工具钢检查淬火晶粒度用 4%硝酸酒精浸蚀,或用 5%～10%三氯化铁水溶液浸蚀后放大 650 倍进行观察晶粒度大小,这是标准规定的放大倍数。(　　)

137. 中碳钢严重过热的魏氏组织是针状铁素体分布在晶界上,同时晶粒内部也有大量针状铁素体出现。(　　)

138. 高速钢和其他合金钢淬火后得到的晶粒越细越好,说明合金元素充分发挥作用。(　　)

139. 脆性断口,在宏观下几乎没有发生塑性变形,断口一般齐平,断面有金属光泽。(　　)

140. ZG230～450 铸钢件金相检验时,若发现全是残留铸态,不必重新热处理,若发现有少量铸态遗传必须重新热处理才能到达技术要求。(　　)

141. 根据 TB 1617 规定零件的热处理,凡淬火的零件其表面粗糙度为 $\overset{12.5}{\bigtriangledown}$,氮化零件氮化部位的表面粗糙度为 $\overset{1.6}{\bigtriangledown}$。(　　)

142. 45 钢淬火＋高温回火后力学性能都不如其正火后优良。(　　)

143. 弹簧钢经长时间退火后,会有游离石墨碳出现。(　　)

144. 钢材(坯)作低倍酸浸试验时,若是发现有白点缺陷,可以用去氢处理消除氢影响产

生的白点缺陷。(　　)

145. 测定铸钢的屈服强度试验的应力速率应控制在 3 $N/mm^2 s^{-1}$～50 $N/mm^2 s^{-1}$。(　　)

146. 接拉伸试样后,应该对数量和标号与送试单是否相符,然后按试样平行部分长度内每隔 5 mm 或 10 mm 作一分格标记,以备试验。(　　)

147. 在进行指针法测定试样的屈服点时,在试验过程中绝对不允许改变拉伸速率。(　　)

148. 对冷弯试验,在微裂纹、裂纹、裂缝中规定的长度和宽度,只要有一项达到某规定范围,即应按该级评定。(　　)

149. 渗碳层的淬火组织中允许大量的残余奥氏体存在,因为他具有载荷下流变的能力,可以使显微体积应力集中松弛。(　　)

150. 通常,碳素结构钢和低合金高强度结构钢冲击试样的方向垂直于轧制方向。(　　)

151. 对于细小、形状特殊、较软、易碎、多孔材料、边缘需要保护的金相试样,常将其装在夹持器中或进行镶嵌后磨制。(　　)

152. 凡是窄冷弯试样,宽度都是 $2a$,凡是宽冷弯试样宽度都是 $5a$,a 是试样厚度。(　　)

153. 钢在加热时,在周围介质的作用下,表层内减少或完全失去碳分的现象为脱碳。(　　)

154. 钢中非金属夹杂物主要来自钢的冶炼及浇注过程,属于钢的原材料缺陷,无法用热处理的方法消除。(　　)

155. 金相显微镜的照明方式分为明视场照明和暗视场照明。(　　)

五、简 答 题

1. 合金钢为什么需要较长的加热保温时间?
2. 什么是再结晶退火?
3. 力学性能试验时,切取试样坯的规则是什么?
4. 拉伸试验,试样断后伸长率如何测定?
5. 按化学成分分类合金钢可分为哪几类?分别是什么?
6. 碳素钢中的低、中、高碳钢如何区分?
7. 合金钢与碳钢相比,具有哪些特点?
8. 布氏硬度值如何进行修约?
9. 什么叫冲击试验?其目的是什么?
10. 什么叫洛氏硬度试验?
11. 什么叫化学热处理,它由哪三个过程组成?
12. 球墨铸铁缺陷中石墨漂浮及球化不良的显微特征主要是什么?
13. GB 7216《灰铸铁金相》标准中,规定了那些金相检验项目?
14. 结合 Fe -Fe_3C 相图,试述在光学显微镜下如何区分一次渗碳体、二次渗碳体和三次渗碳体。
15. 焊接工艺的特点有哪些?

16. 在焊接接头中，常出现哪些热裂缝和冷裂缝？

17. 举出钢中奥氏体晶粒度测定的三种显示方法，说明各适用于什么钢种的测定。晶粒度的评定方法有哪几种？

18. 亚共析钢带状组织的形成原因。

19. 在灰铸铁的金相检验中，为什么要检查共晶团数目。

20. GCr15 钢中的网状碳化物与碳化物液析的形成因素有何不同？

21. 什么是金属压力加工？有何特点？

22. 冷冲压的特点是什么？

23. 焊接普通低合金钢金属用的焊条的选择是根据什么确定的？

24. 夏比冲击试验的基本原理是什么？

25. 布氏硬度试验的基本原理是什么？

26. 根据载荷作用性质的不同，载荷可分为哪几种？它们有什么不同？

27. 使用显微硬度计时，用同一种硬度试验法，硬度值对比的必要条件是什么？为什么？

28. 切取金相试样需注意哪些问题？

29. 什么叫调质？调质与正火后的零件机械性能有何差别？

30. 什么叫铸铁？根据碳在铸铁中的存在形态，铸铁分为哪几类？

31. 试述一般疏松的特征及危害性。

32. 试述中心疏松的特征、危害性及评定原则。

33. 试述锭型偏析的特征，评定原则？

34. 为什么球墨铸铁的机械性能比灰铸铁的高？

35. 简述钢的脱碳层深度的测定方法。

36. 对光学金相显微镜工作室的要求是什么？

37. 金相试样机械抛光时常易出现麻点，试述其产生的原因及克服的方法？

38. 滤色片有哪些用途？

39. 钢的渗层深碳度应包括哪几部分？金相检验时应注意什么？

40. 叙述金属的熔化与金属的结晶。

41. 简述在金相光学显微镜下观察到的针状马氏体、板条马氏体，其性能如何。

42. 钢热处理加热时保温目的是什么？

43. 含碳 0.77%的共析钢在室温和正常加热到 650 ℃、850 ℃时各得到什么组织？

44. 简述什么叫不锈钢。

45. 简述什么叫高速钢。

46. 简述什么叫金属材料的热疲劳。

47. 与布氏、洛氏硬度试验比较，维氏硬度有何特点？

48. 冲击试验的内容包括哪些？

49. 冲击韧性值 ak 和冲击吸收功 Ak 的物理意义及单位是什么？

50. 说明 HRC58 表示什么。

51. 说明 140HBS/1 000/30 表示什么。

52. 简述布氏硬度试验特点和适用范围。

53. 维氏硬度试验的适用范围怎样？

54. 什么叫发纹？发纹形成的原因？

55. 检验发纹有哪几种方法？

56. 铸钢的含碳量一般多少较适宜？为什么？

57. 金相试样机械抛光与化学抛光的基本原理是什么？

58. 用烧割法切取样坯时，要注意什么？

59. U 型缺口和 V 型缺口冲击试样的主要差别是什么？

60. 什么叫内力？什么叫应力？

61. 单相合金与多相合金的化学侵蚀过程有什么区别？为什么前者比后者不易侵蚀？

62. 什么叫合金铸铁？常用合金铸铁分为哪几类？

63. 电解抛光有那些优点？

64. 什么叫低倍检验？在生产中有什么应用？

65. 在暗室中如何在全暗情况下判别胶片乳剂面？

66. 非金属夹杂物的评级原则有哪些？

67. 普通低合金结构钢有什么优越性？

68. 在普通车床上能完成那些工作？

69. 什么是切削热？

70. 何谓本质粗晶粒度钢和本质细晶粒度钢？

六、综 合 题

1. 试描述铁碳相图中的各个特征温度点的意义。

2. 金相试样选取的原则是什么？怎样截取？应注意什么？

3. 金相显微镜的一般调整包括哪些项目？如何调整？

4. 低合金钢和普通合金钢的焊接接头热影响区包括哪几个特征区？焊后各区的典型组织特征是什么？

5. 试述在碳素钢中加入 Mn 元素而防止热脆性的原理。

6. 以高速钢为例，说明什么叫二次硬化现象及其产生原因。

7. 计算含 0.11%C 的共析钢平衡冷却到室温时，珠光体中的铁素体和渗碳体的相对百分含量。

8. 某一试验者在拉一直径为 10 mm 的钢试样时，经测试在 5 s 内，试验机盘上的力从 5.0 kN增加到 10 kN，试问其拉伸速度是否符合要求？为什么？

9. 试述布、洛、维氏硬度试验的优缺点？

10. 请说明洛氏硬度常用的三种标尺 HRA、HRC、HRB 的压头种类，初载荷，主载荷及其硬度适用范围。

11. 如何保证压缩试验中试样表面与试验机压头之间的平行度及不产生侧向的相对移动和转动？

12. 何谓屈服？在拉伸试验测定下屈服 R_{eL} 时为何不取首次下降的最小力值作为下屈服力？

13. 退火的方法有几种？退火的目的是什么？

14. 16Mn、60Si2Mn、及 1Cr13 钢的字母和数字含义是什么？各属什么钢及主要用途？

15. 金相试样机械抛光时需注意哪些事项？

16. 简述什么叫正火、退火、淬火、回火？45 钢正火、淬火+200 ℃低温回火后金相组织是什么？

17. 在碳钢中出现的网状铁素体和网状渗碳体可用哪几种方法进行鉴别？

18. 已知一件圆管形试样，$D=20$ mm，$A=2$ mm，$L_0=60$ mm，拉伸试验时测得 $F_m=37.8$ kN，$L_u=74.2$ mm，试求 R_m，A（按规定进行修约）。

19. 什么叫冷脆、兰脆、红脆？

20. 某零件 U 型冲击标准试样在冲击试验时测得冲击试样折断时所吸收的功分别为 64 J、58 J、62 J、70 J，试述其冲击韧性值的平均值和最低值。

21. 已知蓝光波长 λ 为 0.44 μm，黄绿光的波长为 0.55 μm，在其他条件相同时，试比较分别采用两种光源照明的分辨率大小。

22. 试述车轴钢坯与铝及铝合金加工制品低倍组织检验方法有什么不同？

23. 显微硬度计的压痕位置重复性差是什么原因？怎样调整？

24. 显微镜保养的注意事项有哪些？

25. 常见的象差有几种？色象差是如何形成的？如何纠正？

26. 非金属夹杂物对钢材疲劳性能有何影响？

27. 试述用渗碳法显示钢奥氏体晶粒的方法？

28. 铁素体与残余奥氏体是如何区别的？

29. 金属压力加工对金属组织和性能有什么影响？

30. 什么是魏氏组织？魏氏组织对性能有何危害性？

31. 低合金钢调质中加入合金元素有什么作用？

32. 叙述点状偏析的特征及评定原则？

33. 什么叫亚共析钢、共析钢和过共析钢？它们在室温下的平衡组织各是什么？

34. 40Cr 钢退火、淬火、淬火加高温回火各得到什么组织？

35. 为什么要对共析钢和过共析钢进行球化退火？

材料物理性能检验工(初级工)答案

一、填 空 题

1. 过冷度　2. 渗碳过程　3. 轴承钢　4. 快速法
5. 冷隔　6. 熔模铸造　7. 0.45%　8. 0.1%～0.25%
9. 0.3%～0.5%　10. 0.9%　11. 高合金　12. 变形或受热
13. 原标距　14. 横截面　15. 一次冲击负荷　16. 带凸板状
17. 软硬　18. B　19. 深度　20. 3
21. 异形　22. 代表性　23. 四　24. 无缺口
25. U 型缺口　26. 两　27. 界限值　28. 轧制
29. 加工硬化　30. 显微分析法　31. 粒状贝氏体　32. 晶粒长大
33. 热脆性　34. 冷脆性　35. 半马氏体　36. 550 Hv
37. 白口　38. C、Si　39. 组织不均匀　40. 物理及化学性能
41. 碳化物　42. 动负荷　43. 施力要垂直　44. 指针法
45. 断面收缩率　46. 锻后热处理　47. 条件屈服点　48. 反复锻打
49. 脆性　50. 晶核长大　51. 金属的结晶　52. 中心等轴晶区
53. 合金　54. 密排六方　55. 空位原子　56. 晶界
57. 间隙固溶体　58. 机械混合物　59. 0.77%　60. 铁素体
61. 金属　62. 铸造铝合金　63. 机械性能　64. 有色
65. 普通钢　66. 进给运动　67. 使金属机械性能　68. 切离
69. 过热和过烧　70. 金属的焊接　71. 坚韧性　72. 进给运动
73. 零线　74. 零位　75. 0.5　76. 工艺性能
77. 力学特性　78. 原始母材　79. 层状偏析　80. 粒状晶间偏析
81. 焊缝金属　82. 金刚石压头　83. 1.588　84. N 标尺
85. 12 mm×12 mm×10 mm　86. 金刚石研磨膏　87. 抑制剂
88. 算术平均值　89. 移位法　90. $\sigma_{bb}=8FL/\pi d^3$　91. 10
92. 景深　93. 清晰成像　94. 质量　95. 粗细
96. 视域　97. 较高　98. 金刚石　99. 爆炸
100. 曝光量　101. 敏感　102. 细节清晰显现　103. 显影液
104. 比例　105. 带螺纹　106. 直测法　107. 最小厚度
108. 试验温度　109. 抛光　110. 90°　111. 电化溶解
112. 电解抛光　113. 电解浸蚀法　114. $Ra0.4\mu m$　115. 纵断面
116. 高分辨率　117. 缺陷　118. 向上　119. 塑料
120. 奥氏体成分均匀化　121. 稳定组织和尺寸　122. 慢　123. 过热

124. 球墨铸铁 125. 灰黑色 126. 枝晶偏析 127. 魏氏组织
128. 屈氏体 129. 珠光体 130. 贝氏体或屈氏体 131. 细粒状珠光体
132. 马氏体针叶长度 133. 残余奥氏体 134. 淬火晶粒度 135. 球化退火
136. 回火索氏体 137. 偏低 138. 残余奥氏体 139. 内应力
140. 硫印试验 141. 金相法 142. 着色法 143. 奥氏体或渗碳体
144. 珠光体 145. 沿晶界熔化 146. 连续冷却 147. 等温冷却
148. 内氧化 149. 氮化物 150. 组织状态 151. 塑性变形
152. 断裂强度 153. 退火 154. 正火 155. 100
156. 暗场 157. 退火 158. HB 159. 高
160. 塑性变形 161. 一次冲击 162. 合金调质钢 163. 铸钢
164. 再结晶 165. 化学热处理

二、单项选择题

1. B 2. C 3. C 4. B 5. B 6. A 7. A 8. A 9. B
10. A 11. A 12. B 13. C 14. C 15. B 16. A 17. A 18. C
19. A 20. C 21. A 22. C 23. A 24. B 25. B 26. A 27. C
28. A 29. B 30. B 31. A 32. D 33. B 34. B 35. C 36. C
37. B 38. C 39. C 40. A 41. C 42. A 43. B 44. B 45. B
46. C 47. B 48. A 49. D 50. A 51. C 52. B 53. B 54. C
55. D 56. A 57. D 58. A 59. B 60. C 61. C 62. A 63. B
64. C 65. D 66. B 67. B 68. D 69. D 70. C 71. D 72. C
73. A 74. B 75. C 76. A 77. A 78. C 79. A 80. A 81. A
82. C 83. B 84. C 85. B 86. B 87. B 88. B 89. C 90. A
91. B 92. C 93. C 94. B 95. A 96. B 97. B 98. B 99. C
100. A 101. B 102. B 103. C 104. A 105. B 106. B 107. C 108. C
109. B 110. A 111. B 112. A 113. B 114. A 115. B 116. D 117. D
118. C 119. A 120. C 121. A 122. A 123. A 124. A 125. B 126. B
127. B 128. C 129. B 130. C 131. C 132. C 133. C 134. B 135. A
136. C 137. A 138. C 139. A 140. B 141. C 142. C 143. A 144. B
145. A 146. B 147. D 148. B 149. B 150. A

三、多项选择题

1. ABC 2. AB 3. ABC 4. AB 5. ABC 6. ABC 7. ABC
8. ABCD 9. ABCD 10. AB 11. AB 12. BCD 13. CD 14. ABCD
15. ABCDE 16. CD 17. BCD 18. BCD 19. BCD 20. ABC 21. CD
22. CD 23. AC 24. AB 25. ABD 26. BCD 27. BCD 28. CD
29. ABCD 30. AB 31. ABCD 32. ABC 33. CD 34. ABCD 35. CD
36. AC 37. CD 38. CD 39. AB 40. AD 41. AD 42. BD
43. BC 44. BD 45. ABCD 46. ABCD 47. ABC 48. AD 49. ABCD

50. ABC 51. BCD 52. ABCD 53. BCD 54. CD 55. ABC 56. BCD
57. ABC 58. BC 59. ABCD 60. ABCD 61. ABCD 62. ABCD 63. CD
64. ABCD 65. ABCD 66. ABC 67. ABCD 68. ABCD 69. BCD 70. CD
71. ABC 72. ABC 73. ABCD 74. BD 75. BCD 76. BCD 77. ABC
78. BCD 79. CD 80. ABCD 81. BCD 82. AB 83. ABCD 84. BCD
85. ACD 86. ABCD 87. ABC 88. ABC 89. BCD 90. ABCD

四、判 断 题

1. √ 2. × 3. × 4. √ 5. √ 6. × 7. √ 8. × 9. ×
10. √ 11. × 12. × 13. √ 14. √ 15. × 16. × 17. √ 18. ×
19. × 20. × 21. × 22. √ 23. √ 24. × 25. × 26. × 27. √
28. √ 29. × 30. √ 31. √ 32. √ 33. √ 34. √ 35. × 36. ×
37. × 38. × 39. × 40. × 41. √ 42. × 43. × 44. × 45. ×
46. × 47. × 48. × 49. √ 50. √ 51. × 52. × 53. × 54. √
55. √ 56. √ 57. × 58. × 59. × 60. √ 61. √ 62. √ 63. √
64. × 65. √ 66. √ 67. √ 68. √ 69. √ 70. √ 71. × 72. √
73. × 74. × 75. √ 76. × 77. √ 78. √ 79. √ 80. √ 81. ×
82. × 83. × 84. × 85. √ 86. √ 87. √ 88. √ 89. √ 90. ×
91. √ 92. × 93. × 94. √ 95. √ 96. √ 97. × 98. × 99. √
100. × 101. × 102. √ 103. √ 104. × 105. √ 106. × 107. × 108. √
109. × 110. × 111. √ 112. √ 113. √ 114. × 115. √ 116. √ 117. ×
118. × 119. × 120. × 121. √ 122. × 123. × 124. √ 125. × 126. √
127. √ 128. × 129. √ 130. × 131. × 132. √ 133. × 134. √ 135. ×
136. × 137. √ 138. × 139. √ 140. × 141. √ 142. × 143. √ 144. ×
145. × 146. × 147. √ 148. √ 149. × 150. × 151. √ 152. × 153. √
154. √ 155. √

五、简 答 题

1. 答：由于在加热时，奥氏体的形成(2 分)，特别是奥氏体的均匀化过程，合金钢比碳钢慢(3 分)，因此，合金钢热处理时需要较长的加热保温时间。

2. 答：再结晶退火：把已加工硬化的金属加热到再结晶温度(2 分)，使金属的组织由破碎的、拉长的或压扁的晶粒变为均匀细小的等轴晶(2 分)，然后冷却，这个过程称为再结晶退火(1 分)。

3. 答：(1)样坯应在外观及尺寸合格的钢材上切取(2 分)；

(2)切取样坯时，应防止受热，加工硬化及变形而影响其力学及工艺性能(3 分)。

4. 答：将试样在断裂处紧密对接在一起，尽量使其轴线在同一直线上，测出试样断后的长度 L_u，则断后伸长率 $A=\{(L_u-L_0)/L_0\}\times100\%$($L_0$ 为试验前标距)(5 分)。

5. 答：可分三类(2 分)，分别是：低合金钢(1 分)、中合金钢(1 分)、高合金钢(1 分)。

6. 答：碳素钢中的低、中、高碳钢的区分为：碳含量小于等于 0.25%的为低碳钢(2 分)；碳含量大于0.25%至0.60%的为中碳钢(2分);碳含量大于0.60%的为高碳钢(1分)。

7. 答:合金钢与碳钢相比具有如下特点:(1)具有高的机械性能(1分);(2)具有高的淬透性(1分);(3)具有高的红硬性(1分);(4)某些合金钢的高温机械性能比碳钢高(1分);(5)某些高合金钢具有特殊的物理和化学性能(1分)。

8. 答:计算的布氏硬度值大于100时,修约至整数(2分);硬度值为10~100时,修约至一位小数(2分);硬度值小于10时,修约至两位小数(1分)。

9. 答:冲击试验是将金属材料加工成一定形状的试样,试样在弯曲冲击或拉伸冲击载荷作用下一次冲击断裂,根据吸收功的大小,结合断口特征来评定材料的抗冲击性能(3分)。冲击试验的目的是评定材料在动负荷作用下抗折断的能力,以防止构件发生脆性事故(2分)。

10. 答:在初始试验力及总试验力先后作用下(1分),将压头(金刚石圆锥体或钢球)压入试样表面,经规定保持时间后卸除主试验力(1分),用测量残余压痕深度增量计算硬度的一种压痕硬度试验(3分)。

11. 答:钢的化学热处理是在一定温度下,在不同活性介质中,向钢的表面渗入适当的元素,同时向钢内部深处扩散,以获得预期组织和性能的热处理工艺(2分),任何一种化学热处理都由分解、吸收、扩散三个基本过程组成(3分)。

12. 答:球墨铸铁缺陷石墨飘浮多产生于铸件的上表面(2分),由于石墨比重小(1分),上浮在铸件表面多呈开花状和碎裂状(2分)。

13. 答:检验项目有石墨分布形状及长度(1分);基体组织特征、珠光体片间距及珠光体数量(1分);碳化物分布形状及数量(1分);磷共晶类型、分布形状及数量(1分);共晶团数量(1分)。

14. 答:一次渗碳体是过共晶白口铸铁在结晶过程中形成的先共晶相,形状是粗大的白条状(2分)。二次渗碳体是从奥氏体中析出,分布在原奥氏体晶界上,呈网状或断续网状,包围着珠光体组织。三次渗碳体是含碳量很低的钢中,冷却时沿铁素体晶界析出,使局部晶界成链条状(3分)。

15. 答:焊接工艺的特点有:(1)加热速度快(1分);(2)加热温度高(1分);(3)高温停留时间短(1分);(4)热量集中(1分);(5)冷却速度快且复杂(1分)。

16. 答:热裂缝:凝固裂缝(结晶裂缝)(1分);液化裂缝(热影响区裂缝)(1分);高温低延性裂缝(高温失塑裂缝)(1分);冷裂缝:氢脆裂缝(1分);层状断裂(1分)。

17. 答:(1)渗碳法:适用于渗碳钢的奥氏体晶粒度的测定(1分)。

(2)氧化法:适用于不含硼铝的合金结构钢和碳钢的奥氏体晶粒测定(2分)。

(3)晶粒边界腐蚀法:适合任何钢种的奥氏体晶粒度的测定(2分)。

18. 答:主要是由于钢中夹杂物的影响(1分)。钢材在热加工时,其中大部分夹杂物按照压延方向作塑性变形(1分);当温度降低时,由于铁素体晶体依附着这些夹杂物生长,故构成了带状组织。磷的偏析也是影响因素之一(1分)。因此,夹杂物、偏析是形成带状组织的内因(1分),而形变延伸是外因(1分)。

19. 答:共晶团是指奥氏体—石墨的共晶体(1分)。在共晶团边界分布着白色相,这种白色相是含有合金元素的中间相(1分)。强度和硬度比基体高,是一种强化相,有利于铸铁强度的提高(2分)。共晶团数目越多,其边界面积也增加,强度相应提高(1分)。

20. 答:GCr15钢中的网状碳化物是慢冷时从奥氏体中析出的二次渗碳体(2分)。碳化物液析则是由于碳和合金元素偏析,在局部微小区域内从液态结晶时析出的碳化物(3 分)。

21. 答:金属压力加工是在外力作用下使金属坯料产生塑性变形,从而获得具有一定形状、尺寸和机械性能的毛坯(或零件)的加工方法(1 分)。

特点:(1)改善金属内部组织(1 分);

(2)具有较高的生产率(1 分);

(3)减少金属材料的加工损耗(1 分);

(4)适用范围广(1 分)。

22. 答:特点:(1)可以压制形状复杂的零件,材料利用率高(1 分);

(2)能保证产品具有足够高的尺寸精度和理想的粗糙度,可以满足一般互换性的要求,不需要再作切削加工即可装配使用(2 分);

(3)能制造出强度高、刚度大、重量轻的零件(1 分);

(4)冲压操作简单,生产率高,成本降低,工艺过程便于机械化、自动化(1 分)。

23. 答:根据主体金属的化学成分、机械性能、接头的裂纹敏感性(2 分)、焊后是否热处理以及耐腐蚀(1 分)、耐高温(1 分)、耐低温等条件综合考虑(1 分)。

24. 答:夏比冲击试验是将具有规定形状、尺寸和缺口形状的试样,放在冲击试验机支座上,使之处于简支梁状态,然后使规定高度的摆锤落下,产生冲击载荷使试样折断(3 分)。夏比冲击试验实质上是通过能量转换过程测定试样在这种冲击负荷下折断时所吸收的功(2 分)。

25. 答:布氏硬度的试验是用一定直径 D 的淬火钢球或硬质合金球,以一定大小的试验力(N)压入试样表面,经规定保持时间后卸除试验力,试样表面将残留压痕(2 分)。测定出压痕球形面积(mm^2)。布氏硬度值 HB 即为试验力除以压痕球形表面积 S 所得的商乘以数 0.102(3 分)。

26. 答:载荷有静载荷、冲击载荷和交变载荷三种(2 分)。(1)静载荷是指大小不变或变动很慢的载荷(1 分)。(2)冲击载荷是指突然增加的载荷(1 分)。(3)交变载荷是指大小、方向或大小和方向都随时间发生周期性变化的载荷(1 分)。

27. 答:使用显微硬度计时,用同一种硬度试验法,必须在相同试验力的条件下才能进行硬度值对比(2 分)。因在对金属进行显微硬度试验时,维氏硬度随试验力的减小而增高,在不同试验力时得到的硬度值差异很大。所以试验力不同时,硬度值就不能进行对比(3 分)。

28. 答:一般从被检件的有代表性部位或缺陷最严重处切取,切取试样时,不允许产生塑性变形,也不应使温度过高而引起显微组织的变化(3 分)。通常采用冷加工方法切取,当采用火焰切割试样时,试样上的热影响区必须除去(2 分)。

29. 答:钢件淬火后再进行高温回火的热处理方法称调质(2 分)。调质与正火相比较,调质后的零件的强度和韧性要高,综合机械性能较好(2 分)。但硬度和正火件差得不多(1 分)。

30. 答:含碳量大于 2.11%的铁碳合金叫铸铁(1 分)。根据碳在其内存在形式的不同,铸铁可分为白口铸铁(1 分)、灰铸铁(1 分)、可锻铸铁(1 分)和球墨铸铁四种(1 分)。

31. 答:特征:在酸蚀试样表面上表现为组织不致密,呈分散的暗点状和孔隙,暗点多呈圆形或椭圆形(1 分)。孔隙多为不规则的空洞或圆形针孔(1 分)。

危害性:一般疏松在材料内部分布区域较广,且孔隙和小孔又较偏聚时,将明显地削弱钢的疲劳强度和其他机械性能(2 分),同时增大钢在锻造时的开裂倾向(1 分)。

32. 答：特征：在酸蚀试样面上的中心部位呈集中分布的孔隙和暗黑点，而不是分散在整个截面上(1分)。

危害性：严重地影响钢材的锻造性能，易使钢材在锻造、冲孔时产生开裂(2分)。

评定原则：以暗黑点和孔隙数量大小及密集程度而定级别(2分)。

33. 答：特征：在酸蚀的试样面上呈现原锭型横截面形状的框带，一般为方形，有时稍有变形，其颜色较周围略深，这是由腐蚀后的点状孔隙组成的(3分)。

评定原则：根据方框形区域的组织疏松程度和框带的宽度来评定级别(2分)。

34. 答：由于球墨铸铁中的碳呈球状石墨存在，对金属基体割裂作用比片状的小(2分)，而且不存在石墨尖端引起的应力集中现象(2分)，故球墨铸铁的强度、塑性和韧性都比灰铸铁高(1分)。

35. 答：测定钢的脱碳层深度有以下五种方法：(1)显微组织测定法(1分)；(2)硬度法(1分)；(3)剥层分析法(1分)；(4)光谱法(1分)；(5)电子探针法(1分)。

36. 答：光学金相显微镜安在室内尽量减少灰尘、温度20 ℃左右，湿度控制在≤75%的相对湿度下(2分)，室内的周围环境应没有振源，室内干净，不能让腐蚀气体进入显微镜内(2分)，洗手、换鞋后进入显微镜室内，仪器不用时罩上仪器罩或玻璃罩防尘(1分)。

37. 答：麻点是在试样抛光面上出现的小凹坑，通常是抛光时间过长引起的(2分)。出现麻点后，需重新用细砂纸磨平，然后再抛光(3分)。

38. 答：滤色片的作用是为了将光源所发出的白色光中的不适合部分吸收掉(2分)，而只允许某种颜色的光线通过(2分)，实质上是选择某种波长的光线进行工作(1分)。

39. 答：钢的渗碳层深度应为过共析层深度＋共析层深度＋亚共析层深度之和(2分)。金相检验时，若是低碳钢渗碳层深度测量时，应测到亚共析层深的二分之一处(2分)；若是低合金钢渗碳层深度测量时，亚共析层深度应测到心部组织为止(1分)。

40. 答：当金属加热时，由原子有规则排列的晶体状态转变为原子不太规则排列的液体状态，这一过程称为金属的熔化(2分)。当金属冷却时，由原子不太规则排列的液体状态变为原子有规则排列的晶体状态(固体状态)，这一过程称为金属的结晶(3分)。

41. 答：针状马氏体它是高碳钢淬火的产物(1分)，其组织硬度高但脆性大(0.5分)，易出现显微裂纹(0.5分)，增加了淬火开裂的危险(0.5分)。板条马氏体是低碳钢淬火的产物(0.5分)，其组织具有较高的强度(0.5分)、塑性，冲击韧性也不低(0.5分)，具有优良的综合机械性能(1分)。

42. 答：钢在热处理加热时保温的目的，不仅是为了使工件热透(3分)，而且是为了使材料完成预定的组织转变(2分)，以便取得所需的热处理效果。

43. 答：含碳为0.77%的共析钢，室温时组织为100%珠光体(1分)；正常加热到650 ℃时，组织未发生变化，仍全部为珠光体(1分)；加热通过PSK线(A1点)，即723 ℃时，发生珠光体向奥氏体转变，因此加热到850 ℃时，组织应为全部奥氏体(3分)。

44. 答：不锈钢是指用Cr、Ni、Mo等合金元素合金化的铁基合金(2分)。它具有良好的抗氧化性(1分)、耐蚀性(1分)和耐热性(1分)，故称之为不锈钢。

45. 答：含碳较高，含钨、铬、钼、钒等多种合金元素的高合金钢(2分)，它适于制作高速切削工具(1分)，具有良好的红硬性称之为高速钢，也称之为锋钢(2分)。

46. 答：金属材料由于重复加热和冷却，金属材料内部温度梯度交替循环所引起的交变应力使材料产生疲劳裂纹和断裂的现象,称之为金属材料的热疲劳(5 分)。

47. 答:布氏硬度试验力与压头直径受制约关系的约束,并有钢球的变形问题(1 分);洛氏硬度各标尺所测定硬度无法统一(2 分);而维氏硬度克服了上述二种缺点,其最大的优点是试验力可以任意选择,并利用硬度法测定硬化层深度及评定渗氮层脆性(2 分)。

48. 答:冲击试验的内容包括:(1)测定材料的冲击功或冲击韧性值(1 分);

(2)通过系列冲击试验测定材料的转变温度(2 分);

(3)从断口形状特征来判断材料的脆韧性程度(2 分)。

49. 答:冲击韧性值 ak 是指一定尺寸和形状的金属试样,在规定类型的试验机上受冲击负荷而折断时,试样断口处单位横截面积上所消耗的冲击功,单位为 J/cm^2(3 分)。冲击吸收功 Ak 指冲击试样折断后而消耗的冲击功,单位为 J(2 分)。

50. 答:HRC58 表示采用金刚石圆锥体压头(2 分);在 1.471 kN 总试验力作用下(1 分),用 C 标尺测定的洛氏硬度值为 58(2 分)。

51. 答:140HBS10/1000/30 表示用直径 10mm 钢球(1 分)在 9.807 kN 试验力作用下(2 分)保持 30 s(1 分)测得的布氏硬度值为 140(2 分)。

52. 答:布氏硬度试验具有试验力大(1 分),钢球直径大的特点,它适合铸铁、有色金属,各种退火(2 分),调质处理后的材料等(1 分),特别是对于较软的,晶粒粗大且不均匀的金属材料的硬度测定是比较准确的(1 分)。

53. 答:维氏硬度试验广泛应用于生产实践和科学研究工作中,特别适用于表面强化处理后的零件和试样(2 分),如渗氮(0.5 分)、渗碳(0.5 分)、渗钒(0.5 分)、渗硼(0.5 分)以及各种镀层试样的表层硬度测定(1 分)。

54. 答:发纹是一种沿加工方向延伸并呈毛细管状的细小裂纹(2 分)。发纹形成原因:发纹主要是由于钢中含有较高含量的气体(1 分)、非金属夹杂物以及疏松等缺陷(1 分),在锻轧加工时沿加工方向延伸而形成的(1 分)。

55. 答:将钢材车制成一定规格的阶梯形试样,用热蚀或磁粉探伤或渗透探伤的方法来显示出钢中沿加工方向分布的发纹缺陷(5 分)。

56. 答:铸钢的含碳量,一般在 0.15%~0.6%之间(2 分),含碳量过高塑性不足,易产生冷裂(3 分)。

57. 答:金相试样面机械抛光的原理有两个方面:磨粒的磨削作用和磨粒在盘内与试样面的滚压作用(2 分)。化学抛光是将试样被检面浸入适当的抛光液中,不需外加电流或机械力就能达到试样表面无划痕的目的(3 分)。

58. 答:从样坯切割线至试样边缘必须留有足够的余量,在试样加工时,把这一部分去掉,从而不影响对试样的性能(5 分)。

59. 答:U 型和 V 型冲击试样的主要差别是缺口的形状不一样(1 分),一个为 U 型(1 分),一个为 V 型(1 分),缺口底部的曲率半径一个为 $R1\pm0.07$(1 分),另一个为 $R0.25\pm0.025$(1 分)。

60. 答:受力物体内部产生的抵抗外力变形的力叫内力(3 分)。单位面积上的内力叫应力(2 分)。

61. 答:单相合金与多相合金的侵蚀过程不相同,前者属化学腐蚀(1 分),后者属电化学腐蚀(1 分)。化学腐蚀过程比电化学腐蚀过程慢得多(1 分),电化学腐蚀速度极快(1 分)。这就是多相合金比单相合金容易侵蚀的原因(1分)。

62. 答:在铸铁中(常用灰铸铁和球墨铸铁)加入一定量的合金元素称为合金铸铁(3分)。常用合金铸铁有耐热合金铸铁和耐磨合金铸铁两种(2分)。

63. 答:电解抛光的特点是操作简单、方便、速度快,又能避免机械力的影响(1分)。对于强度低、塑性高的金属(2分),如铝合金、镁合金、奥氏体不锈钢等,用机械抛光的方法很难避免金属的流动和形成紊乱金属层,为此应用电解抛光(2分)。

64. 答:所谓低倍检验,它是用肉眼或放大镜直接观察经过加工并酸蚀的试样表面或断面组织(1分)。通过低倍检验可以显示钢材内部的缩孔(0.5分)、疏松(0.5分)、气泡(0.5分)、偏析(0.5分)、白点(0.5分)和裂纹(0.5分)等缺陷及其严重程度。这种方法主要用于轧材及锻件的材质评定(1分)。

65. 答:(1)缺口法:把胶片有缺口的一边向上,让缺口正好在右上方,则胶片向自己这一面必是乳胶面(3分);

(2)手摸法:用干燥的手摸底片,发涩为乳胶面(2分)。

66. 答:(1)不同类型的夹杂物在同一视场中出现,必须分别进行评定(1分)。

(2)在放大100×下,以夹杂物在ϕ80 mm圆的视场中的数量或所占面积的多少作为评级的主要依据(2分)。

(3)一般情况下,可采用试样检验面上最恶劣视场作为评定视场(1分)。在双方协议下,可选择多个视场检验,最后计算出平均级别数M(2分)。

67. 答:在提高强度的同时,一般不降低钢材的工艺性能(主要指焊接性能)(3分),良好的焊接性能对工程用钢很重要(2分)。

68. 答:可完成:车外园(1分)、车端面(1分)、车锥体(1分)、车内外沟槽(1分)、车特形面和螺纹等(1分)。

69. 答:在切削过程中,金属切削层发生变形(1分),切屑与刀具前面、刀具后面和加工表面之间产生摩擦(2分),由于变形和摩擦产生的热,称为切削热(2分)。

70. 答:标准中规定测定奥氏体本质晶粒度的工艺均是930 ℃±10 ℃,并要保温3小时(2分),渗碳钢要保温6小时(1分)。在这种工艺条件下得到细晶粒时,则该钢为本质细晶粒钢(1分);若在这种工艺条件下得到粗晶粒,则该钢属于本质粗晶粒钢(1分)。

六、综 合 题

1. 答:A0点:温度230 ℃,渗碳体的磁性转变点(1分)。

A1点:温度727 ℃,共析转变温度(1分)。

A2点:温度770 ℃,铁素体的磁性转变点(1分)。

A3点:温度727 ℃~912 ℃,铁素体转变为奥氏体的终了线(加热)或奥氏体转变为铁素体的起始线(冷却)。(1分)

A4点:温度1 394 ℃~1 495 ℃,高温铁素体转变为奥氏体的终了线(冷却)或奥氏体转变为高温铁素体的起始线(加热)(1分)。

Acm点:温度727 ℃~1 148 ℃,碳在奥氏体中的溶解度曲线,也成为渗碳体的析出线(1分)。

另外:由于加热的时候有过热度,冷却的时候有过冷度,所以同样一个相变点,加热和冷却不一样，因此，加热的时候用 c 表示，冷却的时候用 r 表示，所以相应的有：

加热 Ac1、Ac3、Accm，冷却 Ar1、Ar3、Arcm (4 分)。

2. 答：金相试样的选取原则：(1)金相试样的选取部位必须具有代表性，所以必须按标准和有关规定取样，无论常规检验和失效分析，均同(1 分)。

(2)检验面的选取根据检验目的内容确定检验面(1 分)。

①横向截面主要用以检验表面缺陷、表面热处理情况、碳化物网状、晶粒度等(1 分)。

②纵向截面主要用以检验非金属夹杂物、锻轧冷变形程度、晶粒拉长的程度、鉴定钢的带状组织及热处理后带状组织的消除效果(1 分)。

金相试样的截取方法：(1)软金属材料一般用锯、机床、砂轮切割截取(1 分)。

(2)硬而脆的材料可用敲断、击碎成合适的金相试样(1 分)。

(3)硬而韧的材料可用砂轮切割机、氧乙炔焰截取，也可用电火花线切割截取(1 分)。

截取金相试样的注意事项：(1)不允许试样产生范性变形(1 分)。

(2)不允许因受热而引起金相组织发生变化(1 分)。

3. 答：金相显微镜的一般调整包括：光源调整(0.5 分)、孔径光栏调整(0.5 分)、显微镜镜筒长度调整(0.5 分)。

(1)孔径光栏的调整：首先要把孔径光栏调到光轴的中心从目镜镜筒内观看孔径光栏的像和物镜后透镜孔径同心(1 分)。孔径光栏的大小，以使像清晰、无浮雕、晶界无变形无弯曲为度(1 分)，光强以使人眼舒适为宜(0.5 分)。

(2)视场光栏的调整：显微镜调焦后，先缩小视场光栏然后再调大，使其正好包围整个视场，也可调到刚好包围将要观察的某一局部组织(2 分)。

(3)显微镜镜筒长度的调整：物镜的象差是按一定的镜筒长度加以校正的，不同焦距的物镜，光学镜筒长度是不同的，机械镜筒长度不同的显微镜都有规定，只有这样才能使物镜达到最佳状态(2 分)，不同显微镜的物镜、目镜都不能互换使用(1 分)。显微镜出厂时，物镜、目镜已调到最佳状态，我们用时无须调整，千万要记住(1 分)。

4. 答：过热区：晶粒粗大，低碳钢和某些普通低合金结构钢出现魏氏组织(2.5 分)、正火区：细小而均匀的铁素体加珠光体组织(2.5 分)；不完全正火区：原珠光体发生部分或全部转变，原铁素体虽未转变，但有碳化物或其他第二相质点沉淀(2.5 分)；回火区：原始组织中有碳化物或其他第二相沉淀(2.5 分)。

5. 答：当钢中硫含量超过一定量时，硫在钢中与铁形成 FeS(2 分)，FeS 与 Fe 形成低熔点共晶体(熔点为 989 ℃) (2 分)，分布在晶界上(1 分)。当钢的热压力加工温度均高于此温度时，会出现沿晶开裂，称为热裂(2 分)。由于 Mn 和 S 的亲和力大于 Fe 与 S 的亲和力(1 分)，所以在钢中加 Mn 后，Mn 便与 S 形成高熔点的 MnS(2 分)。故可防止热脆现象。

6. 答：由于淬火后的高速钢组织中，通常含有 30%左右 Ar(其余为马氏体＋碳化物)，所以硬度并未达到最高值(2 分)；若把它在适当的温度(例如 W18Cr4V 钢在 550 ℃～570 ℃)回火时，由于从马氏体中析出了可以产生弥散强化作用的碳化物，以及在回火的过程中，大部分的 Ar→M，使硬度不仅不降低，反而会明显提高(4 分)。热处理上称这种现象(只出现在某些高合金工具钢中)为二次硬化现象(2 分)。高速钢淬火后须经 2～3 次回火(温度相同)才能达到最高硬度(2 分)。

7. 答：已知共析钢平衡冷却至室温时的组织为珠光体，现令其中的铁素体与渗碳体的相

对百分含量分别为 w_F 及 w_{Fe_3C}，则按杠杆定理可算得(2分)：

$w_F=(6.69-0.77)/(6.69-0.006)\%=5.92/6.684\%\approx88.57\%$(4分)

$w_{Fe_3C}=100-w_F\approx11.43\%$(4分)

8. 答：计算平均应力增长速率(10 000－5 000)/(π/4×102×5)＝12.7 N/mm²s⁻¹(5分)；小于规定的应力增长速率30 N/mm²s⁻¹(3分)，故拉伸速度符合要求(2分)。

9. 答：布氏硬度的优点：可测定软硬不同和厚薄不一材料的硬度(1分)，由于压痕较大，故具有较好的代表性和重复性(1分)。缺点：对不同材料和厚度的试样需更换压头和试验力(1分)，操作和压痕测量较费时，工作效率低(1分)。

洛氏硬度的优点：操作简便、迅速；压痕较小，适宜检查半成品和成品的质量(1分)；采用不同标尺可测定各种软硬不同和厚薄不一的试样的硬度(1分)。缺点：由于压痕较小，代表性差，往往测得的硬度重复性差，分散度大(1分)。

维氏硬度的优点：试验力可以任意选择，可测定厚薄不同的试样(包括渗层或镀层等)的硬度(1分)。且正方形压痕轮廓清晰，测量精度高，是一种最精确的硬度测试方法(1分)。缺点：工作效率低(1分)。

10. 答：

标尺	压头类型	初载荷	主载荷	硬度测量范围
HRA	120°锥顶角的金刚石圆锥体	98.1(10)	490.3(50)	60～85(3分)
HRB	ϕ1.588 mm淬火钢球	98.1(10)	882.6(90)	25～100(3分)
HRC	120°锥顶角的金刚石圆锥体	98.1(10)	1373(140)	20～67(4分)

11. 答：首先试样加工应符合图纸要求，试验机压板和试样的平行度要好(平行度不低于1：0.002)(4分)，为了避免产生偏心压缩现象，可配用调平垫块(3分)，为保证试验机垂直施加力，可做一个力导向装置(3分)。

12. 答：试样在试验过程中出现在力不增加或减小的情况下，试样还继续伸长的现象称屈服(5分)。由于首次指针回转所指示的最小力有初始瞬时效应影响，所以在拉伸试验测定下屈服点时不取首次下降而取第二次指针下降的最小力值作为下屈服力进行计算(5分)。

13. 答：退火可分为扩散退火(1分)、完全退火(1分)、球化退火(1分)和去除应力退火(1分)等几种。退火的目的是：(1)降低硬度，提高塑性，改善切削和压力加工性能(2分)；(2)细化晶粒，改善组织为后道热处理作组织准备(1分)；(3)消除铸件、锻件、焊接件和机械加工件等的内应力，防止变形和开裂(2分)；(4)改善或消除钢在锻造、铸造、轧制或焊接过程中所造成的某些组织缺陷(1分)。

14. 答：16Mn，是普通低合金结构钢，数字16表示平均含碳量0.16%(1分)；Mn表示含锰量≤1.0%(1分)；主要用于各种工程结构钢，如桥梁、建筑、车辆等。60Si2Mn，是合金弹簧钢，数字60表示平均含碳量为0.6%(1分)；Si2表示平均含硅量约为2%左右(1分)；Mn表示含锰量约为1%(1分)；可以制造工作温度＜230 ℃的弹簧零件(1分)。1Cr13，是马氏体型不锈钢，数字1表示平均含碳量为1%左右(1分)；Cr13表示含铬量约13%(1分)；主要用于强度要求较高，对耐蚀性、焊接性、冷冲击要求不高的零件(2分)。

15. 答：金相试样机械抛光时需注意的事项如下：(1)要牢握试样，使磨面均衡地压在旋转的抛光盘上,并不断地将试样在盘心与盘的边缘之间往返转动(3 分)。(2)抛光过程中,抛光盘上的织物保持一定的湿度,一般当磨面离开抛光盘时,水膜在 2～3 s 内自行蒸发为宜(3 分)。(3)抛光时间约为 2 分钟左右,抛光时间短,磨面如镜面为好,抛光后用水冲洗吹干(2 分)。(4)精抛时,不允许将较粗颗粒的抛光粉混入精抛光盘上,或精抛用的水或膏中(2 分)。

16. 答:把钢加热到临界温度以上(AC_3以上)30 ℃～50 ℃,保温一定时间出炉在空气中冷却叫正火(2 分);若是随炉冷却叫退火(1 分);若是速淬入水中叫淬火(1 分);若是把淬火钢加热到相变温度以下,保温一定时间出炉空冷叫回火(2 分)。45 钢正火后金相组织是铁素体＋珠光体(2 分)。45 钢淬火＋200 ℃低温回火后金相组织是回火马氏体(2 分)。

17. 答:(1)显微硬度法(1 分),适用于在较粗大的白色网状相上,HV600 以上可确定为渗碳体,HV200 以下可确定为铁素体(2 分)。(2)化学试剂浸蚀法(1 分),采用碱性苦味酸钠水溶液,将试样煮沸 5 分钟左右(2 分)。若白色网状相变为黑棕色或更深的黑色,则可确定为渗碳体(1 分),若不受浸蚀,则为铁素体(1 分)。(3)硬针划刻法(1 分)。

18. 答:$S_0=\pi\times a(D-a)=\pi\times 2\times(20-2)=113(\text{mm}^2)$ (2 分);

$R_m=F_m / S_0=37\,800/113=334.51(\text{N/mm}^2)$ (2 分);

修约后:$R_m=355\ \text{N/mm}^2$(2 分)

$A=(L_u-L_0)/L_0\times 100=(74.2-60)/60\times 100=23.7\%$(2 分);

修约后:$A=23.5\%$(2 分)。

19. 答:一般低碳钢在低温(摄氏 0 ℃以下)时,随温度的下降而强度提高,塑性降低。降到某一温度材料完全脆化,这称作“冷脆”(4 分)。一般低碳钢在高温(室温以上)时随温度的升高而强度下降,塑性提高,但在某一温区内(200 ℃～300 ℃)也会产生脆化,这称作“兰脆”(4 分)。如再继续提高温度至某一温区内还会产生脆化,这称作“红脆”(2 分)。

20. 答:

$\text{Aku}_{平均}=(64+58+62+70)/4=63.5\ \text{J}$(2 分)

则 $\text{aku}_{平均}=\text{Aku}_{平均}/S_0=63.5/0.8=79.38\ (\text{J/cm}^3)$

取 $\text{aku}_{平均}=79\ \text{J/cm}^3$(4 分)

$\text{aku}_{低}=\text{A}_{ku低}/\text{S}_0=58/0.8=72.5\ (\text{J/cm}^3)$

取 $\text{aku}_{低}=72\ \text{J/cm}^3$(4 分)

21. 答:已知物镜的分辨率可用公式 $d=\lambda/2NA$ 计算(2 分),故在其他条件相同时,黄、蓝光照明时的分辨率之比为$\dfrac{d}{d}=\dfrac{0.55/2NA}{0.44/2NA}=\dfrac{0.55}{0.44}=\dfrac{5}{4}=1.25$(4 分)

这就是说,采用黄光时,可以清楚地分辨的两物点间的最小距离,是蓝光的 1.25 倍(或 125%)(2 分),因此,蓝光比黄光的分辨率更高(2 分)。

22. 答:车轴钢坯低倍组织缺陷检验时取样部位在钢坯头部(带 A 字)切取试样,达到一定光洁度用热浸蚀显示低倍组织及其缺陷(4 分)。铝及铝合金加工制品低倍组织检验时,取样部位在挤压棒管料的尾端(W 端)切取试样,达到一定光洁度后,用氢氧化钠水溶和 20%～30%硝酸水溶液除去黑膜,显示低倍组织及缺陷(6 分)。

23. 答:这是由于工作台相对于测量显微镜和加荷系统的压头位置有变动而造成的(1 分)。当发生以下几种情况时,工作台与物镜和压头的位置不能保持恒定,则压痕的位置就会经常变化(1 分)。(1)升降轴与连接极或升降轴套与仪器底座的固定螺钉松动,这可用紧固这些螺钉来解决(2 分)。(2)升降轴与键有间隙(1 分),解决的办法是重新配键,或在操作时定向(按顺时针或逆时针)拨动工作台,以消除此间隙的影响(1 分)。(3)调节上、中工作台的测微螺杆时,像会晃动,这是上工作台或中工作台导轨有间隙(2 分)。排除方法:用调节上、中工作台侧面的上紧螺钉来调节上、中工作台导轨的间隙,但要注意不可拧得太紧(2 分)。

24. 答:(1)显微镜应放在干燥通风,防灰尘及没有腐蚀气氛的房间内(1 分)。(2)显微镜用毕后,应取下镜头,收藏在有干燥剂的容器中(1 分)。(3)浸蚀过的试样放上载物台之前,一定要充分干燥,以免腐蚀气氛及水气等损坏物镜,并注意操作者手的清洁干净(2 分)。(4)光学零件必须保持清洁,切不可用手指触摸光学镜片(1 分)。(5)更换物镜或调焦时,要防止物镜受碰撞而损坏(1 分)。(6)油浸物镜使用后,应立即将松柏油擦去(1 分)。(7)显微镜镜头镜片不能拆下,镜身内部光学构件也不能随便拆卸,以免影响光学构件的精确性(2 分)。

25. 答:常见的象差有球面象差(1 分)、色象差(1 分)、象域弯曲(1 分)。单片透镜,如果用白色光线代替单色光(2 分),那么由于组成白色光线的各色光线波长不同,而不同波长的光对同一透镜的折射率不同(2 分),故经透镜后聚集于不同点,波长越短聚集点距离透镜越近,由此导致映象模糊,映屏上出现色彩,即为"色象差"(2 分)。运用单色光及采用光学性质不同的材料组合成光学光线,可以改变色象差(1 分)。

26. 答:当钢中存在着非金属夹杂物时,它往往就成为疲劳裂纹的发源地(2 分),因为非金属夹杂物是以机械混合物的形式分布在钢中,其本身强度性能很差(2 分),因而视为破坏钢基体的连续性和均匀性,同时在夹杂物处易产生应力集中而成为疲劳源(2 分),当零件在使用中承受外力的作用下,常会沿着夹杂物与其周围的金属基体的界面处首先形成疲劳裂纹(2 分),并还会加速裂纹的扩展,从而进一步降低了疲劳寿命(2 分)。

27. 答:渗碳法适用于显示渗碳钢的奥氏体(本质)晶粒度(1 分),渗碳时采用强烈的渗碳剂进行渗碳,渗碳温度规定加热到 930 ℃±10 ℃,并保温 6 小时,渗碳层深度不应小于 1 mm(3 分)。经渗碳后的试样随炉冷却至 600 ℃(1 分),主要是使碳化物沿晶界呈完整的网络状析出(1 分)。渗碳后试样的端面规定必须除去 3 mm 以上(1 分),然后制成金相试样,而且不能倒角(1 分)。最后试样渗碳后的最表面过共析区域内(过共析向共析过度区和最表层细小部分晶粒除外)(1 分),根据碳化物网络所显示的晶粒来测定钢的奥氏体(本质)晶粒度(1 分)。

28. 答:(1)从形态来分,未溶铁素体与残余奥氏体有着明显差别,未溶铁素体具有明显的边界,存在马氏体的相界边缘上(2 分),经显微镜的上下调焦旋钮移动,则发现白色相与马氏体相在一个水平线上(1 分),而残余奥氏体,没有明显的边界线(1 分),由于它与马氏体的硬度悬殊较大,往往在马氏体针叶夹角的空白区域内存在,残余奥氏体略低于马氏体,其形状随马氏体针叶分布形状而变化(2 分)。(2)从热处理工艺上推断,有些零件热处理工艺是已知的,但热处理工艺是否正确或合理,也能判断出白色块状相是铁素体还是残余奥氏体(2 分),如中碳钢的淬火温度是 840 ℃或低于 840 ℃时,在淬火后的显微组织中有白色块状相,这种相多属于未溶铁素体,而决不是残余奥氏体(2 分)。

29. 答:压力加工对金属组织与性能的影响,主要表现在以下两个方面:(1)改善金属的组织和机械性能(1 分),金属压力加工最原始的坯料铸锭经过压力加工热变形后(1 分),由于变形和再结晶使原有的粗大枝晶和柱状晶体变成了晶粒较细、大小均匀的再结晶组织(1 分)。同时铸锭中原有的气孔(0.5 分)、疏松(0.5 分)、裂纹等缺陷(0.5 分),通过压力加工也都焊合在一起(0.5 分)。因此,使金属的组织变得更加紧密(1 分)。机械性能获得进一步提高(1

分)。(2)使金属机械性能具有方向性,经过压力加工后,晶粒沿变形方向拉长,晶间的杂质也随晶界的变形而拉长(1分),并排成一致的方向,形成纤维组织,由于纤维组织中的条状夹杂物破坏了垂直于纤维方向的金属连续性(1分),使金属的机械性能出现了方向性(1分)。

30. 答:魏氏组织是一种先共析转变的组织,即在亚共析钢和过共析钢中,由于高温较快冷却时,先共析的铁素体或渗碳体便沿着奥氏体的一定界面呈针状析出,由晶界插入晶粒内部,这种组织便叫做魏氏组织(6分)。魏氏组织铁素体或渗碳体的针片杂乱无章地割裂了钢的基体,形成许多脆弱面,所以使强度降低而脆性增大(4分)。

31. 答:(1)增加淬透性(2.5分);(2)细化奥氏体晶粒(2.5分);

(3)提高回火稳定性(2.5分);(4)改善第二类回火脆性(2.5分)。

32. 答:特征:在酸蚀试面上呈不同形状和大小不等的暗色斑点,当斑点存在于试样面边缘时称为边缘点状偏析(4分),当斑点分散分布在整个截面上时称为一般点状偏析(3分)。

评定原则:以斑点的数量、大小和分布情况而定(3分)。

33. 答:含碳量在0.021 8%～0.77%之间的铁碳合金称为亚共析钢(2分);含碳量为0.77%的铁碳合金称为共析钢(2分);含碳量在0.77%～2.11%的铁碳合金称为过共析钢(2分)。它们的室温平衡组织分别为:铁素体+珠光体(1分)、珠光体(1分)、珠光体+二次渗碳体(2分)。

34. 答:40Cr钢退火后得到组织为细片状珠光体+细网状铁素体(3分)。组织淬火后得到细小针状马氏体组织(3分),淬火加高温回火得到回火索氏体组织为铁素体+细小的颗粒状碳化物(4分)。

35. 答:对共析钢和过共析钢进行球化退火,可使片状珠光体变成粒状珠光体(5分),从而降低硬度,便于机加工(1分),并能改善组织(1分),减少淬火时的变形和开裂(2分),为淬火作准备(1分)。

材料物理性能检验工(中级工)习题

一、填 空 题

1. 马氏体转变的惯习面的含义是马氏体躺在(　　)上生长的面。

2. 钢中马氏体转变是一种(　　)扩散转变。

3. 高碳马氏体的80%的碳原子偏聚在立方晶格的一轴,而20%碳原子集中在另二轴上,其结果形成的马氏体为(　　)晶格。

4. 针状马氏体的结构是(　　)。

5. 钢中马氏体的最主要特征是(　　)。

6. 上贝氏体的铁素体呈条状,其渗碳体分布在(　　)。

7. 下贝氏体的铁素体呈片状,其渗碳体或碳化物分布在(　　)。

8. 粒状贝氏体中富碳奥氏体冷却时可能转变为(　　)混合物。

9. 粒状贝氏体中铁素体呈放射状,其中碳化物分布在(　　)部,具有下贝氏体组织特征。

10. 影响上下贝氏体强度的因素有(　　)、碳在贝氏体铁素体中的固溶程度、碳化物的弥散性。

11. 淬火低碳钢在高于400 ℃回火时,α相回复呈(　　)后再结晶为特轴晶粒。

12. 钢在Ms点以上回火、残余γ转变为(　　)。

13. 引起第一类回火脆性的原因是新形成的碳化物在马氏体间、束的(　　)或在片状马氏体孪晶带和晶界析出有关。

14. 强碳化物形成元素(　　)与碳结合力强,阻碍碳的扩散,阻碍马氏体的分解。

15. 进行暗场观察,金相显微镜必须具备①:暗场变化遮光板②环行反射镜③(　　)三个主要装置。

16. 暗场照明主要有三个优点:①提高显微镜的实际分辨率;②提高显微图象衬度;③用于鉴别钢中(　　)。

17. 在暗场照明下,从目镜中观察到的硫化物呈(　　),氧化铁呈不透明,比基体还黑,硅酸盐呈透明。

18. 作偏光研究时,金相显微镜的光路中必须有(　　),当使其正交时则没有光线通过检偏镜而产生消光现象。

19. 偏振光有(　　)、圆偏振光、椭圆偏振光三类。

20. 起偏镜的后面插入1/4λ波片就可使直线偏振光变成(　　)。

21. 偏振光装置的调整包括起偏镜、减偏镜、(　　)三个方面的调整。

22. 各项同性金属各方面的光学性质都是一致的,在正交偏振光下即使转动载物台所观察到的是(　　)。

23. 各项异性金属的多晶体晶粒组织,在正交偏振光下,可以看到(　　)的晶粒,表示晶粒位向的差别。

24. 各项异性夹杂物在正交偏振光下观察,转动载物台360°时有(　　)。

25. 球状透明夹杂物(如球状的 SiO_2 和硅酸盐)的正交偏振光下观察呈现独特的(　　),这种夹杂物形成长条状时则等色环消失。

26. 相衬装置主要是由(　　)组成。

27. 在金相研究中大多使用相衬法,其可获得(　　)的衬映效果便于鉴定。

28. 金属常见的晶格类型有(　　)三类。

29. 回火的目的是:(　　)、获得优良综合机械性能、稳定组织和尺寸。

30. 典型铸锭组织中的三个晶区是:表面细晶粒区、次表面柱状晶区、(　　)。

31. S在钢中的作用是使钢产生(　　),P在钢中的作用是使钢产生冷脆。

32. 钢的热处理工艺有退火、正火、淬火、回火、(　　)。

33. 受力物体去除外力后,其变形以声速恢复的现象称为(　　)。

34. 从力学状态分析可知,同一种材料在“硬”应力状态下,表现为(　　),而在较“软”的应力状态下却表现为韧性。

35. 塑性变形阶段的主要力学性能指标有(　　)、强度极限、断裂强度。

36. 金属材料所表现的力学性能由(　　)所决定的。

37. 区分晶体还是非晶体,不是根据它们的外观,而应从其(　　)来确定。

38. 正态分布的最重要特点是(　　),标准正态分布的平均值0,标准差1。

39. 常用的疲劳拉力指标有疲劳极限、残余伸长应力和(　　)。

40. 电测实验应力分析的目的主要是为了解决受力构件的(　　)问题,因此需要测量的是应力。

41. 液态金属冷却时,一方面因温度降低产生(　　)收缩;另一方面随液态金属不断结晶出现凝固收缩。

42. 铁素体可锻铸铁的石墨形态,常见的有(　　)。

43. 金属力学试验是测定金属(　　)所进行的试验。

44. 一般来说机械性能是指在力和能的作用下,材料所表现出来的一系列(　　)。

45. 钢冷变形后的加热过程中,其组织和机械性能都要发生变化,一般要经历三个阶段:(　　)。

46. 不同碳含量的马氏体在相同温度下回火,分解出来的ε碳化物随原马氏体含碳量的(　　)。

47. 随回火温度的增高,马氏体中过饱和的碳浓度逐渐(　　)。

48. 线材扭转试验适用于直径为(　　)的冷拉及热轧线材。

49. 球铁根据不同的工艺正火后,其分散分布的铁素体有两种形态,即(　　)。

50. 对高强度球铁,应确保基体组织中含有较高(　　)数量;对高韧性球铁应确保高的铁素体数量。

51. 压力加工及再结晶后的68黄铜组织是(　　)。

52. 渗碳体网在光镜下观察时,相界面(　　),厚度尺寸较小,色白亮。

53. 铁素体网在光镜下观察时,相界面(　　),厚度尺寸较大,色乳白。

54. 在过共析渗碳层中，沿奥氏体晶界析出的二次渗碳体周围包围着(　　)及此种组织称为反常组织，它出现是由于钢材中含氧量较多所引起。

55. 渗碳后二次淬火的目的是使表层组织(　　)。

56. 氮化层中主要有(　　)。

57. 锻造过热是由于加热温度过高而引起晶粒粗大现象，碳钢以出现(　　)为特征，工模具钢以一次碳化物角状化为特征。

58. 锻造工艺不适引起的锻造缺陷，主要有大晶粒、晶粒不均匀、冷硬现象、龟裂、锻造折叠、(　　)和碳化物偏析级别不符合要求。

59. 磨削时零件表面主要发生(　　)两种裂纹。

60. 在静拉伸断口中，一般由(　　)等三个区域即所谓断口三要素组成。

61. 机械成品和工作构件失效的三种主要形式是(　　)。

62. 金属材料的断裂，按其本质来说可分为(　　)。

63. 一桩失效事件，其原因总超不出设备系统、工作环境、直接操作人员和(　　)四个方面。

64. 球墨铸铁常见的铸造缺陷有(　　)、石墨飘浮、夹渣、缩孔和反白口等五种。

65. 合金工具钢的碳化物检验，如轴承钢、铬钨钢等主要检查(　　)、碳化物带状和碳化物网状。

66. 评定铁基粉末冶金试样中孔隙和石墨时试样不经侵蚀，在(　　)倍下进行观察鉴定。

67. 布氏硬度试验后，压痕直径应在(　　)D之间。

68. 计算布氏硬度值时：当 HBS≥100 时，取(　　)。

69. 构件的断裂，通常分为(　　)三种。

70. 奥氏体不锈钢的晶间腐蚀倾向是由于(　　)而引起的，所以奥氏体不锈钢必须经过固溶、稳定化热处理。

71. 过共析钢的金相组织是珠光体＋渗碳体，若用碱性苦味酸热蚀(　　)是黑色。

72. 钢件的淬火裂纹两侧如(　　)存在，则此裂纹发生在淬火前的工序中。

73. 钢件严重脱碳时，则它们的脱碳层组织由(　　)组成。

74. 高速钢退火状态的正常组织为(　　)。

75. 低合金钢渗碳缓冷后渗层是(　　)＋亚共析过渡层组成。

76. 定量金相法是(　　)方法的结合，它的理论基础是体视学。

77. 氮化层深度测定方法有(　　)。

78. 裂纹扩展的方式有(　　)三种。

79. 钢坯在酸浸试片上呈腐蚀较深的，并且暗点和空隙组成的与原锭型横截面形状相似的框带，一般为方形称为(　　)。

80. W18Cr4V 淬火后主要检查(　　)等级以及是否有过热金相组织。

81. W18Cr4V 高速工具钢成品已淬火＋三次回火后主要检查回火是否充分、有无(　　)金相组织。

82. 一个焊接接头是由中心焊缝区、(　　)、两端的母材金属三部分组成。

83. 低碳钢焊接过热区组织主要呈(　　)的铁素体加珠光体。

84. 常见的焊缝具有(　　)的特征。

85. 铬滚珠轴承钢中的夹杂物有点状、条状、(　　)三种。

86. 高速钢脱碳层的测量方法有(　　)、等温淬火法等。

87. 珠光体、索氏体、屈氏体它们都是由铁素体和渗碳体组成的混合物,但它们中的(　　)不同,所以随着片间距愈薄,它们的性能、强度、硬度越高。

88. 铝合金牌号 LD7、LD8、LD11 是(　　)。

89. 铝合金牌号 ZL203、ZL102 是(　　)。

90. 拉伸试验中通常影响屈服极限的因素有(　　)。

91. 维氏硬度金刚石压头的四个锥平面应交于一点,其允许误差不得大于(　　)。

92. 断裂韧性随温度的降低及加荷速度的(　　)而减小。

93. 合金钢的偏析有晶内偏析和晶间偏析及(　　)两种。

94. 出现(　　)组织使钢材性能具有明显的方向性而恶化机械性能。

95. 碳势是指表证含碳气氛在一定温度下改变钢件(　　)的能力参数。

96. 在渗碳过程中,碳迁移到工作表面那一段渗碳时间称为(　　)。

97. 渗碳层深度是指由渗碳工件表面向内至规定碳浓度处的(　　)。

98. 淬硬性是钢在理想条件下进行淬火硬化所达到的(　　)。

99. 淬透性是在规定条件下,决定钢材淬硬深度的(　　)特性。

100. 某些合金钢在某一回火温度回火后的硬度,比其淬火后硬度还要高的现象,称合金钢回火时的(　　)。

101. 钢材或钢件淬火硬化后,表面硬度偏低的局部小区域称为(　　)。

102. 生产中常根据工件的(　　)选择回火温度。

103. 正火与退火的质量要求主要是(　　)。

104. 当淬硬层深度为工件直径的(　　)时,工件将具有良好的综合力学性能。

105. 亚共析钢感应加热淬火后,表面层为(　　)组织。

106. 热轧后不退火的弹簧钢,常用于制造(　　)。

107. 碳素工具钢淬火前的珠光体的碳化物组织应该呈(　　)状态。

108. 刃具在淬火回火后硬度一般在(　　)以上。

109. 保持高速钢淬火回火硬度的使用温度在(　　)左右。

110. 电解抛光液一般由三种主要成分组成即氧化剂、去钝化剂及(　　)。

111. 金相显微镜主要由三个系统组成,即(　　)、照明系统及机械系统。

112. 数值孔径表示(　　)集光能力。

113. 景深又称(　　)。

114. 金相显微镜的照明系统中有(　　)光阑。

115. 能谱仪能对样品进行(　　)、化学成分半定量、化学成分定量分析。

116. 大型显微镜由(　　)三个独立部分组成。

117. 大型显微镜的垂直照明器有两种反射光线装置:一是采用 45°倾斜平面玻璃,二是采用(　　)。

118. 金相显微镜总放大倍率是(　　) 放大倍数。

119. 在黑白胶卷相片冲洗时,显影液配置中米吐尔,对苯二酚称为(　　)。

120. 黑白照片冲洗时定影液配制中硫酸钠称为(　　)。

121. 金相试样抛光方法主要有机械抛光、电解抛光和(　　)。

122. 拉伸试验机除了可进行拉力试验外,还可兼做(　　)等试验。

123. 普通的弯曲疲劳试验机主要由载荷激振装置、定载荷装置、(　　)、计数器装置、自动停车装置、试样的夹持装置六部分组成。

124. 硬度计的压头有金刚石压头、(　　)、淬火钢球压头三种。

125. 按金属腐蚀的原因可分为(　　)两种。

126. 一般抛光磨粒在(　　)范围内称为粗抛,在 0.3~1.0 μm 范围内称为精抛。

127. 分辨率是(　　)对显微组织组成物造成清晰成像的能力。

128. 在三相四线制供电系统中,对称三相负载通常可采用(　　)两种联接方式。

129. 千分尺是利用螺纹原理制成的一种量具,它的测微螺杆的螺距为 0.5 mm,读数准确度为(　　)。

130. 机械性能试验按试验条件可分为常温、(　　)试验。

131. 试样的切取方法有(　　)、电火花切割、电化学切割三种。

132. 常用的抛光织物有(　　)、棉织品、丝绸、人造纤维。

133. 分析天平为精密的计量仪器,它必须具有(　　)、变动性、正确性。

134. 误差是(　　)之间的差值。

135. 偏差是(　　)之间的差值。

136. 天平零点有波动造成的误差是(　　)误差。

137. 数据修约 0.003 278 保留三位有效数字(　　)。

138. 分析误差按其基本性质可分为(　　)、随机误差和过失误差。

139. 配制硫酸水溶液时,应慢慢将(　　)倒入水中。

140. 当溶液的 pH 值改变时,酸碱指示剂由于结构的改变而发生(　　)改变。

141. 定量金相显微镜可对试样进行分析,还可对(　　)进行物相的定量分析。

142. 显微硬度计的试样压痕不在中心时,应调整压头与显微光轴的(　　)。

143. X 射线的波长为(　　)cm。

144. 按引伸计放大机构的原理来分,常用的引伸计有(　　)、光学式、电子式。

145. 剪切试验目前工厂常采用(　　)、双剪、冲孔式等三种剪切试验方法。

146. 薄板、带材试样、圆管材全面积、直径小于 3 mm 圆形试样一般不测(　　)力学性能指标。

147. 布氏硬度小于 35 时的试验力保持时间为(　　)s。

148. 布氏硬度试验对有色金属的试验保持时间为(　　)s。

149. 洛氏硬度试验时试样的最小厚度应不小于压痕深度的(　　)倍。

150. 洛氏硬度试验时,对于加荷后随时间明显变形的试样,总负荷保持时间为(　　)s。

151. 维氏硬度试验对黑色金属,两相邻的压痕中心距离或任一压痕的中心距试样边缘距离应不小于压痕对角线平均值的(　　)倍。

152. 机械性能试验,按所施加的载荷可分为:(　　)。

153. 金属在其拉伸时,其弹性变形阶段的性能指标有(　　)、弹性比功、规定非比例伸长应力。

154. 相衬金相研究只能鉴别试样表面一定范围内的(　　)和提高金相组织中细微结构

及反射率接近的不同物相的衬度。

155. 金属的冲击韧性对于评定材料动负荷的性能,鉴定( )及加工工艺质量或构件设计中的选材等有很大作用。

156. $Fe\text{-}Fe_3C$ 相图中的共析点相对应的温度是( )。

157. 45#钢的平均含碳量为0.45%,若按钢的含碳量来划分它属于( )。

158. 布氏硬度试验力的保持时间对于有色金属为( )s。

159. 过共析钢加热时,渗碳体全部溶解后,仍然存在( )不均匀。

160. 裂纹的扩展总是沿着能量消耗( )的方向,阻力最小的途径进行。

161. 一般冲击值降到某一特定数值的温度称( )温度。

162. 韧性断裂有两种形式,一种是纯剪断型断裂,另一种是( )。

163. 设备检查按照时间间隔可以分为( )和定期检查。

164. 晶界处由于原子排列不规则,晶格畸变,界面能高,使强度、硬度( ),使塑性变形抗力( )。

165. 对高合金钢,为加速贝氏体的形成和缩短等温时间,往往采用略低于( ),停留一定时间后生成部分马氏体组织,促使下贝氏体的形成,缩短等温时间。

166. 热应力在工件中的分布,以圆柱形工件为例,在切线方向上中心的拉应力比轴向( ),径向拉应力分布是由中心向圆周( )。

167. 铸造铝合金稳定化回火,其目的在于稳定组织而不去考虑强化效果,回火温度。( )人工时效温度,而接近于零件工作温度。

168. 以圆柱形工件为例,组织应力分布为在切线方向上,表面的( )最大,径向方向上呈现着( )。

169. 塑性变形只有在( )下才会发生。

170. ( )是衡量材料刚度的指标。

171. 弹性模量 E( )通过热处理给予提高。

172. ( )是材料由弹性变形过渡到塑性变形的应力。

173. 疲劳断口中的( )表示裂纹的扩展。

174. 正火中碳钢截面积相等的圆形与矩形两种试样拉伸,( )形试样的 δ、ψ 测定值较高。

175. HV 测定为提高准确度( )尽量选大载荷。

二、单项选择题

1. 马氏体转变的晶体学 K—S 关系是( )。

(A)(110)γ//(111)M (110)M//(111)γ
(B)(111)γ//(110)M (110)M//(111)γ
(C)(111)γ//(110)M (111)M//(110)γ
(D)(111)γ//(110)M (111)M//(111)γ

2. 马氏体转变温度 Mf 的含义是( )。

(A)马氏体转变完成温度
(B)马氏体转变终了温度
(C)马氏体转变中间温度
(D)马氏体转变开始温度

3. 高碳马氏体中碳化物的析出方式是( )。

(A)M 析出→εFe_xC→θFe_3C
(B)M 析出→εFe_xC→$FeSC_2$→θFe_3C

(C)M 析出→θFe_3C→εFe_xC (D)M 析出→θFe_xC→$FeSC_2$→εFe_3C

4. 低碳马氏体的碳原子偏聚在( )附近。

(A)孪晶界 (B)位错线 (C)晶界 (D)晶内

5. 含碳量 0.3%的低碳钢,其马氏体强度主要源于( )。

(A)合金元素的固溶强化 (B)碳元素的固溶强化

(C)位错的强化 (D)细晶强化

6. 上、下贝氏体的亚结构是( )。

(A)孪晶 (B)位错

(C)孪晶加位错 (D)铁素体+渗碳体

7. 粒状贝氏体和下贝氏体的强度相比的结果是( )。

(A)粒贝强度>下贝强度 (B)粒贝强度<下贝强度

(C)粒贝强度≈下贝强度 (C)粒贝强度=下贝强度

8. 高碳合金钢中的残余奥氏体加热至 Ms 点下保温,残余奥氏体直接转为( )。

(A)回火马氏体 (B)等温马氏体 (C)马氏体 (D)回火屈氏体

9. 相衬法产生衬度,主要由于物相的( )所产生的。

(A)不同反射率 (B)不同高度差

(C)表面不同厚度的薄膜 (D)不同晶向

10. 各相同性非金属夹杂物,正交偏振光下观察,旋转物台时,其光示特征为( )。

(A)明暗没有变化 (B)发生四次明暗变化

(C)发生色彩变化 (D)发生二次明暗变化

11. γ-Fe 晶格类型属于( )。

(A)体心立方 (B)面心立方 (C)简单立方 (D)密排六方

12. ( )晶粒度直接影响钢的性能。

(A)实际 (B)起始 (C)本质 (D)奥氏体

13. 在 AC3 以上亚共析钢中含碳量对奥氏体晶粒长大的影响是( )。

(A)含碳量对奥氏体的长大没有影响 (B)含碳量越高,晶粒长大倾向越大

(C)含碳量越低,晶粒长大倾向越大 (D)含碳量越高,晶粒长大倾向越小

14. 疲劳裂纹的扩展速率是指疲劳裂纹的( )阶段的扩展快慢。

(A)失稳扩展 (B)临界扩展 (C)亚临界扩展 (D)裂纹萌生

15. 一定温度下,松弛过程是( )。

(A)总变形量减小 (B)总变形向弹性变形转变

(C)弹性变形向塑性变形转变 (D)塑性变形向弹性变形转变

16. 下列金相组织中有渗碳体的组织是( )。

(A)铁素体 (B)珠光体

(C)奥氏体马氏体 (D)无碳贝氏体

17. 金属晶粒的大小取决于( )。

(A)结晶温度的高低 (B)化学成分

(C)结晶时的形核率 (D)奥氏体化温度

18. 晶界的能量较高,原子属于不稳定状态,所以( )。

(A)晶界上原子扩散速度快,相变时先在晶界上形核
(B)晶界上比晶粒内部的强度、硬度低
(C)晶界上原子扩散速度慢,相变时后在晶界上形核
(D) 晶粒内部比晶界上的强度、硬度低

19. 影响力学性能的是(　　)。
(A)奥氏体起始温度　　(B)奥氏体实际晶粒度
(C)奥氏体的本质晶粒度　　(D)含碳量

20. 共析钢奥氏体过冷到 350 ℃等温将得到(　　)。
(A)马氏体　　(B)珠光体　　(C)屈氏体　　(D)贝氏体

21. 在合金钢中具有相同的物理和化学性能并与其他部分以界面分开的一种物质称为(　　)。
(A)组元　　(B)相　　(C)组织　　(D)化合物

22. 奥氏体的实际晶粒度(　　)。
(A)和钢的含碳量有关　　(B)和钢的加热温度有关
(C)和冷却速度有关　　(D)和钢的合金元素量有关

23. (　　)属于固溶体。
(A)(Fe,Mn)C　　(B)WC　　(C)γ-Fe(C)　　(D)Fe_3C

24. 合金元素增加过冷奥氏体的稳定性意味着(　　)。
(A)使"C"曲线左移　　(B)使钢的临界冷却速度增大
(C)使"C"曲线右移　　(D)使钢的淬透性增加

25. 合金元素提高钢的回火稳定性意味着(　　)。
(A)过冷奥氏体不易分解　　(B)淬火马氏体不易分解
(C)残余奥氏体不易分解　　(D)回火马氏体不易分解

26. 交流电通过单相整流电路后,所得到的输出电压是(　　)。
(A)交流电压　　(B)稳定的直流电压
(C)脉冲直流电压　　(D)脉冲交流电压

27. 金属材料焊接性能的试验方法虽然较多,但以(　　)用得最多。
(A)焊接裂缝试验　　(B)接头力学性能试验
(C)接头腐蚀试验　　(D)接头金相试验

28. 维氏硬度试验对黑色金属,两相邻压痕中心内距或任一压痕得中心距试样边缘距离应不小于压痕对角线平均值的(　　)倍。
(A)2　　(B)2.5　　(C)4　　(D)5

29. 在试样弯曲部位直接施加力得到的弯曲称(　　)。
(A)自由弯曲　　(B)半导向弯曲　　(C)导向弯曲　　(D)变载荷弯曲

30. 层压制品的黏合强度试验中,应选用(　　)mm 压头。
(A)8　　(B)10　　(C)12　　(D)5

31. 防止铸件产生气孔等缺陷,型砂和芯砂应有良好的(　　)。
(A)流动性　　(B)发气性　　(C)透气性　　(D)凝固性

32. 在一定条件下,由均匀液体相中同时结晶出两种相同的转变称为(　　)。

(A)共晶反应　(B)包晶反应　(C)共析反应　(D)伪共析反应

33. 中温回火转变的产物为(　　)。

(A)回火马氏体　(B)珠光体　(C)回火屈氏体　(D)贝氏体

34. 均匀塑性变形阶段 A 与 Z 的大小应为(　　)。

(A) $A>Z$　(B) $A<Z$　(C) $A=Z$　(D) $A\approx Z$

35. 衡量裂纹扩展功(撕裂功)的是(　　)。

(A)冲击总功　(B)撕裂功

(C)塑性功＋撕裂功　(D)塑性功

36. 相变过程的过冷和过热是(　　)。

(A)一种热处理缺陷　(B)合金原子扩散的条件

(C)促进相变的动力　(D)碳原子扩散的条件

37. 合金组织大多数属于(　　)。

(A)合金化合物　(B)单一固溶体　(C)机械混合物　(D)单一相

38. 白点又叫(　　)脆。

(A)热　(B)冷　(C)氢　(D)氧

39. 钢坯酸浸试验低倍组织倾向时，仲裁法是(　　)水溶液。

(A)硫酸　(B)硝酸　(C)盐酸　(C)氢氟酸

40. 钢坯在酸浸试片上表现为组织不致密，呈分散在整个截面上的暗点和空隙为(　　)。

(A)中心疏松　(B)一般疏松　(C)白点　(D)锭型偏析

41. 在酸浸试片上，在钢坯(材)的皮下呈分散或簇分布的细长裂纹或椭圆形气孔，细长裂纹多数垂直于钢坯(材)的表面，称为(　　)。

(A)翻皮　(B)皮下气泡　(C)异金属夹杂　(D)缩孔

42. 铝合金在经过淬火处理后挤压制品横向低倍试片上，沿周边出现有粗大再结晶粒区称为(　　)。

(A)粗晶环　(B)光亮晶粒　(C)细晶粒　(D)超细晶粒

43. 在经淬火处理的加工制品低倍试片上，沿晶界开裂的一种裂纹称为(　　)。

(A)收纹　(B)淬火裂纹　(C)折叠纹　(D)发纹

44. 铝合金高倍组织中不允许有(　　)组织，一旦有此金相组织则报废，无法挽救。

(A)欠热　(B)过烧　(C)过热　(D)回火

45. 金属材料、机械零件、部件在使用过程中出现破损，要分析报废原因，以便改进工作，这种分析称为(　　)。

(A)成品分析　(B)失效分析　(C)调查研究　(D)废品分析

46. 含碳量0.9%的钢，假如加热后碳全部溶于奥氏体，则淬火后应得到(　　)。

(A)板条马氏体　(B)板条马氏体和针状马氏体混合组织

(C)全部为针状马氏体　(D)全部为ε马氏体

47. 设备的检查是对设备的运行情况、(　　)、磨损程度进行检进和校验。

(A)外观状态　(B)内部工作　(C)工作性能　(D)故障隐患

48. Fe-Fe_3C 平衡相图中，碳在奥氏体中的溶解度曲线是(　　)。

(A)ES　(B)PQ　(C)GS　(D)GP

49. 以下(　　)属于正常价化合物。

(A)Fe_3C　(B)FeS　(C)Cu_3Al　(D)γ-Fe(C)

50. 检验材料缺陷对力学性能影响的测试方法一般采用(　　)。

(A)硬度　(B)拉伸　(C)一次冲击　(D)三次冲击

51. 将车轴钢加热至 AC3 以上 30 ℃～50 ℃然后在空气中冷却,检验其晶粒度为(　　)。

(A)本质晶粒度　(B)实际晶粒度　(C)起始晶粒度　(D)奥氏体化晶粒度

52. 在模锻件的低倍试片上,金属流线不按外形轮廓分布,称为(　　)。

(A)焊接不良　(B)流线不顺　(C)挤压裂纹　(D)淬火裂纹

53. 钢的硫化物经压力加工后呈(　　)形态分布。

(A)不规则点状或细小块聚集或带状　(B)规则的几何形状

(C)长条形或纺锤形　(D)球状

54. 滚珠轴承钢理想的退火组织为(　　)。

(A)均匀分布的细粒状珠光体　(B)细片状珠光体

(C)粗片状珠光体及球状珠光体　(D)粗片状珠光体

55. 工件淬火后组织中出现了一部分沿晶界呈网状或条块状的铁素体和屈氏体,原因是淬火时(　　)。

(A)加热温度低　(B)冷却速度不够

(C)加热温度高　(D)冷却速度过大

56. 为了比较钢的实际晶粒度大小,一般细晶粒钢是指晶粒度(　　)的钢。

(A)≥5 级　(B)≤4 级　(C)≥8 级　(D)≥7 级

57. 二氧化硅(SiO_2)是(　　)夹杂物。

(A)硫化物　(B)氮化物　(C)氧化物　(D)铝氧化物

58. 3Cr13 钢按显微组织分,属于(　　)不锈钢。

(A)奥氏体　(B)马氏体　(C)铁素体　(D)渗碳体

59. 4Cr9Si2 钢按显微组织特征属于(　　)耐热钢。

(A)马氏体　(B)奥氏体　(C)珠光体　(D)贝氏体

60. Cr25Ni20Si2 钢经热处理后可在(　　)工作不起皮,并由有较高的耐热性。

(A)800 ℃以下　(B)800 ℃～1 000 ℃

(C)1 000 ℃以上　(D)1 200 ℃以上

61. 碳全部以碳化物形态存在,断口呈银白色的铸铁称为(　　)铸铁。

(A)白口　(B)灰　(C)可锻　(D)球墨

62. 贝氏体球墨铸铁在生产上通常经过(　　)获得的。

(A)正火处理　(B)退火处理

(C)等温淬火处理　(D)二次回火处理

63. 渗碳后零件表面产生针状二次渗碳体的主要原因是(　　)。

(A)渗碳温度过高　(B)渗碳后冷却速度过快

(C)渗碳浓度过高　(D)渗碳浓度过低

64. 碳氮共渗的一般温度为(　　)。

(A)500 ℃～570 ℃　(B)800 ℃～860 ℃

(C)900 ℃～950 ℃　　(D)650 ℃～730 ℃

65. 要求感应加热淬火的硬化层深度为 1.3～5.5 mm，应选用(　　)感应加热淬火。

(A)高频　　(B)中频　　(C)工频　　(D)低频

66. 焊接不易淬火钢的热影响区的组织变化可分为(　　)区域。

(A)二个　　(B)三个　　(C)四个　　(D)五个

67. 为细化晶粒提高力学性能，对铸铁进行(　　)处理。

(A)退火　　(B)淬火　　(C)变质　　(D)时效

68. 铍青铜提高强度和硬度的方法是通过(　　)处理。

(A)退火　　(B)淬火　　(C)变质　　(D)时效

69. 硬铝、超硬铝、锻铝它们的成分在相图上均在 F 点～D 点之间，所以它们属于(　　)。

(A)压力加工热处理不能强化的铝合金　　(B)压力加工热处理能强化的铝合金

(C)铸造铝合金　　(D)锻造铝合金

70. 如果观察金相发现铸造铝合金组织中的共晶硅呈粗粒状，说明该铝合金(　　)。

(A)变质不足　　(B)变质过度

(C)变质温度偏低　　(D)过热

71. 形变铝合金金相检验发现晶界特别粗或未腐蚀就显示晶界，说明该合金属于(　　)。

(A)粗晶　　(B)过烧　　(C)晶界腐蚀　　(D)过热

72. 粉末冶金制品通过(　　)可提高冲击韧度、抗拉强度和延伸率。

(A)烧结　　(B)热模锻　　(C)淬火　　(D)多次回火

73. 检查铁基粉末冶金制品的孔隙、石墨、夹杂需在(　　)观察。

(A)抛光态用 100 倍显微镜　　(B)抛光并腐蚀后用 400 倍显微镜

(C)抛光态用 400 倍显微镜　　(D)抛光并腐蚀后用 100 倍显微镜

74. 铁基粉末合金中的(　　)数量分九级，试样在 250～300 倍下观察。

(A)渗碳体　　(B)珠光体　　(C)石墨　　(D)铁素体

75. 如果用 100 倍的金相显微镜观察到硬质合金中有巢状聚集黑色小点，用 500 倍观察为灰色，该特征为(　　)。

(A)孔隙　　(B)夹杂　　(C)石墨　　(D)污垢

76. 100 倍显微镜下观察到硬质合金中有大块 η 相是(　　)的。

(A)允许　　(B)不允许

(C)允许一定级别　　(D)不做要求

77. 钢材做断口检验时，以显示钢中白点、夹杂、气孔、层状、萘状和石状等缺陷，一般都采用(　　)。

(A)退火断口　　(B)淬火断口　　(C)调质断口　　(D)回火断口

78. 在钢材的断口表现为无金属光泽、颜色浅灰、有棱角、类似碎石状说明钢材已经严重过热或过烧，这种断口是(　　)。

(A)黑脆断口　　(B)石状断口　　(C)萘状断口　　(D)韧窝断口

79. 光滑圆柱试样的拉伸断口由纤维区、放射区、剪切唇三个区域组成，其中放射区是(　　)。

(A)裂纹形成的缓慢生长区　　(B)裂纹快速扩展区

(C)瞬时断裂区　　(D)裂纹源

80. 钢中白点，制品中裂纹、过烧等缺陷是属于(　　)。
(A)不允许存在的缺陷　(B)允许存在的缺陷
(C)影响不大的缺陷　(D)允许一定级别存在的缺陷
81. 软点、石墨化缺陷是属于(　　)。
(A)铸造缺陷　(B)锻造缺陷　(C)热处理缺陷　(D)机加工缺陷
82. 经淬火低温回火的某些工件，在冷加工时表面有时形成大量龟裂或呈各种形状分布的裂纹称为(　　)。
(A)磨削裂纹　(B)淬火裂纹　(C)焊接裂纹　(D)锻造裂纹
83. 进行材料的弯曲试验时，应用(　　)试验机。
(A)拉伸　(B)冲击　(C)疲劳　(D)硬度
84. 进行洛氏 HRC 硬度试验时，应选用(　　)压头。
(A)淬火钢球　(B)硬质合金钢球
(C)金刚石圆锥体　(D)金刚石四棱锥
85. 对于没有明显屈服点的材料，通常规定产生(　　)残余变形的应力作为屈服强度。
(A)0.5%　(B)0.2%　(C)0.1%　(D)0.05%
86. 在进行洛氏硬度试验时，规定一个洛氏硬度单位为(　　)。
(A)0.2 mm　(B)0.02 mm　(C)0.002 mm　(D)0.000 2 mm
87. 维氏硬度试验是测量压痕的(　　)。
(A)直径　(B)深度　(C)对角线长度　(D)回弹量
88. 焊缝探伤时，超声波探头的折射角必须按照板材的(　　)来选择。
(A)材质　(B)厚度　(C)长度　(D)表面状态
89. 高速钢和 Cr12 型模具钢测定碳化物不均匀性应在(　　)状态下进行。
(A)正常淬火　(B)退火
(C)正常淬火＋高温回火　(D)正常淬火＋低温回火
90. 铜合金中能淬火得到马氏体组织的是(　　)。
(A)Cu-Sn 合金　(B)Cu-Be 合金　(C)Cu-Al 合金　(D)Cu-Zn 合金
91. 目前轴承合金中能承受力较大、导热性好、转速较高、耐磨性好、制造较易的合金是(　　)。
(A)Al-Sn 合金　(B)Sn-Cu-Sb 合金
(C)Cu-Pb 合金　(D)Cu-Al 合金
92. 压力加工铝合金中新型的高强度合金是(　　)。
(A)Al-Mg-Zn 合金　(B)Al-Cu-Mg 合金
(C)Al-Mn-Si 合金　(D)Al-Cu-Mn 合金
93. 当观察奥氏体等温分解产物(细片状铁素体与渗碳体的混合物)的弧散时，采用较高的照明方法为(　　)。
(A)偏光　(B)暗场　(C)相衬　(D)偏振光
94. 按标准渗碳淬火的有效硬化层深度是指用 9.8 N 的负荷测维氏硬度，由试样表面一直到(　　)处的垂直距离。
(A)350 HV　(B)450 HV　(C)550 HV　(D)600 HV

95. GCr15 滚动轴承钢的淬火加热温度为(　　)。

(A)AC1+(30～70)℃　　(B)AC3+(30～70)℃

(C)ACm+(30～70)℃　　(D)AR1+(30～70)℃

96. 下列无回火脆性的钢是(　　)。

(A)碳素钢　　(B)铬钢　　(C)锰钢　　(D)钼钢

97. 为了使滚动轴承钢晶粒细化,消除网状碳化物,改善锻后的粗大组织,所采用的热处理方法是(　　)。

(A)普通退火　　(B)球化退火　　(C)正火　　(D)回火

98. 冷拔合金钢丝卷制成弹簧后,应进行(　　)。

(A)低温回火　　(B)中温回火　　(C)淬火回火　　(D)多次回火

99. 滚动轴承钢制件常用的回火是(　　)。

(A)低温　　(B)中温　　(C)高温　　(D)超低温

100. 为了使碳原子渗入钢中,就必须使钢处于(　　)状态。

(A)奥氏体　　(B)铁素体

(C)铁素体+渗碳体混合物　　(D)渗碳体

101. 工件渗氮结束后检查表面颜色为(　　)时外观正常。

(A)蓝色　　(B)银灰色　　(C)黄色　　(D)黑色

102. 为了显示硫化物的分布情况,可采用(　　)与之作用。

(A)氢氧化物　　(B)浓硫酸　　(C)稀硫酸　　(D)硝酸酒精

103. 金相显微镜的油浸系物镜使用后应用(　　)擦拭后保存。

(A)汽油　　(B)乙醇　　(C)二甲苯　　(D)甲醇

104. 金相组织的浸蚀方法最常用的是(　　)。

(A)电解浸蚀法　　(B)化学浸蚀法　　(C)气象沉积法　　(D)氧化法

105. 定量金相显微镜要求试样的表面是(　　)。

(A)未经磨抛光　　(B)一般抛光　　(C)良好抛光　　(D)一般磨光

106. 金相显微镜使用消色差物镜时,应使用(　　)滤色片。

(A)黄色　　(B)紫色　　(C)兰色　　(D)红色和绿色

107. 金相试样的电解抛光是(　　)原理的应用。

(A)极化现象　　(B)阴极腐蚀　　(C)阳极腐蚀　　(D)化学腐蚀

108. 定量金相的成像系统是(　　)系统。

(A)偏光光学　　(B)光学　　(C)电子　　(D)相衬光学

109. 金相显微镜的分辨率和成像质量的优劣主要取决于(　　)的性能。

(A)目镜　　(B)试样制备　　(C)物镜　　(D)光阑

110. 光阑的作用是提高映象的(　　)。

(A)亮度　　(B)质量　　(C)可见度　　(D)对比度

111. (　　)表示着物镜的集光能力。

(A)分辨率　　(B)数值孔镜　　(C)景深　　(D)相差

112. 由于透镜表面呈球形,即使使用单色光,经透镜折射时放大后造成的映象仍可能有模糊不清的现象称为(　　)。

(A)色相差　　(B)变消色差　　(C)球面相差　　(D)平面消色差

113. 感色性是指感光材料对光谱中各种波长光的敏感性，一般可分为三类，金相摄影中被广泛应用的是(　　)。

(A)色盲片　　(B)正色片　　(C)全色片　　(D)单色片

114. 配制D72显影液中各种成分的药品，起保护作用的是(　　)，称为保护剂。

(A)溴化钾　　(B)无水碳酸钠

(C)无水亚硫酸钠　　(D)无水硫酸钠

115. 钢丝绳拉断试验，试验机的最大拉力不应超过钢丝绳预定断裂拉力的(　　)倍。

(A)3　　(B)5　　(C)8　　(D)10

116. 在选定一种试验方法后，如试样的大小、薄厚及硬度范围等允许，则应采用(　　)试验力进行试验，以保证试验结果有较小的相对误差。

(A)较大的　　(B)中等的　　(C)较小的　　(D)最大的

117. 布氏硬度试验压痕中心距试样边缘距离应不小于压痕直径的(　　)倍。

(A)2　　(B)2.5　　(C)3　　(D)4

118. 布氏硬度试验相邻两压痕中心距离应不小于压痕直径的(　　)倍。

(A)2　　(B)2.5　　(C)3　　(D)4

119. 布氏硬度试验施加试验力的时间为(　　)。

(A)(2～8)s　　(B)(10～15)s　　(C)(30±2)s　　(D)(60±2)s

120. 布氏硬度试验黑色金属的试验力保持时间为(　　)。

(A)(2～8)s　　(B)(10～15)s　　(C)(30±2)s　　(D)(60±2)s

121. 布氏硬度试验有色金属的试验力保持时间为(　　)。

(A)(2～8)s　　(B)(10～15)s　　(C)(30±2)s　　(D)(60±2)s

122. 洛氏硬度试验时，两相邻压痕中心及压痕中心到试样边缘的距离不应小于(　　)。

(A)2 mm　　(B)3 mm　　(C)4 mm　　(D)5 mm

123. 洛氏硬度试验时，对于加荷后随时间缓慢变形的试样总负荷保持时间为(　　)。

(A)≤2 s　　(B)2～5 s　　(C)6～8 s　　(D)4～6 s

124. 试验力范围在0.981～1.961 N的维氏硬度试验称(　　)。

(A)维氏硬度试验　　(B)小负荷维氏硬度试验

(C)纤维硬度试验　　(B)微负荷维氏硬度试验

125. 万能材料试验机WD系列为(　　)系列。

(A)万能液压　　(B)万能机械　　(C)万能电子　　(D)液压机械

126. 对工字钢和槽钢的拉伸试样通常做成矩形试样，并保持两个轧制面，样坯均需沿轧制方向从腰高(　　)处截取。

(A)1/2　　(B)1/3　　(C)1/4　　(D)1/5

127. 对于截面尺寸60 mm圆钢、方钢和六角钢，应在(　　)取拉伸试样样坯。

(A)中心　　(B)全面积

(C)直径或对角线距外侧1/4处　　(D)直径或对角线距外侧1/3处

128. 对角钢和乙字钢以及T形钢和球偏钢分别在一个腿长或腰高(　　)处沿轧制方向截取矩形拉伸试样样坯。

(A)1/2 (B)1/3 (C)1/4 (D)1/5

129. 用来检验硫，并间接地检验其他元素在钢中分布情况的主要方法是(　　)。

(A)金相显微法 (B)化学分析法 (C)硫印试验法 (D)低倍试验法

130. 用于组织的定量测量和长度测量，晶粒度级别评定等所用的目镜是(　　)。

(A)补偿目镜 (B)放大目镜 (C)测微目镜 (D)定量目镜

131. 化学染色法在化学染色时的试剂主要起染色作用，这属于(　　)。

(A)化学试剂浸蚀法 (B)电解浸蚀法

(C)特殊显微法 (D)常规显微法

132. 树脂＋压力＋热量＝聚合物的镶嵌过程为(　　)。

(A)冷镶 (B)热镶 (C)夹具夹持 (D)复型

133. 由物镜支承座面到目镜筒上端口的距离叫机械镜筒长度，在我国一直采用的机械镜筒长度为(　　)。

(A)140 mm (B)160 mm (C)180 mm (D)200 mm

134. 江南光学仪器厂生产的 XJL-02 型金相显微镜属于(　　)。

(A)台式 (B)立式 (C)卧式 (D)便携式

135. 高速钢共晶碳化物不均匀度的检验取样部位是圆棒料直径或方料对角线的(　　)处。

(A)1/2 (B)1/4 (C)1/3 (D)1/5

136. 井式电阻炉的加热体是(　　)。

(A)电阻丝 (B)碳硅棒 (C)盐浴 (D)红外光

137. 热处理缓冷炉、淬火设备、冷处理设备等属于(　　)。

(A)加热设备 (B)冷却设备 (C)辅助设备 (D)附属设备

138. 常用热电偶材料镍铬-考铜，测温范围为(　　)。

(A)0 ℃～1 300 ℃，短时间使用可达到 1 600 ℃

(B)0 ℃～1 000 ℃，短时间使用可达到 1 200 ℃

(C)0 ℃～600 ℃，短时间可达到 800 ℃

(D)0 ℃～800 ℃，短时间使用可达到 1 000 ℃

139. 利用被加热体的辐射性质-物体温度与辐射效应的对应关系来测定温度的叫(　　)。

(A)辐射高温计 (B)电子电位差计

(C)毫伏计 (D)电阻温度计

140. 能测量指示温度，又能控制温度的毫伏计称为(　　)。

(A)指示毫伏计 (B)调节毫伏计 (C)控温毫伏计 (D)交流毫伏计

141. 磨料、微粉粒度为 500(M20 或 W20)，尺寸范围为 20～14 μm 的金相砂纸代号为(　　)。

(A)1 号 (B)0 号 (C)01 号 (D)02 号

142. 根据测定性能数值修约规定，当性能指标 R_m 值为 193.3 N/mm^2 时，则修约到(　　)。

(A)1 N/mm^2 (B)5 N/mm^2 (C)0.5 N/mm^2 (D)10 N/mm^2

143. 根据测定性能数值修约规定，当 R_m＝1 264.7 N/mm^2 时，则修约到(　　)。

(A)1 N/mm^2 (B)5 N/mm^2 (C)10 N/mm^2 (D)50 N/mm^2

144. 根据测定性能数值修约规定，当 R_m＝464.6 N/mm^2 时，则修约到(　　)。

(A)1 N/mm^2　　(B)0.5 N/mm^2　　(C)5 N/mm^2　　(D)10 N/mm^2

145. 经拉伸试验测得 R_m=202.46 N/mm^2,根据测定性能数值修约规定应修约为(　　)。

(A)200 N/mm^2　　(B)202 N/mm^2　　(C)202.5 N/mm^2　　(D)203 N/mm^2

146. 经拉伸试验测得 R_m=1 176.0 N/mm^2,按测定数值修约的规定,应修约为(　　)。

(A)1 170 N/mm^2　　(B)1 180 N/mm^2　　(C)1 175 N/mm^2　　(D)1 176 N/mm^2

147. 根据测定性能数值修约规定,性能指标 A 应修约到(　　)。

(A)1%　　(B)0.5%　　(C)0.1%　　(D)0.05%

148. 根据测定性能数值修约规定,性能指标 Z 应修约到(　　)。

(A)1%　　(B)0.5%　　(C)0.05%　　(D)0.1%

149. 经拉伸试验测得 A=8.38%,则应修约为(　　)。

(A)8.0%　　(B)8.5%　　(C)8.4%　　(D)8.3%

150. 经拉伸试验测得 Z=20.28%,按测定性能数值修约规定应修约为(　　)。

(A)20%　　(B)20.3%　　(C)20.5%　　(D)20.28%

151. 试验报告中给出的洛氏硬度值应精确到(　　)个洛氏硬度单位。

(A)1　　(B)0.5　　(C)0.05　　(D)0.1

152. 进行洛氏硬度试验的试样的试验面表面粗糙度 Ra 一般不大于(　　)。

(A)1.6 μm　　(B)0.8 μm　　(C)0.4 μm　　(D)3.2 μm

153. 布氏硬度值≥100 时,修约至(　　)。

(A)1 位小数　　(B)整数　　(C)0.05　　(D)0.5

154. 布氏硬度小于 10 时,应修约至(　　)。

(A)1 位小数　　(B)整数　　(C)两位小数　　(D)0.05

155. 进行显微硬度测试其试样试验面粗糙度应不低于(　　)。

(A)0.2　　(B)0.4　　(C)0.8　　(D)1.6

156. 用 8%氨水腐蚀 QSn10 铸态组织时,含铜浓度高的树干部分呈(　　)色。

(A)暗黑色　　(B)亮白色　　(C)黄色　　(D)银灰色

157. 在光学显微镜中看到(　　)组织是由块状铁素体和岛状组织所组成的。

(A)粒状贝氏体　　(B)块状铁素体　　(C)片状马氏体　　(D)粒状珠光体

158. 以锌为主要合金的铜合金,称为(　　)。

(A)黄铜　　(B)白铜　　(C)青铜　　(D)紫铜

159. 测定渗氮层深度的仲裁方法是(　　)。

(A)断口法　　(B)金相法　　(C)硬度法　　(D)热处理法

160. Al-Cu 合金中最明显的两个强化性能的相是(　　)。

(A)θ 和 S　　(B)T 和 β　　(C)S 和 β　　(D)T 和 θ

三、多项选择题

1. 全面质量管理的基础工作包括质量教育工作和(　　)。

(A)标准化工作　　(B)计量工作

(C)质量情报工作　　(D)质量责任制

2. 回火时常见缺陷有(　　)。

(A)回火后硬度过高 (B)回火后硬度不足
(C)高合金钢容易产生回火裂纹 (D)回火后有脆性

3. 缺口拉伸试验是为了模拟构件中的(　　)等结构的缺口脆性倾向而做的实验。
(A)螺纹 (B)键槽 (C)轴肩 (D)倒角

4. 超声波探伤用于检验工件(　　)缺陷。
(A)内部缩孔 (B)内部气泡 (C)夹渣 (D)内部裂纹

5. X-射线探伤用于检验工件(　　)缺陷。
(A)内部缩孔 (B)内部气泡 (C)夹渣 (D)内部裂纹

6. 磁力探伤主要用于检验(　　)。
(A)铁磁性材料的表面缺陷 (B)铁磁性材料接近表面的缺陷
(C)非铁磁性材料的表面缺陷 (D)非铁磁性材料接近表面的缺陷

7. 渗透探伤主要用于检验(　　)。
(A)铁磁性材料的表面缺陷 (B)铁磁性材料接近表面的缺陷
(C)非铁磁性材料的表面缺陷 (D)非铁磁性材料接近表面的缺陷

8. 高速钢的脱碳会引起(　　)。
(A)表面红硬性降低 (B)回火稳定性降低
(C)表面和心部淬火组织的不同 (D)淬火裂纹

9. 机件失效分析前期工作包括(　　)。
(A)原始资料的收集及试样的选择 (B)力学性能分析、检测
(C)金相分析 (D)失效机件的现场调查检测

10. 位错的类型包括(　　)。
(A)楔形位错 (B)刃型位错 (C)螺型位错 (D)混合位错

11. 磨损类型包括(　　)。
(A)粘着磨损 (B)磨粒磨损 (C)疲劳磨损 (D)腐蚀磨损

12. 塑性断裂也要经过(　　)过程。
(A)空穴成核 (B)空穴长大 (C)空穴增殖 (D)空穴聚合

13. 在普通车床上能完成(　　)。
(A)车外圆 (B)车端面 (C)镗孔 (D)切断

14. 偏光在金相分析中主要用于(　　)。
(A)显示组织 (B)研究塑性变形的晶粒取向
(C)复相合金组织分析 (D)非金属夹杂物研究

15. 影响屈服点的内在因素有(　　)。
(A)金属元素本性和晶体点阵类型的影响 (B)相成分的影响
(C)晶粒大小的影响 (D)第二相的影响

16. 球铁的石墨漂浮是由于(　　)。
(A)碳当量过高 (B)球化剂不足
(C)孕育剂不足 (D)铁水在高温液态停留过久

17. 热处理设备的种类有(　　)。
(A)加热设备 (B)冷却设备 (C)辅助设备 (D)形状检测

18. 配合的种类有(　　)。

(A)间隙配合　(B)过盈配合　(C)过渡配合　(D)零差配合

19. 电化学腐蚀引起的破坏形式有(　　)。

(A)表面腐蚀　(B)晶界腐蚀　(C)点腐蚀　(D)应力腐蚀

20. 球墨铸铁基体组织有(　　)。

(A)铁素体基体　(B)珠光体基体　(C)奥氏体基体　(D)屈氏体基体

21. 结构钢常见的热处理缺陷有(　　)。

(A)氧化与脱碳　(B)淬裂

(C)硬度不足与淬火软点　(D)回火脆性

22. 硬度计主要构成部分包括(　　)。

(A)机体　(B)工作台

(C)加载机构　(D)压陷装置和测量机构

23. 洛氏硬度压头类型包括(　　)。

(A)金刚石圆锥体　(B)钢球

(C)金刚石四棱锥　(D)合金圆锥体

24. 影响洛氏硬度试验结果的主要因素有(　　)。

(A)试样表面粗糙度　(B)试样组织不均匀度

(C)试验温度　(D)加荷速度和负荷保持时间

25. 以下是影响冲击试验结果的主要因素的有(　　)。

(A)化学成份　(B)热处理状态　(C)取样的方向　(D)试验温度

26. 金属的疲劳按照机件受力方式的不同可分为(　　)。

(A)弯曲疲劳　(B)拉压疲劳　(C)扭转疲劳　(D)复合疲劳

27. 下列属于金属工艺性能试验的有(　　)。

(A)杯突试验　(B)金属冷、热弯曲试验

(C)室温拉伸试验　(D)金属冷、热顶锻试验

28. 磨损通常分(　　)几个阶段。

(A)开始磨损阶段　(B)稳定磨损阶段

(C)剧烈磨损阶段　(D)失效阶段

29. 退火的目的包括(　　)。

(A)降低硬度,提高塑性,改善切削和压力加工性能

(B)细化晶粒,改善组织,为后道热处理作组织准备

(C)消除铸件、锻件、焊接件和机械加工件等的内应力,防止变形和开裂

(D)改善或消除钢在锻造、铸造、轧制或焊接过程中所造成的某些组织缺陷

30. 低合金钢中加入合金元素对于调质能够起到(　　)作用。

(A)增加淬透性　(B)细化奥氏体晶粒

(C)提高回火稳定性　(D)改善第二类回火脆性

31. 对共析钢和过共析钢进行球化退火可以(　　)。

(A)使片状珠光体变成粒状珠光体,从而降低硬度

(B)便于机加工

(C)改善组织

(D)减少淬火时的变形和开裂,为淬火作准备

32. 金属压力加工的特点包括(　　)。

(A)改善金属内部组织　(B)具有较高的生产率

(C)减少金属材料的加工损耗　(D)适用范围广

33. 根据载荷作用性质的不同载荷可分为(　　)。

(A)静载荷　(B)冲击载荷　(C)交变载荷　(D)疲劳载荷

34. 根据碳在铸铁中的存在形态铸铁可分为(　　)。

(A)白口铸铁　(B)灰铸铁　(C)可锻铸铁　(D)球墨铸铁

35. 金属酸浸低倍腐蚀常见低倍组织包括(　　)。

(A)中心疏松　(B)一般疏松　(C)锭型偏析　(D)边缘点状偏析

36. 拉伸试验的形状及尺寸,一般按金属产品的品种、规格及试验目的的不同而分为(　　)几类。

(A)圆形　(B)矩形　(C)板状　(D)异形

37. 通过系列低温冲击,在所得的能量—温度曲线中可得到的评定准则包括塑性断裂转变(FTP)准则及(　　)。

(A)断口形貌转变温度(FATT)准则　(B)确定能量准则

(C)无延展性温度(NDT)准则　(D)平均能量准则

38. 布氏硬度试验的压头从材质上分布有(　　)。

(A)120°金刚石圆锥　(B)淬火钢球

(C)硬质合金球　(D)136°的金刚石方锥

39. 下标列标准代号代表国际标准的是(　　)。

(A)JIS　(B)NF　(C)ISO　(C)GB

40. 下列是布氏硬度试验的压头球体直径的有(　　)。

(A)1 mm　(B)2 mm　(C)2.5 mm　(D)5 mm

41. 物镜可以实现(　　)观察方法。

(A)微差干涉　(B)明场　(C)暗场　(D)偏光

42. 金属常见的晶格类型有(　　)。

(A)密排六方　(B)体心立方　(C)正四面体　(D)面心立方

43. 根据溶质原子在溶剂晶格中的位置,固溶体可分为(　　)。

(A)置换固溶体　(B)间隙固溶体　(C)原子固溶体　(D)分子固溶体

44. 贝氏体组织形态的基本类型有(　　)。

(A)反常贝氏体　(B)上贝氏体　(C)粒状贝氏体　(D)下贝氏体

45. 回火的目的是(　　)。

(A)减少应力　(B)降低脆性

(C)获得优良综合机械性能　(D)稳定组织和尺寸

46. 典型铸锭组织中的三个晶区(　　)。

(A)中心等轴晶区　(B)次表面等轴晶区

(C)表面细晶粒区　(D)次表面柱状晶区

47. 钢的热处理工艺有钢的淬火和(　　)。
(A)钢的正火　(B)钢的回火　(C)钢的退火　(D)钢的表面处理
48. 在金属材料的拉伸试验中,影响试验结果的主要因素有(　　)和应力集中。
(A)拉伸速度　(B)试样形状
(C)尺寸和表面粗糙度　(D)试样装夹
49. 塑性变形阶段的主要力学性能指标有(　　)。
(A)弹性模量　(B)断裂强度　(C)屈服强度　(D)强度极限
50. 马氏体形态可依马氏体含碳量的高低而形成两种基本形态(　　)。
(A)淬火马氏体　(B)板条状马氏体
(C)回火马氏体　(D)片状马氏体
51. 金属在拉伸时其弹性变形阶段的性能指标有(　　)。
(A)断裂强度　(B)弹性模量
(C)弹性比功　(D)规定非比例伸长应力 $\sigma_{p0.05}$
52. 过冷奥氏体转变为马氏体不是(　　)型转变。
(A)依靠原子扩散完成的晶格改组　(B)通过切变完成晶格重构的无扩散
(C)具有铁原子扩散而无碳原子扩散　(D)具有碳原子扩散而无铁原子扩散
53. 确定碳钢淬火加热温度的基本依据不是(　　)。
(A)$Fe\text{-}Fe_3C$ 状态图　(B)临界点
(C)S 曲线　(D)淬透性曲线
54. 为使钢淬火时尽可能多的得到马氏体不必要的手段有(　　)。
(A)提高淬火温度　(B)延长保温时间
(C)加快冷却速度　(D)冷却到 Mf 点以下
55. 下列不是合金铸态组织中出现枝晶偏析主要原因的是(　　)。
(A)冷却速度缓慢　(B)浇注温度过高
(C)浇注温度过低　(D)冷却速度太大
56. 影响淬火钢马氏体的硬度的因素有(　　)。
(A)合金元素　(B)含碳量　(C)冷却速度　(D)加热
57. 下列是绝缘材料的有(　　)。
(A)塑料　(B)云母　(C)铅箔　(D)玻璃
58. 下列不是二次硬化法在生产中较少使用的主要原因的是(　　)。
(A)处理后钢的硬度较低　(B)处理后钢的韧性较差,热处理变形大
(C)这种工艺的生产效率低　(D)所获得的硬度不如一次硬度法高
59. 下贝氏体的塑性、韧性低于上贝氏体,这是因为(　　)。
(A)铁素体尺寸小　(B)碳化物在晶内析出
(C)铁素体尺寸大　(D)碳化物在晶界析出
60. 强烈阻碍奥氏体晶粒长大的元素有(　　)。
(A)Nb　(B)Ti　(C)Zr　(D)V
61. A1、AC1 和 Ar1 三者的关系是(　　)。
(A)A1＝AC1　(B)AC1＝Ar1　(C)AC1＞A1　(D) A1＞Ar1

62. 试验数据的表示方法(　　)。
(A)列表表示法　(B)图形表示法　(C)方程表示法　(D)图像表示法
63. 35CrMo、40Cr、35CrNi3Mo 钢制造的轴承零件,通常进行(　　)处理。
(A)正火　(B)中温回火　(C)高温回火　(D)淬火
64. 高速钢用作刀具时通常进行(　　)热处理。
(A)淬火　(B)二次回火　(C)三次回火　(D)退火
65. 当碳钢或低合金钢自渗碳温度缓慢冷却时,表层组织为(　　)。
(A)珠光体　(B)铁素体　(C)马氏体　(D)碳化物
66. 显微硬度计是(　　)相结合的仪器。
(A)显微镜　(B)洛氏硬度计　(C)维氏硬度计　(D)布氏硬度计
67. 金相显微镜使用消色差物镜时应使用(　　)滤色片。
(A)黄色　(B)紫色　(C)兰色　(D)绿色
68. 扫描电镜所观察的样品表面是(　　)。
(A)腐蚀样品　(B)原始断口　(C)抛光样品　(D)低倍样品
69. 高温显微镜不能研究钢或合金化加热、保温、冷却过程中的(　　)转变。
(A)长度　(B)磁性　(C)组织　(D)热膨胀
70. 金属材料进行低温冲击试验时,为达到－196 ℃则无法应用(　　)为冷却剂。
(A)水　(B)液态空气　(C)干冰　(D)液态氮
71. 金属低温冲击试验时,当冷却箱中的冷却液达到规定温度后,保持时间允许为(　　)分钟。
(A)5　(B)10　(C)15　(D)20
72. 测定金属材料中残余应力的方法有(　　)。
(A)电测法　(B)磁性法　(C)超声法　(D)X 射线衍射法
73. 零件上(　　)等对疲劳断口上的三个区的状态有很大影响。
(A)加载类型　(B)载荷水平　(C)应力状态　(D)试样情况
74. 力学性能试验时,切取试样坯的规则包括(　　)。
(A)样坯应在外观及尺寸合格的钢材上切取
(B)切取样坯时,应防止受热而影响其力学及工艺性能
(C)切取样坯时,应防止加工硬化及变形
(D)样坯可在外观及尺寸略微不合规格的钢材上切取
75. 中等程度阻止奥氏体晶粒长大的元素有(　　)。
(A)W　(B)Mo　(C)Cr　(D)V
76. 轻微阻止奥氏体晶粒长大的元素有(　　)。
(A)Si　(B)Ni　(C)Co　(D)Cu
77. 促进奥氏体长大的元素有(　　)。
(A)Mn　(B)S　(C)P　(D)C
78. 影响钢的淬透性的因素有(　　)。
(A)钢的化学成分　(B)奥氏体晶粒度
(C)奥氏体化温度　(D)第二相的存在和分布

79. 断裂可以按(　　)方式进行分类。
(A)形态　(B)扩展路径　(C)取向　(D)机理
80. 常用磨床有(　　)。
(A)外圆磨床　(B)内圆磨床　(C)平面磨床　(D)工具磨床
81. 一般拉伸曲线可以分成(　　)等几个阶段。
(A)弹性变形　(B)屈服
(C)均匀塑性变形　(D)局部塑性变形
82. 铁碳平衡图中包含的单相有(　　)。
(A)铁素体　(B)奥氏体　(C)渗碳体　(D)纯铁
83. 特殊用途钢包括(　　)。
(A)不锈钢　(B)耐磨钢　(C)耐蚀钢　(D)超高强度钢
84. 当固溶体中出现均匀分布的化合物颗粒时,合金的(　　)会有显著提高。
(A)强度　(B)塑性　(C)韧性　(D)耐磨性
85. 硬度高低与材料的(　　)以及韧度等一系列的物理量有关。
(A)弹性　(B)塑性　(C)强化率　(D)强度
86. 设备检查按照时间间隔可以分为(　　)。
(A)日常检查　(B)月度检查　(C)年度检查　(D)定期检查
87. 结构钢淬火时引起淬火裂纹的可能原因有(　　)等零件外形不良等。
(A)原材料的表面和内部缺陷　(B)实际晶粒粗大
(C)加热温度过高　(D)冷却不当及机械加工刀痕
88. 1Cr13、2Cr13 等不锈钢调质处理后正常的组织可能为(　　)。
(A)回火索氏体　(B)回火索氏体+少量铁素体
(C)回火马氏体　(D)回火马氏体+少量铁素体
89. 1Cr18Ni9 等奥氏体不锈钢具有良好的(　　)。
(A)耐蚀性　(B)焊接性
(C)冷加工性和低温性能　(D)高温性能
90. 裂纹扩展的方式有(　　)。
(A)张开型　(B)裂开性　(C)滑开型　(D)撕开型
91. 下面属于金属的断裂类型的有(　　)。
(A)穿晶断裂　(B)解理断裂　(C)脆性断裂　(D)切断
92. 影响正断抗力的主要因素有(　　)。
(A)晶粒大小　(B)合金成分　(C)试样大小　(D)弹性模量
93. 从几何学角度认为试样截面上的显微组织是由(　　)所组成的。
(A)体　(B)面　(C)线　(D)点
94. 肉眼对颜色的感觉包括(　　)。
(A)色调　(B)亮度　(C)对比度　(D)饱和度
95. 象差规定的分辨率主要有三种(　　)。
(A)面差　(B)球差　(C)相差　(D)色差
96. 铁基粉末冶金制品中的缺陷主要有大量大面积孔隙和(　　)等。

(A)脱碳　　(B)渗碳
(C)过热粗大组织　　(D)硬点

97. 韧性断裂形式有(　　)。
(A)纯剪断型断裂　　(B)半剪切型断裂
(C)疲劳断裂　　(D)微孔聚集断裂

98. 合金组织组成为(　　)。
(A)固溶体　　(B)金属化合物
(C)非金属化合物　　(D)机械混合物

99. 随含碳量的增加,钢的(　　)不断提高。
(A)强度　　(B)硬度　　(C)塑性　　(D)韧性

100. 随含碳量的降低,钢的(　　)不断提高。
(A)强度　　(B)硬度　　(C)塑性　　(D)韧性

101. 多晶体的晶粒越细,则(　　)越高。
(A)强度　　(B)硬度　　(C)塑性　　(D)韧性

102. 碳在铸铁中存在的形式有(　　)。
(A)游离态(石墨)　　(B)混合态
(C)化合态(Fe_3C)　　(D)单晶体

103. 根据碳在铸铁中存的状态不同,一般铸铁可分为(　　)特殊铸铁等几类。
(A)白口铸铁　　(B)灰口铸铁　　(C)可锻铸铁　　(D)球墨铸铁

104. 金属发生塑性变形方式有(　　)。
(A)滑移　　(B)孪生　　(C)结合键断裂　　(D)晶界变形

105. 板材冲压成形是利用了材料的(　　)。
(A)塑性　　(B)韧性　　(C)形变硬化特性　　(D)强度

106. 金属压力加工对金属组织与性能的影响,主要表现为(　　)两个方面。
(A)消除应力　　(B)改善金属的热处理状态
(C)改善金属的组织　　(D)使金属的机械性能具有方向性

107. 合金工具钢按用途可分为(　　)。
(A)合金结构钢　　(B)合金刃具钢　　(C)合金模具钢　　(D)合金量具钢

108. 金属锻造可分为(　　)。
(A)自由锻造　　(B)模型锻造　　(C)落锤锻造　　(D)挤压锻造

109. 不是高速钢的是(　　)。
(A)42CrMoA　　(B)G20CrNi2MoA
(C)ZG230-450　　(D)$W_{18}Cr_4V$

110. 以下应在中心切取拉力及冲击样坯的有(　　)。
(A)截面尺寸 60 mm 的圆钢　　(B)截面尺寸 40 mm 方钢
(C)截面尺寸 55 mm 六角钢　　(D)截面尺寸 65 mm 的圆钢

111. 下列布氏硬度测试的试样的表面粗糙度在允许值范围内的有(　　)。
(A)*Ra*0.4 μm　　(B)*Ra*0.6 μm　　(C)*Ra*0.8 μm　　(D)*Ra*1.0 μm

112. 下列洛氏硬度测试的试样的表面粗糙度在允许值范围内的有(　　)。

(A)Ra0.6 μm　(B)Ra0.8 μm　(C)Ra1.0 μm　(D)Ra1.2 μm

113. 下列维氏硬度测试的试样的表面粗糙度在允许值范围内的有(　　)。

(A)Ra0.05 μm　(B)Ra0.1 μm　(C)Ra0.15 μm　(D)Ra0.2 μm

114. 以下的硬度试验原理相同的是(　　)。

(A)布氏硬度　(B)洛氏硬度　(C)维氏硬度　(D)邵氏硬度

115. 布氏硬度试验是常用的硬度试验方法之一,其硬度值的正确表示方法有(　　)。

(A)120HBS10/1000/30　(B)450HBW5/750

(C)200HBS10/3000　(D)180HBW5/750/30

116. 下列曲线形状相似的有(　　)。

(A)应力—应变曲线　(B)载荷—伸长曲线

(C)应力—时间曲线　(D)载荷—变形曲线

117. 按晶体的缺陷的几何形状,可分为(　　)。

(A)点缺陷　(B)线缺陷　(C)面缺陷　(D)体缺陷

118. 以下说法中正确的是(　　)。

(A)微孔聚集型的韧性断裂不一定有韧窝存在

(B)较硬的材料也会被较软的磨料所磨掉

(C)电子探针属表面分析仪器中的一类

(D)由于机械作用(指载荷和相对运动)而造成物件表面材料逐渐消耗的过程称为磨损

119. 以下说法中错误的是(　　)。

(A)亚温淬火钢的断口大部分在奥氏体及铁素体间分布着纤维组织

(B)河流花样实际上是解理台阶的一种形态

(C)在珠光体中解理裂纹可以沿珠光体片层间发生,形成珠光体片层断裂,因此在电镜中就可清楚地见到片层状组织形貌

(D)夹杂物和第二相不会对疲劳裂纹的扩展速率带来影响

120. 以下说法中正确的是(　　)。

(A)增大奥氏体晶粒尺寸的合金元素是奥氏体中的碳及磷、氮、锰等

(B)弹性模量愈大,材料的刚度愈大,在一定应力下产生弹性变形愈小

(C)金属的原始晶粒愈细小,塑性变形的阻力愈大,冷变形后集聚的内能较高,则再结晶温度较低

(D)奥氏体向珠光体转变时,随着过冷度的增加,得到的组织越来越细,因而其强度越来越高

121. 下列元素中提高临界点的元素有(　　)。

(A)Si　(B)Al　(C)Cr　(D)Mo

122. 下列元素中降低临界点的元素有(　　)。

(A)Mn　(B)Ni　(C)Cu　(D)V

123. 可以使奥氏体化过程加快的手段有(　　)。

(A)提高加热温度　(B)提高淬火温度

(C)增大加热速度　(D)提高渗碳体在钢中分散程度

124. 淬火钢中存在的塑性第二相主要指(　　)。

(A)淬火马氏体　(B)自由渗碳体　(C)自由铁素体　(D)残余奥氏体

125. 以下说法中正确的是(　　)。

(A)淬火钢中存在的塑性第二相主要指自由铁素体及残余奥氏体

(B)时效和回火的共同点是使合金由不稳定向稳定过渡,不同点是时效过程无相变发生,而回火有相变

(C)淬火裂纹的形成不是一进入冷却剂就发生,而是在冷至 200 ℃以下某一瞬间或取出冷却剂时或在室温停留几小时甚至几十小时后产生的

(D)高温蠕变断裂是穿晶的,也可以是沿晶的,在高温低应力下其断裂方式常是穿晶的

126. 当周围环境含有(　　)且潮湿时,黄铜会产生自裂现象,这种自裂是沿应力分布不均匀的晶粒边界产生腐蚀而造成的。

(A)氨　(B)汞　(C)汞盐　(D)酸

127. 以下说法中正确的是(　　)。

(A)当工件表面氧化与脱碳严重时,应作过热检查

(B)疲劳断口的微观形貌,除辉纹外,有时还出现轮胎压痕和脊骨状等花样

(C)弹性模量主要取决于金属本性,它随温度升高而下降

(D)零件断裂后的自然表面称为断口

128. 以下说法中错误的是(　　)。

(A)同种金属或能相互固溶的金属不容易产生粘着磨损

(B)$V_A=A_A=L_L=P_P$ 说明通过显微组织的任意截面上所选取的相的体积之比、面积之比、线长之比和点数之比均相等

(C)铁基粉末冶金制品烧结后缓冷或淬火、回火后的组织均和钢材相应的热处理后的组织类似,只是多了孔隙和石墨

(D)磁粉探伤对奥氏体不锈钢是适用的

129. 淬火冷却时产生的应力,随(　　)增高而增大。

(A)工件质量　(B)工件复杂程度

(C)奥氏体化温度　(D)回火温度

130. 所有亚共析钢的室温平衡组织都由(　　)组成。

(A)珠光体　(B)铁素体　(C)奥氏体　(D)渗碳体

131. 调质处理即是钢材进行(　　)热处理。

(A)淬火　(B)低温回火　(C)中温回火　(D)高温回火

132. 具有明显屈服现象的金属材料,应测定其屈服点,上屈服点或下屈服点,但当有关标准或协议没有规定时,一般可测定(　　)。

(A)屈服点　(B)上屈服点　(C)下屈服点　(D)最大应力

133. 在洛氏硬度试验标尺 B 的测量范围内的值有(　　)。

(A)67　(B)100　(C)85　(D)120

134. 测定淬火工件的硬度一般不选择的硬度计为(　　)。

(A)维氏　(B)布氏　(C)洛氏　(D)邵氏

135. 维氏硬度试验采用的压头不是(　　)。

(A)两相对面间夹角为 136°的金刚石正四棱锥体

(B)ϕ1.588 mm 钢球
(C)顶角为120°的金刚石圆锥体
(D)ϕ5 mm 钢球

136. 下列处理中属于钢的化学热处理的有(　　)。
(A)表面渗碳　(B)氮化　(C)氰化　(D)渗铝

137. 金属材料进行低温冲击试验为达到−60 ℃时,一般不采用(　　)作为冷却介质。
(A)水　(B)酒精　(C)煤油　(D)液态空气

138. 金属的弹性模量与组成金属的(　　)有着密切关系。
(A)原子结构　(B)晶体点阵　(C)点阵常数　(D)晶体晶向

139. 断裂韧性是一种(　　)指标。
(A)强度　(B)塑性　(C)韧性　(D)疲劳

140. 金属在拉伸时其塑性变形阶段的性能有σ_s(或$\sigma_{p0.2}$),强度极限σ_b,断裂强度σ_k和(　　)。
(A)断后伸长率　(B)弹性比功　(C)断面收缩率　(D)弹性模量

141. 疲劳断口的宏观特征可分为(　　)。
(A)疲劳源区　(B)疲劳裂纹扩展区
(C)瞬时断裂区　(D)石状断口区

142. 变动载荷的特征可用(　　)来表示。
(A)最大应力　(B)应力幅值　(C)平均应力　(D)应力对称系数

143. 利用宏观检验可及时判断失效件的材质情况,主要方法有断口检验和(　　)。
(A)硫印试验　(B)磷印试验
(C)酸浸试验　(D)塔形车削发纹检验法

144. 根据误差的性质及其产生原因,误差可分为(　　)。
(A)测量误差　(B)系统误差　(C)偶然误差　(D)过失误差

145. 以表面破损形式分类,磨损可分为(　　),除此以外还有一些其他类型的磨损如微动磨损和浸蚀磨损。
(A)粘着磨损　(B)磨粒磨损　(C)疲劳磨损　(D)腐蚀磨损

146. 铸件常见的表面缺陷有(　　)。
(A)黏砂　(B)夹砂　(C)冷隔　(D)气孔

147. 按品质分类,钢分为(　　)。
(A)高级优质钢　(B)优质钢　(C)普通优质钢　(D)普通钢

148. 常用的刀具材料是(　　)。
(A)碳素工具钢　(B)合金工具钢　(C)高速钢　(D)硬质合金

149. 高炉炼铁冶炼中,应完成的三个过程是(　　)。
(A)熔化过程　(B)还原过程　(C)造渣过程　(D)渗碳过程

150. 焊接可分为三类,分别为(　　)。
(A)熔化焊　(B)压力焊　(C)钎焊　(D)气体保护焊

151. 钢的分类可以按(　　)和用途作为分类标准。
(A)化学成分　(B)品质　(C)冶炼方法　(D)金相组织

152. 特殊用途钢包括(　　)。

(A)不锈钢　(B)耐热钢　(C)耐磨钢　(D)超高强度钢

153. 特殊铸造包括(　　)。

(A)金属型铸造　(B)压力铸造　(C)离心铸造　(D)熔模铸造

154. 金属加热时产生的缺陷为(　　)。

(A)氧化及脱碳　(B)过热　(C)过烧　(D)热应力

155. 常用的铣床有(　　)。

(A)卧式铣床　(B)立式铣床　(C)台式铣床　(D)龙门铣床

四、判 断 题

1. 钢中马氏体是一种含碳的过饱和固溶体。(　　)

2. 低碳钢淬火后组织一定是位错马氏体。(　　)

3. 贝氏体是由铁素体和碳化物所组成的非层状混合物组织。(　　)

4. 上贝氏体和下贝氏体的浮凸特征是相同的。(　　)

5. 上贝氏体是一种强韧化比贝氏体更低的组织。(　　)

6. 贝氏体相变过程中,即有碳的扩散,又有铁和合金元素的扩散。(　　)

7. 钢中的贝氏体组织只能在等温冷却时形成。(　　)

8. 淬火碳钢在 200 ℃～300 ℃回火,其残余奥氏体可能转变为回火屈氏体或上贝氏体。(　　)

9. 淬火钢在回火过程中机械性能变化的总趋势是回火温度升高,硬度、强度降低,塑性、韧性提高。(　　)

10. 二次硬化的根本原因是由于残余奥氏体在回火时产生二次淬火。(　　)

11. 回火稳定性是由于合金元素改变碳化物形成温度,并且高温回火时形成的特殊碳化物延迟 α 相的回复和再结晶,因而使硬度、强度仍保持很高水平。(　　)

12. 明场照明时应用环形光栅,暗场照明时应用圆形光栅。(　　)

13. 自然光通过尼科尔棱镜或偏振偏后,就可获得偏振光。(　　)

14. 正相衬也称明衬,负相衬也称暗衬。(　　)

15. 在正交偏振光下观察透明球状夹杂物时,可以看到黑十字和等色环。(　　)

16. 钢的第一类回火脆性是可逆回火脆性;钢的第二类回火脆性属不可逆回火脆性。(　　)

17. 合金组织组成为固溶体、金属化合物的机械混合物。(　　)

18. 三种典型的金属结构是面心立方晶胞,体心立方晶胞和密排六方晶胞。(　　)

19. 奥氏体是碳溶解在 γ-Fe 中的置换固溶体,铁素体则是碳在 γ-Fe 的间隙固溶体。(　　)

20. 再结晶是一种引起晶格形式改变的生核及长大过程。(　　)

21. 随化合碳量的增加,钢的强度、硬度不断提高,耐塑性韧性降低。(　　)

22. 由铁碳平衡相图可看出,奥氏体的含碳量最高 0.8%。(　　)

23. 碳在铸铁中存在的形式有两种,游离态(石墨)和化合态(Fe_3C)。(　　)

24. 金属发生塑性变形的方式有滑移和孪生两种。(　　)

25. 弹性极限是材料由弹性变形过渡到塑性变形的应力。(　　)

26. 材料弹性变形是在正应力作用下才会发生的。(　　)

27. 塑性变形只有在切应力下才发生。( )

28. 弹性模量是衡量材料刚度的指标。( )

29. 冲击载荷下材料的塑变抗力提高、脆性倾向减小。( )

30. 疲劳断口中的轮廓线表示裂纹的扩展。( )

31. 板材冲压成型即采用了材料的塑性、又利用其形变硬化特征。( )

32. 弹性模量可用热处理给与提高。( )

33. 高周疲劳与低周疲劳是以疲劳频率高低之别区分的。( )

34. 在最大应力相等的条件下,应力循环不对称度增加,疲劳损伤降低,寿命增加。( )

35. 疲劳加载的缺口敏感性能不仅取决于材料的缺口形状和尺寸,还取决于材料的性质。( )

36. 疲劳试验的应力对称系数 $r=\sigma_{max}/\sigma_{min}$。( )

37. 磨损发生在相互运动的物体表面。( )

38. R_m 是低碳钢拉伸时断裂的应力。( )

39. 钢的淬火倾向是随含碳量的增加而减少。( )

40. 兰脆是指 450 ℃～650 ℃之间出现的第二类回火脆性。( )

41. 冲击载荷下,材料的塑性抗力提高,脆性倾向减小。( )

42. 晶界处原子偏离了正常平衡位置,它只有较高的动能,使得晶界熔点低,因此,金属总是从晶界上开始熔化。( )

43. 钢中的碳含量越高,其焊接性能越好。( )

44. 合金元素加入钢中都能阻止奥氏体晶粒长大。( )

45. 理论结晶温度比实际结晶温度低。( )

46. 因规定伸长率同为 0.2%,故生产检验可用方便的 Rr0.2 验证试验来代替费时的 Rp0.2 测定。( )

47. 一般来说,拉伸试样的最大应力位于试样表面,高于平均应力 30%～40%,所以试样断裂都从表面开始。( )

48. 设备操作规程是操作人员正确掌握操作技能的技术性规范,其中要求操作者在操作设备前对现场清理和设备状态检查。( )

49. 设备在正常使用过程中,不会有设备的隐患,更不会形成严重事故。( )

50. 在处理生产过程中产生的含有乳化油、矿物油、有机物和悬浮物的主要污染物时,应选择循环灭菌法污水处理方法。( )

51. 马氏体是硬而脆的组织。( )

52. 钢的含碳量越高,马氏体转变温度越高。( )

53. 钢的奥氏体晶粒级别越低,板条马氏体的领域越小或片状马氏体越细。( )

54. 多晶体的晶粒愈细,则强度、硬度愈高;塑性、韧性也愈大。( )

55. 渗碳体是一个亚稳定物,在某种条件下,它会分解为铁的固溶体和石墨。( )

56. 评定球铁的球化程度,石墨面积率愈接近 1 时,该石墨越接近球状。( )

57. 可锻铸铁中的团絮状石墨是从液体中直接析出而得到的。( )

58. 获得可锻铸铁的必要条件是铸造成白口件,而后进行石墨化退火。( )

59. 球化不良的特征是除少量球状石墨外,留有少量厚片状石墨存在。( )

60. 通常球铁的磷共晶含量应控制在2%以下。(   )

61. 耐磨铸铁的渗碳体含量应控制在5%以下。(   )

62. 球铁中所谓石墨形态是指单颗粒石墨的形状。(   )

63. 可锻铸铁退火后期不能炉冷至室温是为了防止出现二次渗碳体。(   )

64. QSn6.5-0.1青铜中加入P是为了提高其弹性,QSn10-1中加入P是为了提高强度。(   )

65. Al-Sn轴承合金中Sn的形态是方粒状,棕色。(   )

66. 铸造Al-Si合金常用的变质剂是1%~3%的2/3NaF及1/3NaCl组成。(   )

67. 用氢氧化钠的水溶液煮沸浸蚀法来区别渗碳体和铁素体。(   )

68. 渗碳层中出现针状渗碳体的原因是实际渗碳温度过低,这是渗碳欠热组织特征。(   )

69. 通常合金元素总量超过5%的钢称为高合金钢。(   )

70. 球铁等温淬火后的组织形态主要决定于等温淬火时的等温温度。(   )

71. 不同直径尺寸的标准试样实验测得的疲劳极限应该相等。(   )

72. 三点弯曲试验,一般来说总是在施加载荷下的地方破坏。(   )

73. 冶金质量检验常采用U试样进行常温冲击试验,因钢铁的韧脆转变温度在常温范围。(   )

74. 某一铜合金与某一铝合金硬度值同为50HBD应认为两者的硬度相同。(   )

75. HV测定为提高准确度应尽量选大载荷。(   )

76. 正火中碳钢截面积相等的圆形与矩形两种试样,圆形试样的A、Z测定值较高。(   )

77. 冷作模具钢要求具有高的强度、高的硬度,以及足够的韧性,是因为它工作时要受高的压力,剧烈的摩擦力和高的冲击力。(   )

78. 测定模具钢和高速钢的碳化物不均匀性,是在钢材的横向截面1/4D处的横向磨面上进行金相观察来测定。(   )

79. 3Cr2W8V钢因钢中含碳量为0.3%,所以它是亚共析钢,高速钢含碳量为0.7%~0.8%,所以它属于共析钢。(   )

80. 高速钢过热与过烧的分界是显微组织中是否出现次生莱氏体,过热刀具可重新退火后予以消除,过烧则是不可能挽救的缺陷。(   )

81. 高锰钢经过淬火获得马氏体可大大提高它的强度,从而有很好的耐磨性能,所以它属于耐磨钢。(   )

82. 稳定化处理是为评定18-8型不锈钢的晶间腐蚀倾向。(   )

83. 铝硅11%的合金组织是由Al基固溶体的粗大针状共晶硅组成。(   )

84. Al-Cu-Mg锻造铝合金中产生时效的主要相是T相和β相。(   )

85. 含Sn10%的Cu-Sn合金铸态组织是单相树枝状α组织。(   )

86. Cu-2%Be合金780℃固溶化后淬火可使硬度提高到1 250~1 500 MPa。(   )

87. 锡基轴承合金的组织是由锡基α相固溶体和白色的Sn、Sb方块及白色星形或针状Cu、Sb,或Cu、Sn相所组成。(   )

88. 下贝氏体的形态与高碳马氏体的形态很相似,都呈片状或针状,但是由于下贝氏体中

有碳化物存在，较易侵蚀，在光镜下颜色较黑。(　　)

89. 铝、铜及其合金的质地较软，可以用转速高的砂轮机切割试样。(　　)

90. 在铸铁中，磷共晶作为一种低熔点组织，总是分布在晶界和铸件最后凝固的热节部位。(　　)

91. 内氧化是碳氮共渗时，钢中合金元素及铁原子被氧化的结果。(　　)

92. 酸浸试验是显示钢铁材料或钢件微观组织及缺陷最常用的试验方法。(　　)

93. 缩孔是一种外观似海绵，有时呈枝晶状或重叠的孔洞。(　　)

94. 锻造折叠，其折纹两侧有严重的氧化脱碳。(　　)

95. 扫描电镜的主要作用是进行显微形貌分析和确定成分分布。(　　)

96. 高速钢正常淬火后，马氏体呈隐针状，残余奥氏体无法区分。(　　)

97. 铬轴承钢的网状碳化物检验，应在淬火及回火后评定。(　　)

98. 铝制件在空气中，表面易形成一层致密的氧化膜，可以起到抗蚀作用。(　　)

99. 含硅量越高，石墨化越容易进行。(　　)

100. Cr12 钢属于莱氏体钢，经过锻轧等压力加工后，共晶碳化物以破碎网状或带状存在，对钢材性能造成不良影响减小，因此碳化物不均匀度不必检验。(　　)

101. 金属平均晶粒度测定任何情况下都可使用面积法和截点法。(　　)

102. W18Cr4V 高速钢刀具工作温度达 700 ℃以上，硬度不显著下降，即有高的红硬性。(　　)

103. 蠕虫状石墨片厚且短，两端部圆钝，因此在石墨周围产生应力集中的现象比较小，故有比灰铸铁高得多的强度。(　　)

104. 细化金属材料的表面粗糙度，和采用喷丸等表面强化工艺方法，可以提高材料的疲劳强度。(　　)

105. 只要金属表面形成氧化物，都对金属产生不好作用。(　　)

106. 拉伸试样断在机械刻标记上或标距外时，试验结果无效。(　　)

107. 洛氏硬度试验仅适用于材料硬度大于 HRC20 的洛氏硬度试验。(　　)

108. 布氏硬度、洛氏硬度、维氏硬度都属于压痕硬度试验。(　　)

109. 冲击试验时如试样未完全折断，则试验结果无效。(　　)

110. 高碳钢淬火后要及时回火，否则容易产生裂纹，而高碳合金钢更应该及时回火，否则容易产生裂纹。(　　)

111. 钢件的热处理，全淬透比不淬透变形大。(　　)

112. 显示磷偏析的试验方法有两种，铜离子沉积法和硫代硫酸钠显示法。(　　)

113. 金相显微镜的照明方式分为明场照明和暗场照明。(　　)

114. 物镜的放大倍数为光学镜筒长度与物镜焦距 f 的比值，当光学镜筒长度一定时，物镜焦距越小，其放大倍数越低，因此，当焦距一定时，物镜的放大倍数也就定了。(　　)

115. 金相试样要求①平整度，②无变形层，③金相面光洁无暇。(　　)

116. 对于细小、形状特殊、较软、易碎、多孔材料或边缘需要保护的金相试样，常将其装在夹持器中或进行镶嵌后磨削。(　　)

117. 单体＋催化剂(收热)＝聚合物的镶嵌过程称为热镶。(　　)

118. O 是金相砂纸的磨料，微粉粒度为 600(M14 或 W14)，尺寸范围为 14～10 μm。(　　)

119. 常用的抛光粉有氧化铝、氧化铁、氧化铬和氧化镁。(　)

120. 电解阳极覆膜法、真空镀膜法(真空气相沉积法)为电解浸蚀法。(　)

121. 超声波探伤适用于检测形状复杂或表面粗糙的工件。(　)

122. 超声波探伤用油作耦合剂,目的是防止探头磨损。(　)

123. 射线照相法探伤是应用射线对胶片的感光作用。(　)

124. X 射线底片清晰度是指底片中影响轮廓的清晰度。(　)

125. 电子电位差计是目前热处理中应用最为广泛的一类仪表,因为这是一种精确可靠的仪表,能显示、记录和控制炉温。(　)

126. 光学高温计与辐射高温计的感温元件不需直接与被测温度的介质或物体相接触,是一种非接触性的测量仪表。(　)

127. 电阻温度计测量精度高,速度灵敏,适宜测量高温 900 ℃～1 800 ℃温度范围。(　)

128. 在热处理中直接接触或直接测量炉温的仪表叫一次仪表,如毫伏计,电子电位差计。(　)

129. 热处理炉按工作温度分为高温炉(＞1 000 ℃)、中温炉(650 ℃～1 000 ℃)和低温炉(＜650 ℃)。(　)

130. 铜及其合金的宏观检验常用浸蚀剂为 1∶1 硝酸水溶液。(　)

131. 电化学腐蚀要比化学腐蚀危害大。(　)

132. 金相显微镜的光路系统包括光源、滤光片、光栏、垂直照明器及照明方式等。(　)

133. 只要试样能满足 $L_0/\sqrt{S}$＝常数的条件,由试验得出的同一种材料试样的伸长率,就与试样的绝对尺寸无关,也就有可能进行相互比较。(　)

134. 对于不同比例关系的试样,测得的伸长率,严格来说是不能比较的。(　)

135. 试样拉断于移位法所述位置,若用直测法求得断后伸长率达到有关标准或协议规定的最小值,则不可使用移位法。(　)

136. 仲裁试验时,用移位法测得的断后伸长率达到有关标准或协议规定的最小值,也为无效,应补做同样数量试样的试验。(　)

137. 如有关标准或协议允许并说明,定标距与比例试样的断后伸长率可以互相换算,仲裁时可采用换算方法。(　)

138. 对于外径小于或等于 30 mm 金属管材,可取整个管的一段作为试样进行试验,试样的标距可按一般比例试样进行计算。(　)

139. 试样断后伸长中局部变形的部分伸长,就几何形状而言,仅与试样标距部分的截面有关,与原始标距无关。(　)

140. 常用的金属拉伸试验,其标准试样的直径是 20 mm,而比例试样的直径是任意的。(　)

141. 在矩形试样缩径出的最小宽度 b_u 乘以最大厚度 a_u,通常可近似求得横截面积 S_1。(　)

142. 因试验失误结果无效,试验可以补做,称为“重试”,“重试”可以不计次数。(　)

143. 光学显微镜的分辨率是－60 埃。(　)

144. 低碳钢冷轧钢板评定铁素体晶粒度时,其试样受检面应为横截面。(　)

145. 评定游离渗碳体及带状组织的试样其磨面应为纵向。(　　)

146. 游离渗碳体被其他组织混淆时,可用沸腾的碱性苦味酸钠溶液进行腐蚀。(　　)

147. 评定游离渗碳体时,特征在相邻两级之间者,可附上半级。(　　)

148. 评定珠光体和游离渗碳体的放大倍数为 400×。(　　)

149. 铸造共晶铝—硅合金(钠盐变质)及铝—硅—铜—镁合金显微组织显示用 1.5%的氢氟酸水溶液或混合酸侵蚀。(　　)

150. 显示共晶铝—硅合金及铝—硅—铜—镁合金铁相夹杂物用 65℃±2 ℃硫酸水溶液侵蚀 20～30 s。(　　)

151. 硬质合金最常用的是腐蚀抛光。(　　)

152. 钨钴及钨钛钴类硬质合金腐蚀性抛光液成分为 100 mL 水中加入 5 g 铁氰化钾。(　　)

153. 显示钨钴类及钨钴钛类硬质合金的显微组织可用饱和的三氯化铁盐酸溶液或复合试剂。(　　)

154. 硝酸铁溶液(10 g 硝酸铁、100 mL 水)适合显示纯铜晶界。(　　)

155. 氢氧化铵双氧水使两相铜中的 α 相发黑。(　　)

156. 两相黄铜(Cu-Zn 合金)试样以 3%$FeCl_3$＋10%HCl 水溶液侵蚀时,β 相呈暗黑色,α 相呈明亮色。(　　)

157. 15%NaOH 水溶液用于显示铝合金低倍组织及硬铝晶粒度。(　　)

158. 铝合金低倍组织试样制备过程为去油—浸蚀—冲洗—中和—冲洗—吹干。(　　)

159. 马氏体是一种硬而脆的组织 。(　　)

160. 莱氏体是由奥氏体渗碳体组成的共析体。(　　)

161. 奥氏体是碳溶解在 γ-Fe 中的置换固溶体,铁素体则是碳在 γ-Fe 的间隙固溶体。(　　)

162. 再结晶是一种引起晶格形式改变的的生核及长大过程。(　　)

163. 由铁—碳平衡图可看出,奥氏体的含碳量最高是 0.8%。(　　)

164. ψ_u只取决于金属材料基体金属的极限塑性。(　　)

165. σ_b是低碳钢拉伸时断裂时的应力。(　　)

五、简 答 题

1. 试举例说明金属的同素异构转变。
2. 正置式金相显微镜与倒置式金相显微镜相比,有什么缺点?
3. 触电的形式有哪几种?
4. 合金的结晶和纯金属的结晶有何异同?
5. 什么叫金属的再结晶?
6. 何谓超强度钢? 它有几种?
7. 持久强度的定义是什么? 试述其工程应用意义。
8. 简述偏光在金相分析中的应用。
9. 简述相衬原理。
10. 说明测定材料屈服点的方法及影响屈服点的内在因素。

11. 在拉伸试验中，当 $A>Z$ 说明什么？

12. 为什么弯曲试验中试样的跨距 L_0 于直径 d_0（或厚度 h）之比要求满足 $L_0 \geqslant 10d$（$10h$）？

13. 球铁的石墨漂浮是什么情况下形成的？

14. 沉淀硬化不锈钢时效处理的目的是什么？

15. 球铁中什么是石墨面积率？什么是球化率？

16. 金属的冷塑性变形主要通过什么方式进行？

17. 高速钢淬火后检查晶粒度的目的是什么？

18. 为什么铁基粉末冶金制品中不允许多量石墨存在？

19. 磨抛渗层金相组织的试样的特别要求是什么？为什么？

20. 物镜的类型有哪些？

21. 影响射线照相底片对比度的因素有哪些？

22. 金相试样在切取时的注意事项有哪些？

23. 显微组织的显示方法有哪些？

24. 热处理设备的种类有哪些？

25. 井式电阻炉有哪些主要用途？

26. 电子电位差计记录纸是如何记录炉温高低和加热时间长短的？

27. 常用游标卡尺按量限和读数值各分哪几种？

28. 热加工能消除铸态金属中的哪些缺陷？

29. 什么是上偏差、下偏差和公差？公差和偏差的区别是什么？

30. 什么是配合？配合有哪些种类？各有何特点？

31. 电化学腐蚀引起的破坏形式有哪些？

32. 球墨铸铁按基体组织可分为哪几种？

33. 钢的表面热处理工艺有哪些？

34. 结构钢常见的热处理缺陷有哪些？

35. 对铸铝件如何进行宏观检验？

36. 什么是锻造折叠？其特征是什么？

37. 淬火裂纹的特征是什么？

38. 硬度计主要由哪几部分构成？

39. 在拉伸试验后，什么情况下采用移位法测定试样断后标距长度？

40. 在进行压缩试验时，为什么要求试样端面的摩擦力越小越好？

41. 三种洛氏硬度 HRA、HRB、HRC 所采用的压头各是什么类型？适用的硬度范围是多少？

42. 淬火钢在回火热处理时为什么会产生组织转变？

43. 在暗室中如何在全暗情况下判别胶片的乳胶面？

44. 影响洛氏硬度试验结果的主要因素有哪些？

45. 影响冲击试验结果的因素有哪些？

46. 锻造前钢的晶粒度对锻造性能有何影响？

47. 影响维氏硬度试验结果的因素有哪些？

48. 金属磨损是什么？磨损通常分几个阶段。

49. 什么叫蠕变？一般蠕变曲线可分哪三部分。

50. 蠕变强度的定义是什么？

51. 试述钢锭轴心晶间裂纹的特征及评定方法。

52. 钢渗碳的目的是什么？渗碳后还需要如何进行热处理？

53. 试述显微摄照所用底片的特性包括哪些？

54. 如何进行电解腐蚀？有什么用途？

55. 金相检验的“相”义是什么？

56. 铝合金加工制品过烧组织特征是什么？

57. 什么叫扩散？它表现在金属材料的哪些过程中？

58. 显微分析在生产中有哪些应用？

59. 简述球墨铸铁的性能特点。

60. 材料构件疲劳破坏的特点是什么？

61. 磨损类型主要有哪些？

62. 何为无损检测？

63. 什么叫恒电位浸蚀法？

64. 简述什么叫热处理强化铝合金？

65. 铝铜合金时效强化是什么？

66. 断口的作用是什么？

67. 试述加工硬化产生的原因？

68. 双相黄铜的显微组织是怎样的？

69. 铸造 Al-Si 合金变质前后的显微组织有何不同？

70. 对轴承合金性能上有哪些要求？什么样的组织才能满足这些要求？

六、综 合 题

1. 为什么要细化晶粒？举出生产中常用细化晶粒的方法。

2. 第二类回火脆性产生原因是什么？可采取哪些措施预防或减轻这类回火脆性。

3. 简述解理断口的宏观特征及其微观花样。

4. 高速钢淬火后为什么要经过三次以上的回火，而不能用一次长时间回火代替多次短时间回火？

5. 轴承钢淬火后为什么会出现明亮区和暗区？

6. 如何鉴别球墨铸铁组织中的渗碳体和磷共晶？

7. 压力加工铝合金中过热和过烧的特征是什么？

8. 暗场照明有哪些优点？

9. 除了电器设备的保护接地和保护接中线外，在工作中如何避免发生触电事故？

10. 带状组织形成原因及严重程度与什么有关？

11. 怎样维护和保养千分尺？

12. 什么叫耐热钢？耐热钢主要要求有哪些性能？主要合金元素有哪些？各自在耐热钢中的主要作用是什么？

13. WC-Co 类硬质合金有哪些组织？

14. 奥氏体不锈钢产生晶间腐蚀的原因是什么？

15. 焊接熔池结晶的特点是什么？

16. 常见的高倍铝合金的高倍缺陷有哪几种？这些缺陷组织各有什么特征？

17. 无缺口和带缺口的圆柱试样拉伸断口有何区别？

18. 产生淬火裂纹的原因是什么？

19. 产生未焊透的主要原因是什么？

20. 试说明回火转变的内因条件。

21. 试列表比较回火马氏体、回火屈氏体、回火索氏体的形成温度及组织特征。

22. 何为内氧化？在试样边缘有何特征？

23. 何为渗碳后的反常组织？造成的原因是什么？

24. 哪些因素将对试验的最终结果有着及其重要的影响？

25. 洛氏硬度试验若在曲率半径小于 15 mm 的曲面试样上进行，测得的硬度值必须修正，为什么？

26. 金属工艺性能试验的特点是什么？它包括哪些内容？

27. 什么叫热加工纤维组织？它对金属有什么影响？铸件中有没有纤维组织？

28. 淬火后的零件为什么要进行回火？

29. 为什么细晶粒的金属强度、塑性和韧性都比粗晶粒好？

30. 简述金属疲劳分类。

31. 钢的脱碳和氧化有什么区别？

32. 简述钢中硫杂质对钢性能的危害及原因。

33. 有一钢件比例试样，$d=13.04$ mm，经拉伸测得，$d_u=8.7$ mm，$L_u=62.3$ mm，试求 A、Z(按规定进行修约)。

34. 有一螺纹钢试样，采用重量法测得该试样 $m=1\ 750$ g，$L=450$ mm，已知该材料密度为 7.85g/m^3，拉伸试验测得 $F=313$ kN，$L_u=158.2$ mm，求：R_m，A(按规定进行修约)。

35. 某金属材料进行维氏硬度试验，选用试验力为 49.03 N，测得压痕对角线平均值 d 为 0.976 mm，试求其维氏硬度值(按规定进行修约)。

材料物理性能检验工(中级工)答案

一、填 空 题

1. 母相 2. 无 3. 正方 4. 孪晶
5. 高硬度、高强度 6. 铁素体条之间 7. 铁素体片之间 8. 渗碳体和铁素体
9. 铁素体内 10. 铁素体晶粒大小 11. 条状铁素体 12. 贝氏体,珠光体
13. 边界 14. Cr、Mo、W、V 15. 曲面反射镜 16. 非金属夹杂物
17. 不透明并有亮边 18. 起偏镜和检偏镜 19. 直线偏振光 20. 圆偏振光
21. 载物台 22. 漆黑一片 23. 不同亮度
24. 四次消光、四次发亮 25. 黑十字和等色环 26. 环形光栏和相板
27. 黑白分明 28. 体心立方、面心立方、密排六方
29. 减少应力和降低脆性 30. 中心等轴晶区 31. 热脆
32. 表面处理 33. 弹性 34. 脆性 35. 屈服强度
36. 金属内部组织结构 37. 内部的原子排列情况
38. 对称性 39. 屈服强度 40. 强度 41. 液态
42. 团球状、团絮状、蠕虫状和枝晶状 43. 力学性能判据 44. 力学特性
45. 回复、再结晶、晶粒长大 46. 增高而增多 47. 降低
48. 0.14～6 mm 49. 块状铁素体和网状铁素体 50. 珠光体
51. 有孪晶特征的单一α相晶粒 52. 硬直光滑 53. 柔软粗糙
54. 铁素体 55. 细化和消除网状渗碳体 56. α相、γ相、ε相
57. 魏氏组织 58. 带状组织 59. 磨削和热磨削
60. 纤维区、放射区和剪切唇 61. 断裂、磨损和腐蚀
62. 沿晶断裂和穿晶断裂 63. 管理制度
64. 球化不良和球化衰退 65. 碳化物液析 66. 100～200
67. 0.24～0.6 68. 整数 69. 过载断裂、疲劳断裂、缺陷断裂
70. $Cr_{23}C_6$析出 71. 渗碳体 72. 氧化和脱碳
73. 全脱碳区和部分脱碳区 74. 细珠光体＋碳化物
75. 过共析层＋共析层 76. 金相分析与数理统计
77. 金相法、显微硬度法 78. 张开型、滑开型及撕开型
79. 锭型偏析 80. 晶粒度 81. 过热、过烧
82. 靠近焊缝的热影响区 83. 魏氏组织形态
84. 连接长大和柱状晶 85. 球状不变形 86. 退火状态法
87. 渗碳体片间距 88. 锻铝 89. 铸铝 90. 温度和变形速度
91. 0.002 mm 92. 增大 93. 区域偏析 94. 带状

95. 表面含碳量　96. 强渗期　97. 垂直距离　98. 最高硬度能力
99. 硬度分布　100. 二次硬化　101. 软点　102. 硬度要求
103. 硬度和显微组织　104. 1/10～1/5　105. 马氏体
106. 大型螺旋弹簧和板簧　107. 球化　108. HRC60
109. 550 ℃　110. 高黏度组份　111. 光学放大系统　112. 物镜
113. 垂直分辨　114. 孔径和视场　115. 化学成分定性　116. 镜体、光源、摄照
117. 全反射棱镜　118. 目镜乘以物镜　119. 显影剂　120. 定影剂
121. 化学抛光　122. 压力、剪切、弯曲　123. 测力装置　124. 硬质合金压头
125. 化学腐蚀、电化学腐蚀　126. 1～6 nm　127. 物镜
128. 星形、三角形　129. 0.01 mm　130. 高温和低温　131. 机械切割
132. 羊毛织物　133. 灵敏性　134. 测定值和真实值　135. 测定值和平均值
136. 偶然　137. 0.003 28　138. 系统误差　139. H_2SO_4
140. 颜色　141. 图片　142. 平衡度和距离　143. 10^{-10}～10^{-7}
144. 机械式　145. 单剪　146. 断面收缩率　147. 60±2
148. 30±2　149. 10　150. 20～25　151. 2.5
152. 静载荷、动载荷　153. 弹性模量　154. 高度微小差别　155. 冶炼
156. 723 ℃　157. 高碳钢　158. 30±2　159. 碳成分
160. 最小　161. 脆性转变　162. 微孔聚集断裂　163. 日常检查
164. 增高;增大　165. Ms 点　166. 小;减小　167. 高于
168. 拉应力;压应力　169. 切应力　170. 弹性模量 E　171. 不可以
172. 弹性极限　173. 轮廓线区　174. 圆　175. 不应

二、单项选择题

1. C　2. B　3. B　4. B　5. B　6. B　7. B　8. B　9. B
10. A　11. B　12. A　13. B　14. C　15. C　16. B　17. C　18. A
19. B　20. D　21. B　22. B　23. C　24. C　25. B　26. C　27. A
28. B　29. B　30. B　31. C　32. A　33. C　34. A　35. B　36. C
37. C　38. C　39. C　40. B　41. B　42. A　43. B　44. B　45. B
46. C　47. C　48. A　49. B　50. C　51. B　52. B　53. C　54. A
55. B　56. A　57. C　58. B　59. A　60. C　61. A　62. C　63. A
64. B　65. B　66. C　67. C　68. D　69. B　70. B　71. C　72. B
73. A　74. B　75. C　76. B　77. B　78. B　79. B　80. A　81. C
82. A　83. A　84. C　85. B　86. C　87. C　88. B　89. C　90. C
91. A　92. A　93. C　94. C　95. A　96. A　97. C　98. C　99. A
100. A　101. B　102. C　103. C　104. B　105. C　106. D　107. C　108. B
109. C　110. B　111. B　112. C　113. C　114. C　115. B　116. A　117. B
118. D　119. A　120. B　121. C　122. B　123. C　124. C　125. C　126. C
127. A　128. B　129. C　130. C　131. C　132. B　133. B　134. B　135. B
136. A　137. B　138. C　139. A　140. B　141. D　142. A　143. A　144. A

145. B 146. D 147. B 148. A 149. B 150. A 151. B 152. B 153. B
154. C 155. A 156. A 157. B 158. A 159. C 160. A

三、多项选择题

1. ABCD 2. ABCD 3. ABCD 4. ABCD 5. ABCD 6. AB 7. CD
8. ABCD 9. AD 10. BCD 11. ABCD 12. ABCD 13. ABCD 14. ABCD
15. ABCD 16. AD 17. ABCD 18. ABC 19. ABCD 20. AB 21. ABCD
22. ABCD 23. AB 24. ABCD 25. ABCD 26. ABCD 27. ABD 28. ABC
29. ABCD 30. ABCD 31. ABCD 32. ABCD 33. ABC 34. ABCD 35. ABCD
36. ABD 37. ABCD 38. BC 39. ABC 40. ABCD 41. ABCD 42. ABD
43. AB 44. BCD 45. ABCD 46. ACD 47. ABCD 48. ABCD 49. BCD
50. BD 51. BCD 52. ACD 53. ACD 54. ABC 55. BCD 56. ABCD
57. ABD 58. ACD 59. AB 60. ABCD 61. CD 62. ABC 63. AB
64. AC 65. AD 66. AC 67. AD 68. ABC 69. ABD 70. ABC
71. ABCD 72. ABCD 73. ABCD 74. ABC 75. ABC 76. ABCD 77. ACD
78. ABCD 79. ABCD 80. ABCD 81. ABCD 82. ABCD 83. ABCD 84. AD
85. ABCD 86. AD 87. ABCD 88. AB 89. ABC 90. ACD 91. ABCD
92. ABC 93. BCD 94. ABD 95. BCD 96. ABCD 97. AD 98. ABD
99. AB 100. CD 101. ABCD 102. AC 103. ABCD 104. AB 105. AC
106. CD 107. BCD 108. AB 109. ABC 110. ABC 111. ABC 112. AB
113. ABCD 114. AC 115. ABCD 116. AB 117. ABC 118. BD 119. AD
120. ABCD 121. ABCD 122. ABC 123. ACD 124. CD 125. ABC 126. ABC
127. ABCD 128. AD 129. AB 130. AB 131. AD 132. AC 133. ABC
134. ABD 135. BCD 136. ABCD 137. ABCD 138. ABC 139. AB 140. AC
141. ABC 142. BCD 143. ABCD 144. BCD 145. ABCD 146. ABC 147. ABD
148. ABCD 149. BCD 150. ABC 151. ABCD 152. ABCD 153. ABCD 154. ABCD
155. ABD

四、判 断 题

1. √ 2. × 3. √ 4. × 5. × 6. × 7. × 8. × 9. √
10. × 11. √ 12. × 13. √ 14. × 15. √ 16. × 17. √ 18. √
19. × 20. × 21. √ 22. × 23. √ 24. √ 25. √ 26. × 27. √
28. √ 29. × 30. √ 31. √ 32. × 33. × 34. √ 35. √ 36. ×
37. √ 38. × 39. × 40. × 41. × 42. √ 43. × 44. × 45. ×
46. × 47. × 48. √ 49. × 50. × 51. × 52. × 53. × 54. √
55. √ 56. √ 57. × 58. √ 59. × 60. √ 61. × 62. √ 63. ×
64. √ 65. × 66. √ 67. √ 68. × 69. √ 70. √ 71. × 72. √
73. × 74. × 75. × 76. √ 77. √ 78. × 79. × 80. √ 81. ×
82. × 83. √ 84. × 85. × 86. × 87. √ 88. √ 89. × 90. √

91. √ 92. × 93. × 94. √ 95. √ 96. √ 97. √ 98. √ 99. √
100. × 101. √ 102. × 103. √ 104. √ 105. × 106. × 107. × 108. √
109. × 110. √ 111. √ 112. √ 113. √ 114. × 115. √ 116. √ 117. ×
118. × 119. √ 120. × 121. × 122. × 123. √ 124. √ 125. √ 126. √
127. × 128. × 129. √ 130. √ 131. √ 132. √ 133. √ 134. √ 135. √
136. × 137. × 138. √ 139. √ 140. √ 141. × 142. √ 143. × 144. ×
145. √ 146. √ 147. √ 148. √ 149. × 150. √ 151. √ 152. × 153. √
154. √ 155. √ 156. √ 157. √ 158. √ 159. × 160. × 161. × 162. ×
163. × 164. × 165. ×

五、简 答 题

1. 答:如 910 ℃以下的纯铁是体心立方晶格结构的铁,当加热到 910 ℃～1 332 ℃温度范围时就变为面心立方晶体结构的铁,冷却时则相应地相反转变(正确描述一种金属在固态时改变其晶格类型的过程即得分)(5 分)。

2. 答:(1)由于试样放到镜筒下面,试样的高度有一定要求(2.5 分);(2)由于显微镜的物镜主光轴垂直于试样载物台,要求试样金相磨面必须与物镜光轴垂直,稍有倾斜,会造成视场半边模糊半边清晰(2.5 分)。

3. 答:触电的形式有单相触电(1 分)、两相触电(2 分)和跨步电压触电(2 分)三种。

4. 答:相同点:都是由晶核产生和晶核长大两个过程所组成(2 分)。不同点:纯金属的结晶总是在恒温下进行的,而合金的结晶大多数则是在某一温度范围内进行的,且各相的成分还要发生变化(3 分)。

5. 答:金属的冷加工变形后,由于内能提高而处于不稳定状态(1.5 分),当加热到适当温度时,将进行重新形核(1 分)和晶粒长大(1 分),从而得到无畸变的等轴晶粒(1.5 分),这种无相变的结晶过程叫做金属的再结晶。

6. 答:强度极限 σ_b 大于 1 500 N/mm^2(1 分),屈服极限 σ_s 大于 1 300 N/mm^2(1 分)钢种称为超高强度钢。通常使用的有低合金超高强度钢(1 分)、中合金超高强度钢(1 分)和高合金超高强度钢(1 分)三种。

7. 答:是指材料在一定的温度下,在规定期限内断裂的应力(1.5 分)。它是材料抗高温断裂能力的衡量指标(1.5 分)。有些高温下使用的零部件,在运行中只要求不发生断裂即可,对这样的零部件多针对持久强度进行设计(2 分)。

8. 答:主要用于(1)显示组织(1 分);(2)研究塑性变形的晶粒取向(1 分);(3)复相合金组织分析(1 分);(4)非金属夹杂物研究(1 分)。(全答对满分)

9. 答:把两相高度差所产生的相位差(2 分),及相板的相移把光的相位差转换成振幅差(2 分),从而提高其衬度(1 分)。

10. 答:(1)拉伸曲线的屈服阶段呈平台型时,这时对应平台阶段的应力即为材料的 σ_s(1 分);(2)拉伸曲线有明显的上、下屈服点,这时用最低应力作为屈服点 σ_s(2 分);(3)当屈服现象不明显时,用 $\sigma_{p0.2}$(2 分)。

影响屈服点的内在因素有:(1)金属元素本性和晶体点阵类型的影响(1 分);(2)相成分的影响(1 分);(3)晶粒大小的影响(1 分);(4)第二相的影响(1 分)。(全答对满分)

11. 答:说明试样只有均匀塑性变形而无缩颈现象(5 分)。

12. 答:这是因为要尽量缩小切应力的影响(1 分),对于三点弯曲试验,当 $L_0=10d_0$(或 $10h$)时切应力占正应力的 7.5%(或 10%)(2 分)。如果 $L_0<10d_0$(或 $10h_0$),则切应力的影响更大,就会影响对材料弯曲强度的正确测定(2 分)。

13. 答:主要是碳当量过高(2.5 分)以及铁水在高温液态停留过久(2.5 分)。

14. 答:指在马氏体中,沉淀析出高度弥散的金属间化合物,起到强化的作用(5 分)。

15. 答:在显微镜下,单颗石墨的实际面积与最小外接圆面积的比率为石墨面积率(2.5 分)。球化率是指在规定的视场内,所有石墨球化程度的综合指标(2.5 分)。

16. 答:主要通过滑移(2.5 分)和孪晶(2.5 分)变形进行。

17. 答:是判定高速钢淬火温度是否合适(5 分)。

18. 答:多量的石墨将导致制品中化合碳的减少(2 分),亦使珠光体量减少(2 分),使制品的强度下降,而影响产品质量(1 分)。

19. 答:试样磨面平整,边缘不能倒角(2 分)。影响在显微镜下观察时对表层组织的鉴别和渗层深度的正确测定(2 分),同时也得不到清晰的金相照片(1 分)。

20. 答:(1)消色差物镜(1 分);(2)平面消色差物镜(1 分);(3)复消色差物镜(1.5 分);(4)平面复消色差物镜(1.5 分)。

21. 答:主要有以下几个方面:(1)试样本身的特性(1 分);(2)射线能量(管电压) (1 分);(3)散射线防护(1 分);(4) 增感屏种类 (1 分);(5)X 光胶片类型、暗室处理条件及黑度等(1 分)。

22. 答:在切取试样时应注意:(1)不允许试样发生塑性变形,如低碳钢和有色金属晶粒受力而被压缩、拉长或扭曲等(3 分);(2)不允许试样因受热而引起组织变化(2 分)。

23. 答:显微组织的显示方法常用的有化学浸蚀法和电解浸蚀法(3 分)。此外还发展了一些显示组织的特殊方法如气相沉积法、离子蒸镀法、恒电位沉蚀法和氧化法(2 分)。

24. 答:热处理设备的种类有:(1)加热设备(1.5 分);(2)冷却设备(1.5 分);(3)辅助设备(1 分);(4)形状检测(1 分)。

25. 答:常用的有:(1)中温井式电阻炉,它主要用于长轴(长形)工件的淬火、正火和退火(2 分);(2)低温井式电阻炉,它多用于回火或有色金属热处理(2 分);(3)井式气体渗碳炉,用于渗碳和碳氮共渗(1 分)。

26. 答:装在电子电位差计仪表面板托纸盘上的圆形记录纸,每 24 h 转一圈。记录纸上与同心圆相交的辐射状弧线表示时间分度,一大格相当于 1 h。根据记录画出的墨线与各同心圆的相对位置及墨线所占格子数,便可知道炉温的高低和加热时间的长短(5 分)。

27. 答:按量限的起始范围,游标卡尺可分成各种规格,常用的规格有 0~125 mm、0~150 mm、0~200 mm、0~300 mm、0~500 mm、0~1 000 mm 等(3 分)。按游标读数值的不同,游标卡尺可分为 0.1 mm、0.05 mm 和 0.02 mm 三种(2 分)。

28. 答:能使气泡焊合(1 分),增加金属的致密度(1 分),使枝晶、粗大晶粒和粗大碳化物被破碎细化(2 分)以及改变夹杂物的分布(1 分)等。

29. 答:上偏差是最大极限尺寸减其基本尺寸所得代数差,即:

上偏差=最大极限尺寸一基本尺寸(1 分)

下偏差是最小极限尺寸减其基本尺寸所得的代数差,即:

下偏差=最小极限尺寸—基本尺寸(1分)

公差是尺寸公差的简称,是允许尺寸的变动量,就数值而言:

公差=最大极限尺寸—最小极限尺寸=上偏差—下偏差(1分)

区别:公差永远是正值,而偏差有可能是正、负或零值(2分)。

30. 答:基本尺寸相同的,相互结合的孔与轴公差带之间的关系称为配合(2分),配合有三种,即间隙配合、过盈配合、过渡配合(3分)。

31. 答:有表面腐蚀(1分)、晶界腐蚀(1分)、点腐蚀(1分)、应力腐蚀(1分)、腐蚀疲劳(1分)等。

32. 答:球墨铸铁基体组织可分为:(1)铁素体基体(1分);(2)珠光体基体(1分);(3)珠光体+铁素体基体(1分);(4)贝氏体基体(1分);(5)马氏体基体(1分)。

33. 答:钢的表面热处理工艺有渗碳(1分)、碳氮共渗(1分)、渗氮(1分),渗硼、渗硫、渗金属(1分)等化学热处理及表面淬火热处理(1分)工艺等。

34. 答:(1)氧化与脱碳(1分);(2)淬裂(1分);(3)硬度不足与淬火软点(1分);(4)回火脆性(1分);(5)石黑碳检验(1分)等。

35. 答:将铝铸件剖开,截取有代表性的断面,将其刨平或车平,被检验面达到精车程度,用汽油或酒精洗表面的油污,然后放入浸蚀剂中冷蚀或热蚀,浸蚀后再冲洗、中和、冲洗、吹干,此时即可检验铝铸件上的结晶情况、气孔、针孔度、裂纹、氧化夹杂等(5分)。

36. 答:折叠是指锻造过程中由于某些原因,使坯料边缘产生的一些夹角、毛刺等缺陷又被压入坯料内的现象(2分)。折叠的特征是与表面呈一定角度向里延伸,在折叠周围有氧化脱碳现象,脱碳层不均匀,折叠处充满氧化皮夹杂,折叠的尾部较圆钝,折叠裂口处较圆,有时会弯曲(3分)。

37. 答:淬火裂纹的特征是:一般情况下裂纹由表面向心部扩展,宏观形态较平直(1分)。从微观上看,裂纹两侧无脱碳,且尾部尖、细,另外在主裂纹两侧常伴生有沿晶界分布的小裂纹(2分)。如果在氧化气氛中进行高温回火,则淬火裂纹两侧会有氧化层(2分)。

38. 答:硬度计主要由机体(1分)、工作台(1分)、加载机构(1分)、压陷装置(1分)和测量机构(1分)等部分组成。

39. 答:在拉伸试验时试样的断口到邻近标距端点的距离小于或等于1/3 L_0时,用移位法测定试样断后标距长度(5分)。

40. 答:在压缩试验时试样端面的磨擦力阻碍了试样端面的横向变形,使试样形成腰鼓形(3分),同时还提高了材料的变形抗力,降低了变形度,影响试验结果的准确性(2分)。

41. 答:HRA所用的压头为金刚石圆锥体;HRB所用的压头为钢球;HRC所用的压头为金刚石圆锥体(2分)。HRA适用范围为HRA60~85(1分),HRB适用范围为HRB25~100(1分),HRC适用范围为HRC20~67(1分)。

42. 答:钢件淬火后通常获得不平衡组织(1分),从热力学讲,凡亚稳组织会自发地转变为较平衡的组织(2分),在室温下,这种转变动力学条件不具备,只有当回火加热时使原子扩散能力增加时,亚稳定组织才有可能转变为较稳定的组织(2分)。

43. 答:在暗室中用手找到有缺口的一角,摆放时将此角置于右上方,此时胶片相对我们的一面即为胶片的乳剂面(5分)。

44. 答:影响洛氏硬度试验结果的主要因素有:试样表面粗糙度(1分);试样组织不均匀度

(1 分);试验温度(1 分);加荷速度(1 分);负荷保持时间(1 分)。

45. 答:影响冲击试验结果的主要因素有:化学成份(1 分);热处理(1 分);取样的方向(1 分);试验温度(1 分);材料的缺陷(1 分);试样的形状和表面粗糙度(1 分);尺寸精度(1 分)和试样缺口偏置(1 分)等。(答出五种即满分)

46. 答:锻造前钢的晶粒细,其锻造性能好,这是因为晶粒边界强度低于晶内(2 分),细晶粒的晶界长,因而热塑性优于粗晶粒钢(3 分)。

47. 答:影响维氏硬度试验结果的主要因素有:试验力大小(1 分);加荷速度(1 分);试验保持时间(1 分);试验温度(1 分);试件表面状况(1 分)。

48. 答:金属磨损是发生在两相对运动的表面之间的一个非常复杂的过程(2 分)。磨损通常可分为三个阶段:(1)开始磨损阶段(磨合阶段)(1 分);(2)稳定磨损阶段(正常磨损阶段);(3)剧烈磨损阶段(1 分)。

49. 答:金属材料在应力作用下产生缓慢塑性变形的现象称为蠕变(2 分)。一般蠕变曲线可分为三个部分分别表示蠕变的三个阶段。即:(1)蠕变的第一阶段(减速蠕变阶段)(1 分);(2)蠕变第二阶段(稳定蠕变阶段)(1 分);(3)蠕变第三阶段(1 分)。

50. 答:蠕变强度是指在一定的温度下,第二阶段蠕变速度达到某规定值时的应力(2 分)。有时也将蠕变强度定义为在一定温度下,总蠕变变形量达到规定值时的应力(2 分)。蠕变强度也称条件蠕变极限或简称蠕变极限(1 分)。

51. 答:钢锭的轴心晶间裂纹的特征:轴心晶间裂纹分布在经酸蚀的横向试面轴心部位,呈蜘蛛网状或沿晶间呈放射状的细小裂纹(2 分)。钢锭的轴心晶间裂纹评定方法:可根据酸蚀面上轴心晶间裂纹的分布面积和明显程度来评级(3 分)。

52. 答:钢渗碳的目的,使工件表层有高的硬度和耐磨性,而心部仍保持一定的强度和较高韧性和塑性,能承受较大的冲击并提高工件抗疲劳性能(3 分)。渗碳后必须进行适当的热处理,常用的是淬火+低温回火(2 分)。

53. 答:底片的特性包括:感色性(1 分)、感光速度(1 分)、伸缩性(1 分)、分辨能力(1 分)和反差性(1 分)。

54. 答:电解腐蚀法是钢材低倍和宏观组织常用检验方法之一(2 分)。电解腐蚀法是将被检试样放置在冷酸液中,并通以直流低电压大电流,使试样在电解情况下进行腐蚀。显示碳钢及合金钢低倍组织和宏观缺陷(3 分)。

55. 答:相的含义是:(1)相是一部分物质(1 分);(2)相的这部分物质是均匀的,就是说成分和性质是相同的连续的没有突然的变化(2 分);(3)与其他物质有明显分界面(2 分)。

56. 答:铝及铝合金加工制品显微检验过烧组织、判断过烧组织主要根据以下三种特征进行,凡是出现其中任何一种特征,均判为过烧。(1)复熔共晶球团(1 分);(2)晶界局部复熔加宽(2 分);(3)在三个晶粒的交界处存在复熔三角形(2 分)。

57. 答:物质中原子(分子)的迁移现象称为扩散(1 分),扩散是金属中的一个重要现象,诸如冷变形金属的回复、再结晶(1 分),铸件的均匀化退火(1 分),合金的相变过程(1 分),以及钢的各种化学热处理(1 分)等都有扩散现象。

58. 答:通过显微分析可以显示金属中的各种组织和特征(1 分),精确测定晶粒大小和各相的相对量(1 分),检验化学热处理的渗层组织和深度(1 分),鉴定各种夹杂物和缺陷(1 分),分析工件破损失效的原因等(1 分)。

59. 答:球墨铸铁具有良好的铸造性、减摩性、切削加工性及缺口敏感性等(2 分),并且与灰口铸铁或可锻铸铁相比割裂基体及应力集中的现象大为减轻,具有更好的机械性能(2 分),价格便宜(1 分)。

60. 答:第一,疲劳断裂时并没有明显的宏观塑性变形,断裂前没有明显的预兆,而是突然地破坏(2 分)。第二,引起疲劳断裂的应力很低,常常低于材料的屈服强度(2 分)。第三,疲劳破坏的宏观断口由疲劳裂纹的产生及扩展区和最后断裂区两部分组成 (1 分)。

61. 答:磨损类型主要有:粘着磨损(1 分);磨料磨损(1 分);接触疲劳磨损(1 分);微动磨损(1 分);气蚀、液体冲蚀、腐蚀磨损(1 分)等。

62. 答:在不破坏被检物的结构和使用性能的情况下,对它们内部结构、化学性质和力学性能进行评价的检测方法,称为无损检测(5 分)。

63. 答:恒电位浸蚀法是在电解浸蚀法过程中维持电位恒定,使作为阳极的试样表面形成氧化薄膜,不同的相,膜厚不同,使衬度提高(5 分)。

64. 答:在铝合金相图上,成分属于 F～D 点之间的铝合金,其 α 固溶体的溶解度随温度沿 DF 线而变化,故可以用热处理方法强化,F～D 点之间的铝合金称为热处理能强化的铝合金(5 分)。

65. 答:铝铜合金淬火后人工或自然时效时,θ 相(Al_2Cu)呈均匀、弥散的形态自 α 固溶体中析出,由于 θ 相的析出,使铝铜合金产生强化作用,称为时效强化(5 分)。

66. 答:断口忠实地记录了金属的受力状态,裂纹的传播过程和材料的内在质量(3 分),因而被人们广泛地用来检查钢材质量,进行故障分析和研究断裂机理等(2 分)。

67. 答:随着金属塑性变形的发生,在晶粒拉长的同时,晶粒逐渐被破碎化成许多位向略有不同的小区域即形成更多亚结构,使位错密度增加,晶格畸变严重,因而增加了滑移阻力,这就是加工硬化现象产生的根本原因(5 分)。

68. 答:双相黄铜的显微组织是 $\alpha+\beta$ 两相,用高氯化铁盐酸水溶液浸蚀时,β 相呈暗色,α 相为明亮色,快冷得到的 α 相呈拉长形或针状,缓冷得到的为等轴晶粒(5 分)。

69. 答:铸造铝硅合金含 Si 量小于 12.6%时为亚共晶组织即 α 固溶体+(α+Si)共晶体,共晶硅变质处理前为灰色针状(2 分)。含 Si 量大于 12.6%时组织中有初晶硅呈多面体状(1 分)。经变质处理后,若加变质剂 NaF,硅的形态变为球点状(1 分),若加磷变质时,初晶硅变小,共晶硅呈短针状(1 分)。

70. 答:(1)足够的疲劳强度和抗压强度 (1 分);(2)低的磨擦系数 (1 分);(3)足够的塑性及韧性,良好的存油性及磨合性(1 分);(4)良好的导热及耐蚀性 (1 分)。塑性好的软基体和软基体上均匀分布着硬度质点的组织能满足上述要求(1 分)。

六、综 合 题

1. 答:因为实验证明,晶粒大小对金属的力学性能有很大影响,晶粒越细,金属的强度和韧性越好,所以要细化晶粒(1 分)。生产中常用的细化晶粒的方法是:(1)增大过冷度,即加快冷却速度,可以使形核率提高故可使晶粒细化(3 分);(2)变质处理,是人为的在液体金属中加入一些变质剂,使其分散于液体中成为非自发形核的基底,例如钢中加入铝、铸铁中加入硅铁或硅钙、铸铝中加入钠等均能达到细化晶粒的目的(3 分);(3)附加振动,结晶时对液体金属附加机械振动,超声波振动、电磁振动,目的是使长大的晶粒破碎,破碎的晶体可以起到晶核的作用,故也可使晶粒细化(3 分)。

2. 答:钢的化学成分中含 Cr、Mn、Ni 等合金元素和 Sb、P、Sn、As 等杂质元素是产生第二类回火脆性的主要原因(3 分)。杂质元素在晶界上的偏聚是产生回火脆性的关键(3 分)。钢中加入 Mo、W 元素可与杂质元素结合,阻碍杂质元素和晶界偏聚以减轻回火脆性(2 分);回火后快冷,能降低回火脆性;亚温淬火可使晶粒细化,使杂质元素在 α 和 γ 中重新分配,减轻在 γ 晶界的偏聚而降低回火脆性(2 分)。

3. 答:宏观特征为结晶断口,在扁平构件或快速断裂时为人字形花样,其特点是脆性破坏,沿一定晶面解理(2 分)。

微观花样:(1)河流花样,它是由解理台所形成,河流花样进行的方向(从支流到主流方向)即为裂纹扩展方向(3 分);(2)舌状花样,这样的断裂常发生于低温,它是解理裂纹遇到孪晶,裂纹改变走向后形成的(3 分);(3)鱼骨状花样,它是解理方向不完全一致引起的(2 分)。

4. 答:这是因为在高速钢中含有大量的合金元素,淬火后,使钢中含有大量的残余奥氏体,这些残余奥氏体只有在回火后的冷却过程中转变成马氏体,即所谓的"二次淬火",由此产生新的马氏体和新的内应力,新产生的内应力又阻止了残余奥氏体的继续转变,故在第一次回火后,仍有 10%左右的残余奥氏体未能转变而继续留存下来(2 分)。为了对新生马氏体回火,消除新生内应力,使残余奥氏体继续转变,进一步减少残余奥氏体,因此需要第二次回火(2 分)。这 10%的残余奥氏体在第二次回火后的冷却中又转变成新的马氏体和新的内应力,并仍有少量残余奥氏体未转变,因此还需第三次回火(2 分)。通过三次回火后,残余奥氏体才基本转变完全,达到提高硬度、强度、韧性,稳定组织、形状、尺寸的目的。对于大直径、等温淬火的工件,残余奥氏体量更多更稳定,一般还需进行四次回火(2 分)。

由于残余奥氏体只在每次回火的冷却过程中才能向马氏体转变。每次需冷到室温后才能进行下一次回火,否则将出现回火不足现象。长时间一次回火只有一次冷却过程,也只有一次机会使残余奥氏体向马氏体转变,这样稳定的残余奥氏体不可能转变充分,且新产生的大量马氏体和内应力也不可能进行分解和消除,故不能用一次长时间回火代替多次短时间回火(2 分)。

5. 答:滚珠轴承钢淬火后出现亮区与暗区,主要是钢的原始组织不均匀所致(2 分),由于碳化物颗粒大小不均匀,或大小虽均匀但分布不均匀,致使钢在淬火后,碳化物溶解程度不同,以致造成高温时,奥氏体合金化不均匀,淬火冷却时,这种不均匀的奥氏体在发生相变时的马氏体转变温度也不同(Ms),在低碳低合金区域 Ms 温度较高,该处在相变时先形成的马氏体,在继续冷却过程中被自回火(4 分)。而高碳高合金区域的奥氏体,Ms 温度稍低,这种后转变马氏体不易被回火(2 分)。在侵蚀时,经自回火的马氏体易受侵蚀呈暗色,而未经回火的区域,不易受侵蚀,呈亮色(2 分)。

6. 答:经 3%硝酸酒精侵蚀后的铸铁试样中出现呈网状或半网状分布的,外形凹凸、多角,轮廓线曲折的白色组织,如果在多角状组织的白色基体上无颗粒状组织(过冷奥氏体转变的产物)者为渗碳体(2 分)。若白色基体上出现颗粒状组织,将试样放在 5 克氢氧化钠+5 克高锰酸钾+100 毫升水的溶液中,加热至 40 ℃热浸 1～2 分钟可使磷共晶中的磷化三铁受腐蚀,呈棕褐色(3 分)。如果多角状组织仍保持白色基体者即为莱氏体型的渗碳体(2 分);若部分基体被染色,另一部分不染色者为磷共晶—碳化物复合物(1 分)。此外,也可将试样置入加热 100 ℃的苦味酸钠水溶液(75 毫升水+20 克氢氧化钠+2 克苦味酸)中热浸 10 分钟,若多角状组织的基体染成棕色者为渗碳体；不染色者为磷共晶(3 分)。

7. 答：热处理加热温度高了会出现过热和过烧。若试样基体内或晶粒中有球状共晶组织存在，即证明过热或轻微过烧(5 分)，若发现有明显的晶界，而且三晶粒交界处呈黑色三角形，即证明已经过烧(5 分)。

8. 答：(1)暗场照明时，从试样反射后进入物镜的入射光束倾斜角很大，这样就使物镜的有效数值孔径增加，故可以大大提高显微镜的分辨率(3 分)。(2)由于入射磨面的光线不先经过物镜，因而显著减少了因光线通过光学玻璃和界面而产生的反射及炫光现象，减少了像差，提高了像的衬度，改善了映像质量，使像的颜色自然而均匀(4 分)。(3)暗场照明主要用于非金属夹杂物及特殊相的定性鉴定。它可提供夹杂物的透明度和色彩(3 分)。

9. 答：(1)不允许用手触摸裸露的导体，绝缘损坏的导线及接线端(2.5 分)；(2)修理电气设备时，不应带电操作，如必须带电操作，则应采取安全措施，应站在橡胶板上，或穿绝缘鞋，戴绝缘手套等(2.5 分)；(3)手电钻、电风扇等电气设备金属外壳都必须有专用的接零导线(2.5 分)；(4)工作灯、机床照明灯，应使用 36 V 及以下的安全电压(2.5 分)。

10. 答：带状组织是热轧后钢中的珠光体及铁素体呈带状分布(2.5 分)。其形成原因是由于铸态组织中存在比较严重的偏析(2.5 分)，或热加工的终轧(或终锻)温度过低造成的(2.5 分)，其严重程度与热扎变形程度有关，变形量越大，带状组织越严重(2.5 分)。

11. 答：(1)不得任意摇动千分尺的微分筒，以防螺杆过快磨损和损伤(2 分)；(2)防止千分尺受到撞击或脏物浸入到测微螺杆内，若造成旋转不灵时，不可强行旋转，也不可自行拆卸(2 分)；(3)不准在千分尺的微分筒和固定套管之间加酒精、柴油及普通机油，也不准将千分尺浸在机油、柴油及切削液中(2 分)；(4)千分尺使用完毕擦拭干净，并让测量面互相离开些，然后放在盒内，保存在干燥地方(2 分)；(5)千分尺要定期检定，以保持千分尺的精度(2 分)。

12. 答：在高温或较高温度下，发生氧化较少，并对机械载荷作用具有较高抗力的钢叫耐热钢(2 分)。耐热钢主要要求具有高的高温抗氧化性能(即热稳定性)和高温强度(即热强性)性能(2 分)。加入钢中的主要合金元素有 Cr、Si、Al、及 W、Mo、V 等(2 分)。其中 Cr、Si、Al 等主要使钢的表面在高温下与介质中的氧结合成致密的高熔点的氧化膜，覆盖在金属表面，使钢免受继续氧化，从而提高钢的高温抗氧化性能(2 分)。Cr、Mo、W、V 等主要是通过提高钢的再结晶温度来提高钢的热强性能(2 分)。

13. 答：WC-Co 类合金的显微组织通常由两相组成：呈几何形状大小不一的 WC 相(2 分)和 WC 溶于 Co 内固溶体(简称 Co 相)(2 分)。另外随着 Co 量的增加，则 Co 相随之增多(2 分)。当合金中含碳量不足时，烧结后常出现贫碳相—η 相(2 分)。η 相的分子式为 W_3Co_3C 或 W_4Co_2C 具有多种形态(条块状、汉字状、聚集状、卷帕状、粒状)(2 分)。

14. 答：主要是奥氏体晶界上析出$(Cr、Fe)_{23}C_6$碳化物缘故(5 分)。$(Cr、Fe)_{23}C_6$碳化物在奥氏体基体中析出后，就会引起周围区域贫铬，而贫铬区在介质中没有抗腐蚀能力，因此，该区域首先产生腐蚀(5 分)。

15. 答：焊接时的熔池就象一个小钢锭(1 分)，但它与一般钢锭的结晶相比又有许多特殊之处：首先熔池的体积小，冷却速度大(3 分)；其次，熔池结晶是在很大的温度梯度下进行(3 分)；再者，熔池一般均随热源的移动而移动，是在运动状态下结晶的(3 分)。

16. 答：常见的铸铝合金的高倍缺陷有：(1)变质不足，其组织特征为共晶硅呈针片状(2 分)；(2)变质过度，组织特征为有过度变质带，其中的硅相较共晶团内部的粗，严重时可能出现三相共晶体(2分);(3)淬火温度偏低或保温时间不足,金相检验可以看到未溶的强化相(2分);(4)淬火操作太慢或冷却剂冷却速度不够,强化相沿晶界析出(2分);(5)过热、过烧,组织中出现共晶硅聚集、粗化,严重时出现复熔共晶球,晶界变粗及呈三角形晶界,晶界氧化,出现裂纹,孔洞等即表明为过烧组织(2分)。

17. 答:无缺口圆柱试样的拉伸断口其外观呈杯锥状(1分),由纤维区(2分)、放射区(2分)、剪切唇(2分)三个区域所组成。

带缺口的圆柱试样,由于缺口处应力集中,裂纹直接在缺口或缺口附近产生(1分)。此时,其纤维区不再在试样断口的中央,而沿圆周分布,裂纹将从该处向试样中心扩展(1分)。如果缺口较钝,裂纹也可能在试样的心部形成,但由于试样表面受缺口约束而大大抑制了剪切唇的形成,甚至不存在剪切唇(1分)。

18. 答:淬火裂纹是由许多方面的因素造成的,但最根本的原因有两个:一是淬火时产生的内应力超过材料的强度极限(5分);二是内应力虽不太高(未超过材料的强度极限),但是由于材料内部的缺陷引起强度降低(5分)。

19. 答:产生未焊透的主要原因是:(1)焊接速度过快(1分);(2)焊接规范选择不当(1分);(3)焊条偏向某一边太多,另一边未能焊透(2分);(4)坡口角和间隙太小(2分);(5)坡口准备不良(2分);(6)自动焊时,在坡口间隙内有残余熔剂,引起焊缝坡口顶端未焊透(2分)。

20. 答:回火转变的内因是钢淬火后的马氏体和残余奥氏体,是不稳定的组织,有转变成稳定的铁素体和渗碳体的趋势(5分)。回火转变的条件是加热,使原子的扩散能力增强(5分)。

21. 答:列表如下(形成温度每项1分,组织特征每项2分,全部答对满分):

组织 比较项目	回火马氏体	回火屈氏体	回火索氏体
形成温度	小于250 ℃	350 ℃～450 ℃	500 ℃～650 ℃
组织特征	在过饱和程度降低了的α固溶液上分布着弥散度高的ε-碳化物	仍保留马氏体外形是已经恢复了的铁素体和弥散分布细小颗粒状渗碳体	等轴晶粒的铁素体和细粒状的渗碳体

22. 答:内氧化是钢件在碳氮共渗时,钢种合金元素及铁原子被氧化的结果(3分)。经内氧化的钢件表层存在黑色点状、条状或网状的氧化物以及氧化物在抛光时脱落而形成的微孔(3分)。另外黑色网络及黑色组织是内氧化的试样经酸浸后,在孔洞周围形成的奥氏体分解产物屈氏体和索氏体(3分)。这些缺陷分布在表面深度不大的范围内(1分)。

23. 答:反常组织的特征是在网状渗碳体的周围包围着一层铁素体组织(2分),基体为片状珠光体(2分)。

普通低碳钢(尤其是沸腾钢)在渗碳缓冷条件下,在过共析层中常会出现反常组织,这是由于钢中含氧量较多之缘故(2分)。

出现反常组织的渗碳件,在正常的加热和保温条件下是难于将渗碳体网络溶解的,它在加热后往往被保留下来,从而造成奥氏体基体中含碳量不均匀,淬火后导致硬度不够高,且容易产生软点缺陷(2分)。因此对具有反常组织的渗碳件,淬火加热的保温时间要稍长一些,使网状渗碳体能充分溶入基体,从而在淬火后既消除了网状,又能提高硬度的均匀性(2分)。

24. 答:机械性能数据在很大程度上取决于采用的试验方法,其中包括试验的条件、设备

(2 分)、试样的形状(2 分)、尺寸和制备(2 分)、加载速度(或变形速度)(2 分)及温度(2 分)等,对试验的最终结果有着极其重要的甚至决定性的影响。

25. 答:由于在具有曲率半径小于 15 mm 的试样上,测得的硬度值都比平面上测得的要低(3 分),这现象从力学角度来分析,即压头压入具有曲率的试样时,被压处四周的抵抗力比平面试样要低得多,致使压痕深度增加,硬度值降低(4 分)。曲率半径愈小,硬度值降低愈明显(3 分)。因此对于曲率半径小于 15 mm 的试样,所测得的硬度值必须进行修正。

26. 答:金属工艺性能试验的特点:(1)试验过程与材料的使用条件相似(1 分)。(2)一般不考虑应力的大小,而是以受力后表面变形情况(如裂纹、裂缝、折断等)及变形后所规定的某些特征来考核材料的优劣。其试验结果能反映出材料的塑性、韧性及其部分质量问题(1 分)。(3)试样容易加工(1 分)。(4)试验方法简便,无需复杂的试验设备(1 分)。

其包括的内容有:杯突试验;金属冷、热弯曲试验;线材扭转试验;金属冷、热顶锻试验;金属反复弯曲试验;线材缠绕试验;金属管材工艺性能试验:扩口试验、缩口试验、弯曲试验、压扁试验、卷边试验等(每项 1 分,四种以上共计 6 分)。

27. 答:热变形过程中,使铸态金属中的夹杂物沿着变形方向被拉长,形成流线,这样的组织叫热加工纤维组织(3 分)。它使金属的机械性能出现方向性,在沿着纤维组织方向上(纵向),抗拉强度和韧性高,而在垂直于纤维方向上(横向),抗拉强度较低(4 分)。铸造工件一般不产生纤维组织(3 分)。

28. 答:钢淬火后的马氏体加残余奥氏体组织,是一种不稳定的组织,如果碰到适宜条件,会随时发生转变,引起零件形状和尺寸的变形,这对机械零件配合的要求来说是不允许的(3 分)。为了稳定组织,稳定尺寸,及时消除内应力,避免变形和裂纹产生;为了调整组织,使零件具有好的加工性能和使用性能,就必须将淬火后零件及时回火(4 分)。复杂零件淬火后不超过 2 小时回火,简单件不超过 4 小时回火(3 分)。

29. 答:在一定体积的晶体内晶粒数目越多,即晶粒越细,则晶界越多,塑性抗力越大,强度越高(5 分),同时晶粒越细,有利于滑移的晶粒也越多,故有较好的塑性和韧性(5 分)。

30. 答:金属的疲劳按照机件受力方式的不同,可分为弯曲疲劳、拉压疲劳、扭转疲劳和复合疲劳(3 分);按照试验温度、介质环境和受力的特殊性,可以分为室温空气中的疲劳、高温疲劳、低温疲劳、热疲劳、腐蚀疲劳、接触疲劳和微动磨损疲劳等(3 分);从载荷与时间的关系可以分为定常疲劳和随机疲劳(3 分)。除此之外,根据机件所受应力的大小,应力循环周次的高低,可分为高周疲劳和低周疲劳(1 分)。

31. 答:钢的脱碳是钢中的碳和介质中的氧、氢气作用而形成 CO、CH_4 被燃烧掉或生成非金属碳化物(5 分)。钢的氧化是指钢中铁与介质中的氧化合形成氧化铁皮(5 分)。

32. 答:硫在铁中溶解度极小,而与铁形成化合物 FeS(熔点 1 190 ℃)。FeS 与 Fe 形成低熔点(985 ℃)的共晶体分布于晶界上(2.5 分)。当钢材在 1 000 ℃~1 200 ℃进行热压力加工时,由于 FeS-Fe 共晶体已熔化,从而导致加工时开裂,这种开裂称为"热脆"即晶界处存在低熔点组成相,在热加工过程中表现为脆裂(2.5 分)。硫对钢的焊接性能也有不良影响。容易导致焊缝开裂(2.5 分)。在焊接过程中,硫还易氧化生成 SO_2,以至造成焊缝中产生气孔和疏松(2.5 分)。

33. 答:$S_0=\pi d_0^2/4=\pi\times13.04^2/4=134(\text{mm}^2)$ (2 分)

$L_0=4.52\sqrt{S_0}=52.3(\text{mm})$ (1 分)

$A=(L_u-L_0)/L_0\times100=(62.3-50)/50\times100=24.6\%$(2 分)

修约后:$A=24.5\%$(1 分)

$S_u=\pi d_u^2/4=\pi\times8.7^2/4=59.4\%$(1 分)

$Z=(S_0-S_u)/S_0\times100=(134-59.4)/134\times100=55.7\%$(2 分)

修约后:$Z=56\%$(1 分)

34. 答:$S_0=m/\rho\times L=1750/7.85\times450\times10^{-3}=495(mm^2)$ (2 分)

$R_m=F/S_0=313\ 000/495=632.3(N/mm^2)$ (2 分)

修约后:$R_m=630(N/mm^2)$ (1 分)

$L_0=5.65\sqrt{S_0}=125.7(mm)$ (1 分)

则取 $L_0=125$ mm(1 分)

$A=(L_u-L_0)/L_0\times100=(158.2-125)/125\times100=26.6\%$(2 分)

修约后:$A=26.5\%$(1 分)

35. 答:$HV=0.189\ 1F/d^2=0.189\ 1\times49.03/0.976^2=9.73$(5 分)

则该金属材料的维氏硬度值为 9.73 HV(5 分)。

材料物理性能检验工(高级工)习题

一、填 空 题

1. 冲击试验标准规定了冲击机使用能量的下限为最大打击能量的(　　)。

2. 剪切试验中,其载荷作用在试件侧面上,它们的合力为大小相等,(　　)相反,作用线相隔很近。

3. 布氏硬度试验力的保持时间,对于黑色金属为(　　)s,对于硬度低于35HB的材料为(60±2)s。

4. 布氏硬度试验要求试样的最小厚度应不小于压痕深度的(　　)倍。

5. 硬度是材料表面抵抗局部变形,特别是塑性变形、压痕或划痕的能力,是衡量金属(　　)程度的一种性能指标。

6. 90HRB表示的意思是用B标尺测得和洛氏硬度值为(　　)。

7. 洛氏硬度试验是通过测量压痕(　　)的方法来表示材料的硬度值。

8. 维氏硬度试验的压头是两相对面夹角均为136°的金钢石正四棱锥体,计算公式为HV=(　　)(力F的单位为kgf)。

9. 冲击试验要求试样数量,一般对每一种材料试验的试样不少于(　　)个。

10. 一合金钢的标准冲击试样的冲击吸收功Aku=80 J,则其冲击值aku=100 J/cm^2,若一标准冲击试样的冲击值aku=60 J/cm^2,则其冲击吸收功Aku=(　　)J。

11. 金属的冲击韧性对于评定材料动负荷的性能,鉴定(　　)及加工工艺质量或构件设计中的选材等有很大作用。

12. Fe-Fe_3C相图中的共析点相对应的温度是(　　)。

13. 45#钢的平均含碳量为(　　)。

14. 布氏硬度试验力的保持时间对于有色金属为(　　)s。

15. 过共析钢加热时,渗碳体全部溶解后,仍然存在(　　)不均匀。

16. 裂纹的扩展总是沿着能量消耗(　　)的方向,阻力最小的途径进行。

17. 一般冲击值降到某一特定数值的温度称(　　)温度。

18. 韧性断裂有两种形式,一种是纯剪断型断裂,另一种是(　　)。

19. 设备检查按照时间间隔可以分为(　　)和定期检查。

20. 劳动法规定:用人单位必需为劳动者提供符合国家规定的(　　)和必要的劳动防护用品,对从事有职业危害作业的劳动者应当定期进行健康检查。

21. Fe-Fe_3C相图中的共析点的含碳量为(　　)。

22. S在钢中的作用是使钢产生(　　)。

23. 45#钢的平均含碳量为(　　)。

24. 受力物体去除外力后,其变形以声速恢复的现象称为(　　)。

25. 最新的《金属拉伸试验方法》的标准是(　　)。

26. 从力学状态分析可知,同一种材料在“硬”应力状态下的表现和在较“软”的应力状态下的表现分别为(　　)。

27. 金属材料所表现的力学性能由(　　)所决定。

28. 区分晶体还是非晶体,不是根据它们的外观,而应从其内部的(　　)来确定。

29. 金属在拉伸中 $S_{真}=k\varepsilon^{n}K$ 为材料的强化系数,n 为(　　)。

30. 正态分布的最重要特点是(　　),标准正态分布的平均值 $\mu=0$,标准差 $\sigma=1$。

31. 在大批试样进行硬度试验前,或更换压头、试面或支座后,应确认(　　)才能开始试验。

32. GB 228—87 新增加的塑性指标为 δ_{s},δ_{gt},δ_{g},其中(　　)可以用来估计材料的硬化指数 n 值。

33. 应力循环当 $\sigma_{min}=-\sigma_{max}$时应力比(　　)。

34. 一般的磨损试验中应用最多的是用(　　)来反映磨损试验结果,并可用磨损率和相对磨损率来评定试件的磨损性能。

35. 电测实验应力分析的目的主要是为了解决受力构件的强度问题,因此需要测量的是(　　)。

36. 室温下的冲击试验一定要确保试验温度在 10 ℃～35 ℃范围内,试验温度要求严格时应控制在(　　)范围内。

37. GB 228—87 中规定的微量塑性伸长应力即 GB 228—76 的规定比例极限,规定残余伸长应力 $\sigma_{0.01}$和(　　)的统称。

38. 应用小子样升降法测疲劳极限的关键,在于应力增量的选择,一般来说,应力增量最好选择使试验在(　　)级应力水平下进行。

39. 在拉伸载荷下,材料的缺口敏感性通常用材料光滑试样(　　)与缺口试样所测得抗拉强度 σ_{bh}的之比值来衡量。

40. 常用的疲劳抗力指标有疲劳极限,过负荷持久值,过负荷损害界和(　　)等。

41. 疲劳断口的瞬时断裂区面积愈大,愈靠近中心,则表示构件的过载程度(　　)。

42. 数据分度的方法有代入公式法,图解法和(　　)。

43. 将切削切下所必须的基本运动称为(　　),使被切削的金属继续不断地被投入切削的运动称为进给运动。

44. 甲类钢是按(　　)方式供应,乙类钢是按化学成分方式供应。

45. GCr15 为(　　)钢种。

46. 下标列标准代号分别代表哪个国家的标准:ASTM(　　)BS 英国。

47. 压力加工对金属组织与性能的影响有:改善金属的(　　)和使金属机械性能具有方向性等。

48. 焊接方法分为电弧焊,埋弧焊,电渣焊,接触焊,气体保护焊,气焊和(　　)。

49. 切削的形成过程分(　　),滑移,挤裂,切离。

50. 随着金属材料的化学成分与(　　)的不同其拉伸曲线的形状也不同。

51. 拉伸圆截面试样横截面直径的测量规定在标距的两端及中间处两个相互垂直的方向上各测一次,取其(　　)并选用三处测得的直径最小值计算横截面积。

52. GB/T 228 标准中规定截面积为 S_0 的矩形试样，它的计算标距 L_0 应为：对于短试样 L_0＝(　　)$\sqrt{S_0}$；对于长试样 $L_0=11.3\sqrt{S_0}$。

53. 金属材料的拉伸试验，表征其塑性的性能指标为断后伸长率和(　　)。

54. 试样断裂的塑性伸长 ΔL 由均匀变形阶段的伸长 ΔL_1 与(　　)两部分组成。

55. 有明显屈服现象的金属材料，若无明确要求测 σ_S，σ_{SU}，σ_{sL} 时，一般当材料有 σ_S 量测 σ_S，当有 σ_{SU}，σ_{sL} 时，只测(　　)，并且都用符号 σ_S 表明。

56. 测屈服点的的常用方法有(　　)和指针法两种。

57. 当拉伸试样断裂在与标距端点距离小于或等于 $L_0/3$ 时应用(　　)来测延伸率。

58. 压缩试验按力学观点叙述是指一等截面直杆的两端作用(　　)相等、方向相反的两个力 F，力过截面中心，并与轴线重合，可将其理解为反向拉伸。

59. 压缩试样有圆柱体、(　　)、矩形板和带凸板状试样。

60. 做压缩试验有两点非常重要，一是试样和试验机压板的(　　)要好，二是施力要垂直。

61. 过共析钢加热时，渗碳体全部溶解后，仍然存在(　　)不均匀。

62. 锻造结构钢不能由于发纹、皮下气孔、(　　)等三种原材料表面缺陷而造成废品。

63. 锻造结构钢可能由于中心疏松、(　　)、方框偏析等三种原材料内部缺陷而造成废品。

64. 热变形模具钢是要求在高温下保持(　　)及足够的耐磨性，良好的导热性及耐热疲劳性。

65. 特殊用途钢是指具有特殊(　　)性能的钢。

66. 钢件进行等温退火时，等温温度和等温时间选择的主要依据由(　　)决定。

67. 影响钢淬透性的主要工艺因素是淬火加热温度和(　　)。

68. 奥氏体转变马氏体，其冷却速度必须大于(　　)，而且必须冷到 Ms 温度以下。

69. 碳在白口铁中呈化合态形成(　　)。

70. 碳在灰口铸铁中呈游离态形成(　　)。

71. 碳在可锻铸铁中呈游离态形成(　　)。

72. 碳在球墨铸铁中呈游离态形成(　　)。

73. 钢材淬透性值 J42/5 即表示距淬火末端 5 mm 处试样具有 HRC(　　)的数值。

74. 钢的低倍组织及缺陷的酸蚀试验主要有热酸浸蚀法、冷酸浸蚀法、(　　)三种。

75. 黑白相片的相纸按反差分为 0～5 六级，常用 1、2、3 号三种，其中 0 号反差(　　)，称最软。

76. 胶片和相纸感光程度不一样，因此暗室中冲洗黑白胶卷必须用(　　)安全灯照明，印放相片时用红灯照明。

77. 镍是最有效的韧化元素，它可以(　　)钢的断裂韧性，还能有效地降低冷脆转变温度。

78. 细化晶粒是使(　　)和韧度同时提高的有效手段。

79. 除钴外的合金元素都增加(　　)的稳定性，使合金钢的等温转变曲线右移。

80. 合金钢的临界冷却速度比碳素钢(　　)。

81. 除少数合金元素如锰、硼外，其余合金元素都阻碍奥氏体晶粒长大，特别是(　　)的影响更为明显。

82. 置换式和间隙式溶质原子阻碍位错运动,可以( )金属间的强度和硬度。

83. 锰镍等合金元素能( )铁碳合金的奥氏体相区。

84. 单奥氏体相是铁碳合金中抗( )性能最好的一种组织。

85. 建立相图时,测定理论相变温度最常用的方法是( )。

86. 除钴和铝外,其他的合金元素都使钢的马氏体转变开始温度( )。

87. 钢的等温转变温度越低其硬度和强度越高,塑性和韧性越( )。

88. 液态相变是通过原子的( )运动实现的。

89. 非共析成分的过冷奥氏体直接转变得到的共析组织称为( )。

90. Al、Cu 及其合金在制样时适合使用( )进行抛光。

91. 铝、钛、钒、铌属于( )阻碍奥氏体晶粒长大的元素。

92. 钨、钼、铬属于( )阻止奥氏体晶粒长大的元素。

93. 硅、镍、钴、铜属于( )阻止奥氏体晶粒长大的元素。

94. 合金元素中,锰、磷、碳属于( )的元素。

95. 碳素弹簧钢含碳一般在( )。

96. 合金弹簧钢含碳一般在( )。

97. 断裂按形态分为( )。

98. 断裂按取向分为( )。

99. 在三点弯曲情况下灰铸铁的抗弯强度计算公式为 $\sigma_{BB}=\dfrac{8FL}{\pi d^3}$,硬质合金抗弯强度计算公式( )。

100. 钢制零件渗碳后热处理的目的是为了改变( ),提高表面的硬度和耐磨性,增加其抗疲劳性能。

101. 冷变形模具钢应具有高的( )以及足够的韧性及小的热处理变形。

102. 1Cr13、2Cr13 等不锈钢材具有抗( )腐蚀的性能。

103. 珠光体耐热钢如 15CrMo、12CrMoV 等,使用温度可达( )℃。

104. ZGMn13 耐磨钢经固溶和( )处理后,可获得奥氏体组织。

105. 高速钢及高合金钢在淬火加热前通常需要预热,这是因为它们的导热系数小,当温差大时( )也随之增大,容易引起裂纹。

106. 偏振光在金相研究中主要用于金属内( )的鉴定。

107. 相衬显微镜是靠着特殊相板的作用,使不同的反射光线发生( )以鉴定金属组织中的细微部分。

108. 电子显微镜是以( )作为照明源。

109. 电子显微镜是以( )作为聚光镜。

110. 光学显微镜是以玻璃或( )作为聚焦透镜。

111. 扫描电镜分辨率比透射电镜( )。

112. 补偿目镜是为了与复消色差物镜配合使用,可以进一步消除它的( )。

113. 显示马氏体不锈钢组织的浸蚀剂通常用( )。

114. 油浸物镜用完后,立即用干净和软的织物或用镜头纸轻轻将松柏油擦净,必要时用

(   )擦拭，切不可用酒精擦拭。

115. 断裂力学是以机件或金属材料中存在(   )为讨论问题的出发点。

116. 评定交变载荷下，材料对缺口敏感程度的标准是(   )。

117. 金属断裂方式，根据断裂面的取向分为(   )。

118. 金属应力—应变曲线的形状取决于它的成分、热处理、前期塑性变形史以及应变率、温度和试验时(   )。

119. 塑性指标是(   )和断面收缩率。

120. 弹性模量是材料刚性的度量，模量(   )，应变小。

121. 材料的韧性是指在塑性阶段吸收(   )的能力。

122. 弹性比功是金属材料吸收变形功而(   )发生塑变形的能力。

123. 滑移是金属(   )的主要方式。

124. 金属有一种阻止续续变形的抗力，这种现象称为(   )，它是金属极为可贵的性质之一。

125. 脆性断口平齐而光泽，且与正应力(   )。

126. 脆性断口常呈(   )或放射花样。

127. 金属的理论强度是指金属材料原子间(   )的大小。

128. 脆性断裂是一种危险断裂，在断裂前，(   )明显的塑性变形。

129. 对塑性材料，应力超过屈服强度时发生塑性变形，零件便(   )。

130. 强度高的钢比强度低的钢的疲劳极限(   )的更快。

131. 金属在交变载荷作用下，由于塑性应变的循环作用所引起的疲劳破坏称(   )。

132. 在机件承受外加载荷时，裂纹(   )附近产生应力集中。

133. 冲击试验和其他一些静力试验的区别在于(   )。

134. 冲击韧性值 ak 没有明确的物理意义，冲击吸收功 Ak 为冲击试样消耗的(   )。

135. 黏着磨损的发生与材料的(   )有关。

136. 凡是有振动源设备的任何部件都有可能发生(   )磨损。

137. 在室温下，材料强度与载荷作用的时间(   )关系。

138. 低周疲劳寿命对试验温度(   )敏感。

139. 在高温疲劳条件下，带裂纹的构件往往会在(   )疲劳极限载荷下断裂。

140. 机件失去原先规定的(   )，称做失效。

141. 失效包括的内容比较广泛，断裂只是失效的内容(   )。

142. 机件的失效是外界的(   )作用超过了材料抵抗这种损害能力的结果。

143. 不管造成损害的外界因素多么复杂，机件的失效总可以找出(   )主导因素。

144. 裂纹的扩展总是沿着能量消耗(   )的方向，阻力最小的途径进行。

145. 绝缘材料耐受长期暴露于高温和基本上(   )中的能力叫热稳定性。

146. 物镜可以实现明场、暗场、偏光和(   )四种观察方法。

147. 金相摄影时，偏振光、暗场或 DIC 条件下作彩色摄影时，(   )不能满足要求。

148. 采用微差干涉可以提高金相显微镜的(   )。

149. 金相显微镜使用莱塞光作光源，可大大提高(   )、放大倍数和衬度。

150. 相衬只能用来鉴别高低差约为(   )的物相。

151. 微差干涉衬度(DIC)可以鉴别高度差只有(　　)的物相。

152. 微差干涉衬度(DIC)用白光作光源可以显示不同(　　)的图象。

153. 微差干涉衬度(DIC)图象是由两束(　　)光形成的。

154. 无论是正交偏振光或是平行偏振光条件下,当用白光代替单色光作光源时,往往因干涉而出现颜色,称为(　　)。

155. (　　)即波片具有的厚度使透出的o光和e光间的光程差,正好等于入射光的波长或波长的整数倍。

156. 使样品表面不受侵蚀或只受轻微侵蚀,利用合金相固有的物理性能,通过薄膜干涉清楚地显示组织的方法即(　　)。

157. 薄膜层上反射光的干涉图象的色调、饱和度和亮度与该薄膜下对应的组织的(　　)特性有关。

158. 提高颜色(　　)可使各组织颜色鲜艳,利于鉴别。

159. 常用的热染法是金属试样在空气介质中的(　　)。

160. 热染法主要由热染温度和(　　)确定。

161. 热染法(　　)用于金、银、铂等金属。

162. 化学着色法实质上是一种(　　)。

163. 化学着色法按产生膜的情况分阳极沉积、阴极沉积和(　　)。

164. 真空镀膜、离子溅射成膜都是通过物理形成厚度的均匀的(　　)的方法。

165. 干涉层金相技术能以鲜明的彩色衬度或明、暗衬度来区分合金中的各种(　　)。

166. 光学金相显微镜只能鉴别出(　　)的表面形貌细节。

167. 电子显微镜分析使形貌显示、微区成分分析和(　　)三者有机结合起来。

168. 透射电镜的分辨率的高低主要取决于(　　)的质量。

169. 电子显微镜的总放大倍数是各级透镜放大倍数的(　　)。

170. 透射电镜的照明、成像和观察记录系统都处于(　　)状态下。

171. 电子束和固体样品作用时产生的主要信号有(　　)种。

172. 背散射电子可以作表面形貌分析和(　　)。

173. 二次电子最适宜作表面的形貌分析,不能作(　　)。

174. 特征X射线主要用于(　　)分析。

175. 扫描电子显微镜由:(　　)、电子光学系统、信号收集三部分组成。

176. 扫描电子显微镜中电磁透镜不是(　　)透镜。

177. 扫描电镜电子束束径通常可达到(　　)左右。

178. 电镜中的(　　)是电镜光学系统正常工作的保证。

179. 二次电子成像分辨率可达(　　)。

180. 背散射电子的分辨率可达到(　　)。

181. 特征X射线的分辨率可达到(　　)。

182. 透射电子显微技术的一个重要组成部分是(　　)。

183. 电子衍射的基础知识是(　　)和倒易点阵。

184. 布拉格条件只是产生衍射的(　　)条件。

185. 衍衬成像时用(　　)成像,形成明场像。

186. 衍衬成像时用(　　)成像,形成暗场像。

187. 复型法是一种间接的分析方法,通过复型制备出的样品是真实样品(　　)细节的薄膜复制品。

188. 复型金相组织和光学金相组织很(　　)。

189. 碳一级复型分辨率可高达(　　)。

190. 萃取复型的分辨率为(　　)。

191. 萃取复型可以分析第二相颗粒的形貌和分布,配合电子衍射可对颗粒进行(　　)。

192. 图像分析时一般都采用二次电子信号,因为(　　)最高。

193. 扫描电镜采用(　　)显示原子序数衬度。

194. 一般冲击值降到某一特定数值的温度称(　　)温度。

195. 将(　　)和热处理有机结合,以提高材料力学性能的复合工艺称形变热处理。

196. 材料的疲劳抗力指标有疲劳极限、过负荷持久值、过负荷损害界和(　　)。

197. 冲击吸收功由三部分组成:消耗于试样弹性变形的弹性功、裂纹形成前消耗于试样变形的塑性功和裂纹产生后直到试样完全断裂消耗的(　　)。

198. 复型法可用于金相组织的分析和断口形貌的观察,其优点是(　　)试样,缺点是试样制备较麻烦。

199. X 射线衍射理论的主要内容包括两个方面:衍射方向和(　　)的大小及其分布。

200. X 射线产生衍射的几何条件可分别用劳厄方程、(　　)或埃瓦尔德图来描述。

二、单项选择题

1. 在 930 ℃±10 ℃保温 3～8 小时下测出的奥氏体晶粒度大小称为(　　)。

(A)起始晶粒度　(B)本质晶粒度　(C)实际晶粒度　(D)以上都不对

2. 共析钢的含碳量是(　　)。

(A)0.8%　(B)4.3%　(C)0.8%～2.06%　(D)2.11%

3. 扩散退火的主要目的是(　　)。

(A)消除枝晶偏析　(B)细化晶粒

(C)使钢中碳化物为球状　(D)消除残余奥氏体

4. 由构成合金和各组元的原子溶合而成的单一均匀的金属晶体为(　　)。

(A)固溶体　(B)金属化合物　(C)机械混合物　(D)金属混合物

5. 中温回火转变的产物为(　　)。

(A)回火马氏体　(B)珠光体　(C)回火屈氏体　(D)残余奥氏体

6. 在一定条件下,由均匀液体相中同时结晶出两种不同相的转变称为(　　)。

(A)共晶反应　(B)包晶反应　(C)共析反应　(D)伪共析反应

7. 珠光体是一种(　　)。

(A)固溶体　(B)化合物　(C)机械混合物　(D)单晶体

8. 将钢加热到临界点以上，保温一定时间后使其缓慢冷却以获得接近平衡状态的组织，这种工艺称为(　　)。

(A)正火　(B)回火　(C)退火　(D)淬火

9. 泊松比 μ 是在弹性范围内,其纵横向的应变关系是(　　)。

(A)$\mu=\varepsilon_{横}/\varepsilon_{纵}$ (B)$\mu=\varepsilon_{纵}/\varepsilon_{横}$ (C)$\mu=|\varepsilon_{横}/\varepsilon_{纵}|$ (D)$\mu=|\varepsilon_{纵}/\varepsilon_{横}|$

10. 应变接触应力周期性地作用的结果,使摩擦表面产生疲劳现象而引起材料微粒脱落的磨损,称为(　　)。

(A)磨粒磨损 (B)粘着磨损 (C)疲劳磨损 (D)化学磨损

11. 电阻应变片的功能是将应变 ε 转变成电阻的变化 ΔR,它们之间的关系是(　　)。

(A)$\Delta R/R=k\varepsilon$ (B)$\Delta R/R=1/k\varepsilon$ (C)$\Delta R/R=\varepsilon$ (D)以上都不对

12. 铸铁件适宜的硬度测试方法是(　　)。

(A)HRC (B)HB (C)HV (D)HRb

13. 淬火钢适宜的硬度测试方法是(　　)。

(A)HRC (B)HB (C)HV (D)HS

14. 冲击载荷下的 σ_s 比静载拉伸下的(　　)。

(A)高 (B)低 (C)相等 (D)无必然联系

15. 疲劳断口放射区表示了疲劳裂纹的(　　)。

(A)源区 (B)扩展区 (C)最后断裂区 (D)无意义

16. 拉伸断口的剪切层表征材料最后断裂前发生了(　　)。

(A)塑性变形 (B)弹性变形 (C)无变形 (D)疲劳失效

17. 大截面铸件表层和心部的性能指标的差异主要原因是(　　)。

(A)成分的杂质偏析 (B)气孔 (C)晶粒尺寸 (D)夹杂物

18. 均匀塑性变形阶段 δ 与 ψ 的大小应为(　　)。

(A)$\delta>\psi$ (B)$\delta<\psi$ (C)$\delta=\psi$ (D)无关联

19. 检验材料缺陷对力学性能影响的测试方法一般采用(　　)。

(A)硬度 (B)拉伸 (C)一次冲击 (D)压缩

20. 衡量裂纹扩展功(撕裂功)的是(　　)。

(A)冲击总功 (B)撕裂功

(C)塑性功+撕裂功 (D)冲击总功+撕裂功

21. 40Cr 钢是合金结构钢中的(　　)。

(A)普通低合金钢 (B)合金渗碳钢 (C)合金调质钢 (D)合金工具钢

22. 优质碳素钢中的硫含量和磷含量分别为(　　)。

(A)P≤0.045%,S≤0.055% (B)P≤0.040%,S≤0.040%

(C)P≤0.035%,S≤0.030% (D)P≤0.055%,S≤0.055%

23. 下列钢种中,(　　)是弹簧钢。

(A)15MnVTi (B)60Si2Mn (C)W18Cr4V (D)GCr15

24. 在钢的表面渗碳主要是为提高钢的(　　)。

(A)强度 (B)塑性 (C)表面硬度 (D)心部硬度

25. 低碳钢的含碳量范围是(　　)。

(A)≤0.04% (B)0.04%~0.25% (C)0.25%~0.60% (D)>0.60%

26. 用冷剪方法制取样坯时,若在一块 25 mm 厚的板材上取样,应对样品留有的加工余量是(　　)。

(A)4.5 mm (B)10 mm (C)15 mm (D)1.5 mm

27. ZG230-450 代表(　　)。

(A)铸铁　(B)铸钢　(C)结构钢　(D)轴承钢

28. 球墨铸铁的代号是(　　)。

(A)KT　(B)HT　(C)QT　(D)ZG

29. 低合金钢的合金元素总含量为(　　)。

(A)5%～10%　(B)10%～15%　(C)≤5%　(D)>15%

30. 表面粗糙度 Ra=0.8 mm,它相当于原来的表面光洁度的(　　)。

(A)▽8 级　(B)▽7 级　(C)▽6 级　(D)▽5 级

31. 棒材取样时,对截面尺寸大于 60 mm 圆钢、方钢和六角钢,应在直径或对角线外端(　　)切取拉力及冲击样坯。

(A)中心　(B)1/3　(C)1/4　(D)1/5

32. 型材取样对工字钢和槽钢是在腰高(　　)处沿轧制方向切取拉力、弯曲、冲击样坯。

(A)1/4　(B)1/3　(C)1/2　(D)1/5

33. 在计算断面收缩率时,矩形截面试样缩颈处最小横截面积 S_1 的测量方法为:缩颈处的最大宽度 b_1 乘以(　　)。

(A)最大厚度　(B)平均厚度　(C)最小厚度　(D)标距

34. 测定公称尺寸 2～10 mm 的试样,选用量具精度为(　　)。

(A)0.05 mm　(B)0.01 mm　(C)0.1 mm　(D)0.5 mm

35. 符号 σ_{su} 表示拉伸试验中的(　　)性能指标。

(A)屈服点　(B)上屈服点　(C)下屈服点　(D)非比例屈服点

36. 钢在拉伸试验屈服前,试验速度应控制其应力速率在(　　)范围内。

(A)1～10 N/mm^2s^{-1}　(B)3～30 N/mm^2s^{-1}

(C)30～50 N/mm^2s^{-1}　(D)50～100 N/mm^2s^{-1}

37. 压缩试验方法规定对仅测破坏强度的试样,要求长度 L 为(　　)。

(A)(1～2)d_0　(B)(5～8)d_0　(C)(2.5～3.5)d_0　(D)(3.5～4.5)d_0

38. 测定材料的规定非比例压缩应力和弹性模量时,其试样的长度 L_0,直径 d_0 应满足(　　)。

(A)$L_0=(2.5\sim3.5)d_0$　(B)$L_0=(1\sim2)d_0$

(C)$L_0=(5\sim8)d_0$　(D)$L_0=(6\sim8)d_0$

39. 三点加载弯曲试验中,对圆截面试样的正应力计算公式为(　　)。

(A)$\sigma_{bb}=\dfrac{8FL}{\pi d^3}$　(B)$\sigma_{bb}=\dfrac{32FL}{\pi d^3}$　(C)$\sigma_{bb}=\dfrac{16FL}{\pi d^3}$　(D)以上均不对

40. 弯曲试样的直径要求是试样同一横截面上最大直径与最小直径之差不大于最小直径的(　　)。

(A)3%　(B)5%　(C)10%　(D)12%

41. 单剪试验抗剪强度公式为(　　)。

(A)$t=F/S_0$　(B)$t=F/2S_0$　(C)$t=F/(tpd_0)$　(D)以上均不对

42. 布氏硬度试验在选定钢球直径 D 的条件下,要使试验结果有效,压痕直径必须满足

(　　)。

(A)(0.25～0.70)D　　(B)(0.3～0.8)D

(C)(0.24～0.6)D　　(D)(0.4～0.8)D

43. 布氏硬度试样的厚度应不小于压痕深度的(　　)倍。

(A)10　　(B)8　　(C)15　　(D)20

44. 用洛氏硬度计测定铸铁材料硬度时,选用的硬度标尺应为(　　)。

(A)HRA　　(B)HRB　　(C)HRC　　(D)HRD

45. 洛氏硬度试验的优点是(　　)。

(A)能测粗大且不均匀的材料硬度　　(B)作简便,压痕小,适宜半成品

(C)测不同厚薄的试样硬度,测试精度高　　(D)结果精确

46. 夏比冲击 V 形试样缺口底部的半径为(　　)。

(A)$R1\pm0.07$　　(B)$R0.25\pm0.025$　　(C)$R2$　　(D)$R0.5\pm0.5$

47. 金属夏比(V 形缺口)冲击试验要求冲击试验机的正常使用范围为每套摆锤最大打击能量的(　　)。

(A)5%～80%　　(B)10%～90%　　(C)10%～80%　　(D)5%～8%

48. 在 0 ℃～−60 ℃低温冲击试验时的过冷温度应是(　　)。

(A)0 ℃　　(B)2 ℃　　(C)1 ℃～2 ℃　　(D)1 ℃

49. 过冷奥氏体转变为马氏体是(　　)型转变。

(A)依靠原子扩散完成的晶格改组　　(B)通过切变完成晶格重构的无扩散

(C)具有铁原子扩散而无碳原子扩散　　(D)具有碳原子扩散而无铁原子扩散

50. 确定碳钢淬火加热温度的基本依据是(　　)。

(A)Fe-Fe_3C 状态图　(B)临界点　　(C)S 曲线　　(D)淬透性曲线

51. 为使钢淬火时尽可能多的得到马氏体,则需要(　　)。

(A)提高淬火温度　　(B)延长保温时间

(C)加快冷却速度　　(D)冷却到 Mf 点以下

52. 拉伸性能数据中 A 为 $L_0=5d$,A11.3 为 $L_0=10d$,对于同一金属材料,相同组织状态试样伸长率的数值 A(　　)A11.3。

(A)$<$　　(B)$=$　　(C)$>$　　(C)$\leqslant$

53. 淬火钢马氏体的硬度主要取决于其中的(　　)。

(A)合金元素　　(B)含碳量　　(C)冷却速度　　(D)加热

54. 加工硬化的金属由于晶格歪扭,晶粒破碎,其结构处于不稳定状态。当加热达到某一数值时,由于原子活动能力加强,在金属破碎晶粒的碎块中,产生形状完好的,即新的无变形小晶体,这一过程称为金属的(　　)。

(A)相变　　(B)再结晶　　(C)蠕变　　(D)重结晶

55. 金属材料进行低温冲击试验时,为达到−196 ℃则应用(　　)为冷却剂。

(A)水　　(B)液态空气　　(C)干冰　　(D)液态氮

56. 金属低温冲击试验时,当冷却箱中冷却液达到规定温度后,保持时间应不小于(　　)。

(A)5 min　　(B)10 min　　(C)15 min　　(D)20 min

57. 对于高周疲劳，只要提高(　　)就可提高疲劳寿命。

(A)弹性　(B)塑性　(C)强度　(D)韧性

58. 对于低周疲劳，则在保持一定强度的基础上，应尽量提高材料的(　　)和韧性，才能提高疲劳寿命。

(A)弹性　(B)塑性　(C)强度　(D)韧性

59. 缺口试样弯曲断裂后，根据断口的形状评定材料的缺口敏感性，纤维状的韧性断口表明材料对缺口(　　)。

(A)不敏感　(B)敏感　(C)无影响　(D)强度变差

60. 金属材料单向静拉伸时，断口呈齐平的是(　　)断裂，塑性较差。

(A)切应力　(B)正应力　(C)剪应力　(D)疲劳

61. 对于同一种金属材料，其弯曲疲劳极限σ_{-1}，抗压疲劳极限σ_{-1p}和扭转疲劳极限τ_{-1}，它们有(　　)关系。

(A)$\sigma_{-1}>\sigma_{-1p}>\tau_{-1}$　(B)$\sigma_{-1p}>\sigma_{-1}>\tau_{-1}$

(C)$\tau_{-1}>\sigma_{-1p}>\sigma_{-1}$　(D)$\tau_{-1}>\sigma_{-1}>\sigma_{-1p}$

62. 伸长率和试样工作长度的直径波动(　　)。

(A)有很大关系　(B)关系不大　(C)没有关系　(D)成正比关系

63. 试验的拉伸速度直接影响着金属的机械性能指标，特别对(　　)。

(A)抗拉强度　(B)屈服点　(C)断面收缩率　(D)伸长率

64. 弯曲试验时，试样断面上的应力分布是不均匀的，表面(　　)。

(A)应力等于零　(B)应力不大　(C)应力最大　(D)应力最小

65. 只要所试材料有一定塑性，缺口试样的拉伸强度(　　)无缺口试样拉伸强度。

(A)小于　(B)等于　(C)大于　(D)大于等于

66. 加载速度对弹性模量(　　)。

(A)影响很大　(B)影响较小　(C)没有影响　(D)影响一般

67. 弹性模量随温度升高而(　　)。

(A)下降　(B)升高　(C)迅速升高　(D)保持不变

68. 少量合金的加入和热处理对弹性模量影响(　　)。

(A)轻微　(B)不大　(C)很大　(D)无影响

69. 多向压缩试验能使脆性材料显示(　　)塑性。

(A)明显　(B)较大　(C)更大　(D)更小

70. 韧性断裂特征是，断裂前(　　)的宏观塑性变形。

(A)有明显　(B)无明显　(C)有很大　(D)有很小

71. 一般规定光滑拉伸的断面收缩率(　　)5%则为脆性断裂。

(A)小于　(B)等于　(C)大于　(D)大于等于

72. 随着外加载荷的增大，在试样颈缩处最小截面(　　)首先出现裂纹。

(A)中心　(B)1/2 半径处　(C)1/4 半径处　(D)外表面

73. 在剪切唇区域内，塑性变形量(　　)。

(A)不大　(B)较大　(C)很大　(D)为 0

74. 疲劳极限对试样的表面质量、内部缺陷(　　)。

(A)不敏感　(B)较敏感　(C)很敏感　(D)无影响

75. 断裂韧性的测试和试样的取向(　　)。

(A)有关　(B)关系不大　(C)无关　(D)关系很大

76. 钢中碳含量对断裂韧性影响(　　)。

(A)很小　(B)较明显　(C)很大　(D)为0

77. 片状马氏体的断裂韧性较板条马氏体的断裂韧性(　　)。

(A)低　(B)略高　(C)高　(D)很高

78. 断裂韧性随板厚的增加(　　)。

(A)而降低　(B)略有增加　(C)而增加　(D)大幅增加

79. 拉伸一根标距为50 mm长试样,从试验开始到拉断用4 min,伸长率20%,那么它的相对变形速度为(　　)。

(A)$\varepsilon=8.3\times10^{-2}$/s　(B)$\varepsilon=8.3\times10^{-3}$/s

(C)$\varepsilon=8.3\times10^{-4}$/s　(D)$\varepsilon=8.3\times10^{-5}$/s

80. 弹性变形在钢中的传播速度可达(　　)。

(A)4 982 m/s　(B)498.2 m/s　(C)49.82 m/s　(D)4.982 m/s

81. 普通摆锤冲击试验机绝对变形速度仅为(　　)。

(A)0.5~0.7 m/s　(B)5~7 m/s　(C)50~70 m/s　(D)50~70 cm/s

82. 钢铁材料试验温度升高到200 ℃~400 ℃时,Ak值开始下降,但都在(　　)范围内下降至最低点。

(A)400 ℃~500 ℃　(B)500~600 ℃　(C)600 ℃~700 ℃　(D)700 ℃~800 ℃

83. 磷对低温脆性的影响(　　)。

(A)不大　(B)较大　(C)极大　(D)无影响

84. 拉伸性能数据中对于同一金属材料的R_{eL}和$R_{p0.2}$之间的关系是(　　)。

(A)相同　(B)大于　(C)小于等于　(D)小于

85. 共析碳钢过冷奥氏体Ar1以下到S-曲线鼻尖以上的温度范围,其等温转变产物是(　　)组织。

(A)贝氏体　(B)珠光体

(C)马氏体+残余奥氏体　(D)马氏体

86. 过共析工具钢、轴承钢等锻压后为改善其切削加工性能及最终热处理性能,需要进行(　　)处理。

(A)完全退火　(B)去应力退火　(C)球化退火　(D)正火

87. 共析钢在中间区间的等温转变产物是(　　)。

(A)珠光体　(B)贝氏体　(C)马氏体　(D)马氏体+残余奥氏体

88. 在铁碳平衡图上珠光体转变称为(　　)。

(A)共析转变　(B)包晶转变　(C)共晶转变　(D)无相变

89. 在铁碳平衡图上莱氏体的转变称为(　　)。

(A)共析转变　(B)包晶转变　(C)共晶转变　(D)无相变

90. 负片和相片冲洗中起定影作用的主要定影剂为(　　)。

(A)无水碳酸钠　(B)硫代硫酸钠　(C)对苯二酚　(D)钾矾

91. 碳在 α-Fe 中的过饱和的固溶体称为(　　)。
(A)渗碳体　(B)奥氏体　(C)马氏体　(D)莱氏体
92. 钢的表面渗碳、氮化、氰化、渗铝等统称为钢的(　　)。
(A)化学热处理　(B)发黑处理　(C)蒸汽处理　(D)预处理
93. 金属的弹性模量与组成金属的原子结构、晶体点阵和点阵常数(　　)。
(A)没有直接关系　(B)关系不大　(C)有着密切关系　(D)部分相关
94. 硫元素对金属热成型的影响(　　)。
(A)不大　(B)较大　(C)极大　(D)为 0
95. 摩擦副中硬材料的表面粗糙度要比软材料的(　　)。
(A)次要　(B)主要　(C)重要　(D)不重要
96. 电液伺服材料试验机载荷传感器上的应变片阻值一般为(　　)。
(A)80 Ω　(B)120 Ω　(C)160 Ω　(D)240 Ω
97. 测绝缘电阻所用设备有(　　)。
(A)高阻计　(B)高压电桥　(C)试验变压器　(D)电流表
98. 钢淬火后所形成的残余应力(　　)。
(A)使表层处于受压状态　(B)随钢种和冷却而变
(C)为表面拉应力　(D)使表层处于受拉状态
99. 间隙相与间隙化合物的晶格类型与组元的晶格(　　)。
(A)一致　(B)不同　(C)相近　(D)有相同的空间取向
100. 促进相变进行的过热现象,与加热缺陷中的过热现象(　　)。
(A)在含义上完全相同　(B)有某种内在联系
(C)具有不同的含义　(D)在含义上接近
101. 常用的气体渗碳剂组成物中(　　)是稀释剂。
(A)甲醇　(B)丙酮　(C)苯　(D)煤油
102. (　　)误差又称为确定性误差。
(A)系统　(B)偶然　(C)过失　(D)测量
103. 断裂按照机理分为(　　)。
(A)解理断裂和剪切断裂　(B)正断和切断
(C)穿晶断裂和沿晶断裂　(D)韧性断裂和脆性断裂
104. 薄膜衍衬技术在金相分析中的应用不包括(　　)。
(A)低碳马氏体钢中残余奥氏体的分析
(B)钢中碳化物相的分析
(C)不锈钢变形孪晶的分析
(D)断口微区化合物成分的分析
105. 清洁生产是指清洁的原料和(　　)。
(A)清洁的生产过程　(B)清洁的设备　(C)清洁的地面　(D)清洁的服装
106. 钢材形成石状断口是由于(　　)。
(A)钢材未经退火　(B)钢材严重过热过烧
(C)过热　(D)严重夹杂物

107. 为了保证刀具刃部的性能要求,碳素钢或低合金工具钢制造的刀具,其最终热处理工艺是(　　)处理。

(A)淬火　(B)淬火+低温回火　(C)淬火+中温回火　(D)调质

108. 1Cr13、2Cr13 等不锈钢汽轮机叶片,通常进行(　　)热处理。

(A)淬火+高温回火　(B)正火+高温回火

(C)正火+中温回火　(D)正火+低温回火

109. 1Cr18Ni9 等奥氏体不锈钢,通常经(　　)处理。

(A)固溶化处理　(B)固溶化处理+时效

(C)正火　(D)正火+时效

110. 金相显微镜的分辨率取决于(　　)。

(A)目镜质量　(B)物镜的数值孔径　(C)滤光片的选择　(D)样品的质量

111. 显微镜的物镜的球面相差是由于(　　),光线透过时产生不同的折射,而在透镜的主轴上形成一系统的映相所致。

(A)不同波长的光线通过透镜　(B)球差透镜的中心和边缘厚度不同

(C)透镜中心和边缘的放大率不同　(D)以上都不对

112. 金相试样的电解抛光是(　　)原理的应用。

(A)极化反应　(B)阳极反应　(C)阴极反应　(D)化学反应

113. 定量金相显微镜的成相系统是(　　)系统。

(A)偏光光学　(B)光学　(C)电子　(D)相衬光学

114. 透射电镜所观察的样品是(　　)或金属薄膜。

(A)复型　(B)物理抛光样品　(C)腐蚀样品　(D)电解抛光样品

115. 能谱仪分析的是(　　)样品。

(A)晶面指数　(B)化学成分　(C)晶面间距　(D)晶格常数

116. 热染碳钢时组织着色的顺序为(　　)。

(A)渗碳体、铁素体　(B)铁素体、渗碳体

(C)马氏体、铁素体　(D)铁素体、马氏体

117. 热染热处理后的组织着色顺序为(　　)。

(A)屈氏体、索氏体、马氏体、奥氏体等

(B)索氏体、屈氏体、马氏体、奥氏体等

(C)马氏体、屈氏体、索氏体、奥氏体等

(D)奥氏体、屈氏体、索氏体、马氏体等

118. 细化晶粒使断裂韧性(　　)。

(A)不变　(B)减小　(C)增大　(D)无影响

119. 杂质及第二相的存在使断裂韧性(　　)。

(A)不变　(B)减小　(C)增大　(D)无影响

120. 当应力交变频率高于(　　)时,随着频率增加,疲劳极限提高。

(A)150 Hz　(B)170 Hz　(C)200 Hz　(D)250 Hz

121. 高碳合金工具钢等淬火后都会有残余奥氏体存在使工件发生变形,将淬火工件冷至0 ℃以下,使残余奥氏体转变为马氏体,这种热处理称为(　　)。

(A)回火处理　(B)冷处理　(C)消除应力处理　(D)调质处理

122. 金属材料进行低温冲击试验时，为达到－60 ℃而采用不冻结液体与无爆炸固体(　　)的混合物。

(A)水　(B)酒精　(C)煤油　(D)酒精－固态二氧化碳

123. 测定P－S－N曲线时，必须采用成组试验法，每组试样(　　)。

(A)不少于3个　(B)不少于6个　(C)不少于7个　(D)不少于9个

124. 断裂韧性是一种(　　)指标。

(A)强度　(B)塑性

(C)强度和塑性的综合　(D)疲劳强度

125. 微动磨损的危害性(　　)。

(A)很小　(B)较大　(C)很大　(D)为0

126. 在干磨擦时，随着温度的增加，钢的磨损率是(　　)。

(A)减少的　(B)增加的　(C)显著增加的　(D)略微增加的

127. 微动磨损时，铝及铝合金的磨损产物的颜色为(　　)。

(A)白色　(B)黄色　(C)黑色　(D)绿色

128. 摩擦和磨损是与两表面和润滑剂的特性有关，而与润滑剂的黏度(　　)。

A无关　(B)有关　(C)关系密切　(D)略有关联

129. 疲劳裂纹扩展速率(　　)所对应的最大应力强度因子幅度ΔK_1，称为门槛值。

(A)$da/dN \leqslant 10^{-5}$ mm/次　(B)$da/dN \leqslant 10^{-6}$ mm/次

(C)$da/dN \leqslant 10^{-7}$ mm/次　(D)$da/dN \leqslant 10^{-8}$ mm/次

130. 常用钢铁材料蠕变温度为(　　)左右。

(A)200 ℃　(B)300 ℃　(C)400 ℃　(D)500 ℃

131. 循环蠕变的受力特点是载荷变化速度(　　)。

(A)很慢　(B)较快　(C)很快　(D)较慢

132. 在循环蠕变破坏时，主要的控制因素是(　　)。

(A)温度　(B)时间　(C)循环次数　(D)应力幅度

133. 在低周疲劳试验中，以应力和应变作图，则可以作出的曲线为一(　　)。

(A)直线　(B)折线　(C)环线　(D)对数曲线

134. 由于存在蠕变损伤作用，曼森提出了高温下的疲劳寿命缩短至室温疲劳寿命的(　　)著名规则。

(A)10%　(B)20%　(C)30%　(D)5%

135. 压缩试验中(　　)拉应力。

(A)完全没有　(B)有一定的　(C)有　(D)可能有

136. 机械式材料试验机(　　)拉伸速度。

(A)可以精确的控制　(B)可以较精确的控制

(C)不能精确的控制　(D)无法控制

137. 在实验室条件下，要在试样中重现零件中的应力状态是(　　)的。

(A)很容易　(B)较容易　(C)很困难　(D)较困难

138. 层压制品黏合强度试验中，所用的钢球直径通常为(　　)。

(A)ϕ10　　(B)ϕ15　　(C)ϕ20　　(D)ϕ25

139. 高温残留强度过大,将妨碍铸件的收缩,易使铸件产生裂纹,同时也会给铸件落砂、清理造成困难,所以对于型砂尤其是芯砂还应有良好的(　　)。

(A)退让性　　(B)透气性　　(C)稀湿性　　(D)热化学稳定性

140. 为了防止在高温金属液作用下,由于型砂、芯砂的溶化而造成铸件黏砂,和由于型砂、芯砂的受热变形而造成铸件夹砂等缺陷,还要求型砂和芯砂有高的(　　)。

(A)发气性　　(B)热化学稳定性　　(C)稀湿性　　(D)退让性

141. 奥氏体不锈钢造成晶间腐蚀的原因,主要是奥氏体晶体上存在有(　　)。

(A)$(Cr,Fe)_{23}C_6$　　(B)Fe_3C　　(C)TiC　　(D)δ相

142. 旋转弯曲疲劳试验时,测定疲劳极限的基数 No,对中碳钢来说通常取(　　)。

(A)5×10^6　　(B)8×10^6　　(C)1×10^7　　(D)1×10^8

143. 材料的疲劳缺口敏感度为(　　)时,材料对缺口最不稳定 。

(A)0　　(B)1　　(C)-1　　(D)2

144. 用超声波斜射法检查焊缝时,使用的是(　　)。

(A)纵波　　(B)横波　　(C)表面波　　(D)透射波

145. 如果检查与导体轴线平行的纵向缺陷,应选择(　　)。

(A)纵向磁化法　　(B)磁轭磁化法　　(C)线圈磁化法　　(D)周向磁化法

146. 下列缺陷中,渗透探伤可以检出的有(　　)。

(A)零件表面裂纹　　(B)零件皮下气孔　　(C)夹杂　　(D)内部缺陷

147. 随淬火冷却起始温度提高,高速钢淬火回火后(　　)。

(A)强度增高,韧性降低　　(B)强度降低,韧性增高

(C)强度和韧性无明显变化　　(D)强度有所增高而韧性无变化

148. 如果钢件未淬透,淬火后的应力表现为(　　)。

(A)组织应力大于热应力　　(B)热应力大于组织应力

(C)热应力与组织应力基本平衡　　(D)以上都有可能

149. 钢件淬火后,如果观察到裂纹具有如下特征:裂纹的线条显得柔软,尾端圆秃,也不产生氧化脱碳等,这种裂纹是(　　)产生的。

(A)淬火后　　(B)淬火过程中　　(C)淬火前　　(D)以上都有可能

150. 裂纹无一定方向,呈网状连成一片,而且深度较浅,具有这种特征的裂纹是(　　)。

(A)网状裂纹　　(B)应力横向裂纹　　(C)纵向裂纹　　(D)径向裂纹

151. 9SiCr 钢制弹簧卡头,淬火前(　　)。

(A)必须预热　　(B)不必预热　　(C)预热不预热均可　(D)预热后快冷

152. 齿轮用固态渗剂进行化学处理时,工件内部出现的氧化缺陷是(　　)。

(A)白点　　(B)黑色组织　　(C)块状碳化物　　(D)网状碳化物

153. 在较高温度下工作的耐热弹簧,要求在高应力状态下有较高的(　　)。

(A)抗塑变形能力　　(B)弹性　　(C)抗松弛性　　(D)硬度

154. 在以下四种钢中,作为耐腐蚀的滚动轴承材料是(　　)。

(A)9SiCr　　(B)9Cr18　　(C)GCr15　　(D)ZG230-450

155. 硬铝是(　　)系合金。

(A)Al-Mg (B)Al-Mn (C)Al-Cu-Mg (D)Al-Mg-Zn

156. 对工具钢寿命产生重要影响的因素是（ ）。

(A)钢淬透性 (B)钢件的质量效应

(C)钢的冶金质量 (D)钢件的淬火冷却方法

157. 铁素体型不锈刚在 550 ℃～820 ℃长时间加热而产生脆性的原因是（ ）。

(A)钢中晶粒显著长大 (B)组织中出现了粗大马氏体

(C)组织中出现了铁与铬的化合物 (D)钢中出现了上贝氏体

158. 目前普遍利用( )测定钢中的残余奥氏体是准确和有效方法。

(A)金相法 (B)磁性法 (C)膨胀法 (D)X 射线衍射法

159. 被电离而从样品原子发射的电子，在用电子激发时即为二次电子，而在用 X 射线激发时称为（ ）。

(A)吸收电子 (B)光电子 (C)二次电子 (D)背散射电子

160. 解理断裂时( )是最常见的解理微观特征。

(A)河流花样 (B)解理台阶 (C)解理扇 (D)鱼骨状花样

161. 通常指的准解理断裂常在( )钢发现。

(A)贝氏体 (B)马氏体 (C)回火马氏体 (D)回火索氏体

162. 非调质钢的主要微合金化元素是（ ）。

(A)V 和 Ti (B)V 和 Nb (C)Nb 和 Ti (D)V、Nb 和 Ti

163. 通常把腐蚀速度在( )以下的材料作为耐蚀材料。

(A)1 mm/a (B)0. 1 mm/a (C)0. 01 mmm/a (D)10 mm/a

164. Cr—Ni 奥氏体不锈钢在危险温度(敏化温度)范围(450 ℃～850 ℃)停留后出现( )倾向，如焊接接头的热影响区。

(A)点腐蚀 (B)晶间腐蚀 (C)氢腐蚀 (D)应力腐蚀

165. 含氯离子介质使用的奥氏体不锈钢换热器容易发生（ ）。

(A)点腐蚀 (B)晶间腐蚀 (C)氢腐蚀 (D)应力腐蚀

166. 在光学显微镜中看到( )组织是由块状铁素体和岛状组织所组成的。

(A)粒状贝氏体 (B)块状铁素体 (C)片状马氏体 (D)粒状珠光体

167. 以锌为主要合金的铜合金，称为（ ）。

(A)黄铜 (B)白铜 (C)青铜 (D)紫铜

168. 测定渗氮层深度的仲裁方法是( )。

(A)断口法 (B)金相法 (C)硬度法 (D)热处理法

169. Al-Cu 合金中最明显的两个强化性能的相是( )。

(A)θ 和 S (B)T 和 β (C)S 和 β (D)T 和 θ

170. 晶界处由于原子排列不规则，晶格畸变，界面能高，使（ ）。

(A)强度、硬度增高，使塑性变形抗力增大

(B)强度、硬度降低，使塑性变形抗力降低

(C)强度、硬度增高，使塑性变形抗力降低

(D)强度、硬度降低，使塑性变形抗力增大

171. 影响再结晶后晶粒大小的因素之一是（ ）。

(A)原始晶粒越大,则再结晶温度越低

(B)加入 W,使再结晶温度降低

(C)不考虑其他因素时,变形量增大晶粒越细

(D)原始晶粒越大,则再结晶温度越高

172. 对高合金钢,为加速贝氏体的形成和缩短等温时间,往往采用略低于(　　),停留一定时间后生成部分马氏体组织,促使下贝氏体的形成,缩短等温时间。

(A)Mf 点　　(B)Ms 点　　(C)350 ℃　　(D)250 ℃

173. 热应力在工件中的分布,以圆柱形工件为例,为(　　)。

(A)在切线方向上中心的拉应力比轴向小,径向拉应力分布是由中心向圆周增大

(B)在切线方向上中心的拉应力比轴向大,径向拉应力分布是由中心向圆周增大

(C)在切线方向上中心的拉应力比轴向小,径向拉应力分布是由中心向圆周减小

(D)在切线方向上中心的拉应力比轴向大,径向拉应力分布是由中心向圆周增大

174. 铸造铝合金稳定化回火,其目的在于稳定组织而不去考虑强化效果,回火温度(　　)。

(A)等于人工时效温度　　(B)等于零件工作温度

(C)低于人工时效温度　　(D)高于人工时效温度而接近于零件工作温度

175. 以圆柱形工件为例,组织应力分布为(　　)。

(A)在切线方向上,表面的拉应力最小,径向方向上呈现着压应力

(B)在切线方向上,表面的拉应力最大,径向方向上呈现着拉应力

(C)在切线方向上,表面的拉应力最大,径向方向上呈现着压应力

(D)在切线方向上,表面的拉应力最小,径向方向上呈现着拉应力

176. 铝青铜和铍青铜相比,其热处理性能是(　　)。

(A)前者可进行固溶强化而后者不能　　(B)两者都可进行固溶强化

(C)两者都不能进行固溶强化　　(D)后者可进行固溶强化而前者不能

177. 所谓高温正火,即将铸、锻件加热到(　　)后正火工艺。

(A)AC3+(50～70)℃　　(B)Acm+(50～70)℃

(C)AC3+(100～150)℃　　(D)A3+(100～150)℃

178. 产品质量的好坏首先取决于(　　)。

(A)冶炼浇注质量　　(B)锻造质量　　(C)设计质量　　(D)工序质量

179. 在拉伸试验中,当 $\delta > \psi$ 说明(　　)

(A)试样只有均匀弹性变形且有缩颈现象

(B)试样只有均匀弹性变形而无缩颈现象

(C)试样只有均匀塑性变形且有缩颈现象

(D)试样只有均匀塑性变形而无缩颈现象

180. 表面洛氏硬度的初载荷为(　　)。

(A)1 kgf　　(B)2 kgf　　(C)3 kgf　　(D)5 kgf

181. 表面洛氏硬度每压入深度(　　)为一度。

(A)1 mm　　(B)0.1 mm　　(C)0.01 mm　　(D)0.001 mm

182. 200HBS10/3000 表示(　　)。

(A)用直径 10 mm 的淬硬钢球作压头,在 750 kgf 试验力作用下保持 10～15 s 测得的布氏硬度值为 200
(B)用直径 10 mm 的淬硬钢球作压头,在 3 000 kgf 试验力作用下保持 10～15 s 测得的布氏硬度值为 200
(C)用直径 5 mm 的淬硬钢球作压头,在 750 kgf 试验力作用下保持 10～15 s 测得的布氏硬度值为 200
(D)用直径 5 mm 的淬硬钢球作压头,在 3 000 kgf 试验力作用下保持 10～15 s 测得的布氏硬度值为 200

183. 450HBW5/750 表示(　　)。
(A)用直径 10 mm 的硬质合金球作压头,在 1 500 kgf 试验力作用下保持 10～15 s 测得的布氏硬度值为 450
(B)用直径 10 mm 的硬质合金球作压头,在 750 kgf 试验力作用下保持 10～15 s 测得的布氏硬度值为 450
(C)用直径 5 mm 的硬质合金球作压头,在 1 500 kgf 试验力作用下保持 10～15 s 测得的布氏硬度值为 450
(D)用直径 5 mm 的硬质合金球作压头,在 750kgf 试验力作用下保持 10～15 s 测得的布氏硬度值为 450

184. 任何一种机械,基本组成不包括(　　)。
(A)原动部分　(B)工作部分　(C)辅助部分　(D)传动部分

185. 液压系统的组成不包括(　　)。
(A)动力部分　(B)执行部分　(C)控制部分　(D)传动部分

三、多项选择题

1. 通过系列低温冲击,在所得的能量—温度曲线中可得到的评定准则包括塑性断裂转变(FTP)准则及(　　)。
(A)断口形貌转变温度(FATT)准则　(B)确定能量准则
(C)无延展性温度(NDT)准则　(D)平均能量准则

2. 布氏硬度试验的压头从材质上分有(　　)。
(A)120°金刚石圆锥　(B)淬火钢球
(C)硬质合金球　(D)136°的金刚石方锥

3. 下标列标准代号代表国际标准的是(　　)。
(A)JIS　(B)NF　(C)ISO　(C)GB

4. 下列是布氏硬度试验的压头球体直径的有(　　)。
(A)1 mm　(B)2 mm　(C)2.5 mm　(D)5 mm

5. 拉伸试验的形状及尺寸,一般按金属产品的品种、规格及试验目的的不同而分为(　　)几类。
(A)圆形　(B)矩形　(C)板状　(D)异形

6. 物镜可以实现(　　)观察方法。
(A)微差干涉　(B)明场　(C)暗场　(D)偏光

7. 金属常见的晶格类型有(　　)。

(A)密排六方　(B)体心立方　(C)正四面体　(D)面心立方

8. 根据溶质原子在溶剂晶格中的位置，固溶体可分为(　　)。

(A)置换固溶体　(B)间隙固溶体　(C)原子固溶体　(D)分子固溶体

9. 贝氏体组织形态的基本类型有(　　)。

(A)反常贝氏体　(B)上贝氏体　(C)粒状贝氏体　(D)下贝氏体

10. 回火的目的是(　　)。

(A)减少应力　(B)降低脆性

(C)获得优良综合机械性能　(D)稳定组织和尺寸

11. 典型铸锭组织中的三个晶区是(　　)。

(A)中心等轴晶区　(B)次表面等轴晶区

(C)表面细晶粒区　(D)次表面柱状晶区

12. 钢的热处理工艺有钢的淬火和(　　)。

(A)钢的正火　(B)钢的回火　(C)钢的退火　(D)钢的表面处理

13. 在金属材料的拉伸试验中，影响试验结果的主要因素有(　　)和应力集中。

(A)拉伸速度　(B)试样形状

(C)尺寸和表面粗糙度　(D)试样装夹

14. 塑性变形阶段的主要力学性能指标有(　　)。

(A)弹性模量　(B)断裂强度　(C)屈服强度　(D)强度极限

15. 马氏体形态可依马氏体含碳量的高低而形成的两种基本形态是(　　)。

(A)淬火马氏体　(B)板条状马氏体　(C)回火马氏体　(D)片状马氏体

16. 金属在拉伸时其弹性变形阶段的性能指标有(　　)。

(A)断裂强度　(B)弹性模量

(C)弹性比功　(D)规定非比例伸长应力 $\sigma_{p0.05}$

17. 金属在拉伸时其塑性变形阶段的性能有 σ_s(或 $\sigma_{p0.2}$)，强度极限 σ_b，断裂强度 σ_k 和(　　)。

(A)断后伸长率　(B)弹性比功　(C)断面收缩率　(D)弹性模量

18. 疲劳断口的宏观特征可分为(　　)。

(A)疲劳源区　(B)疲劳裂纹扩展区　(C)瞬时断裂区　(D)石状断口区

19. 变动载荷的特征可用(　　)来表示。

(A)最大应力　(B)应力幅值　(C)平均应力　(D)应力对称系数

20. 无损检测的方法有(　　)等。

(A)渗透探伤法　(B)磁粉探伤法　(C)超声波探伤法　(D)涡流探伤法

21. 利用宏观检验可及时判断失效件的材质情况，主要方法有断口检验和(　　)。

(A)硫印试验　(B)磷印试验　(C)酸浸试验　(D)塔形车削发纹检验法

22. 根据误差的性质及其产生原因，误差可分为(　　)。

(A)测量误差　(B)系统误差　(C)偶然误差　(D)过失误差

23. 以表面破损形式分类，磨损可分为(　　)，除此以外还有一些其他类型的磨损如微动磨损和浸蚀磨损。

(A)粘着磨损 (B)磨粒磨损 (C)疲劳磨损 (D)腐蚀磨损

24. 交流电桥应变仪由电桥、放大器、相敏检波器和(　　)等组成。

(A)电源 (B)滤波器 (C)电流表 (D)振荡器

25. 常用的化学分析方法有(　　)和汽化法。

(A)重量法 (B)溶量法 (C)吸光光度法 (D)电量分析法

26. 应变片主要由(　　)构成。

(A)引线 (B)基底 (C)黏结剂 (D)盖层

27. 扫描电镜由光学系统(　　)及电源系统组成。

(A)扫描系统 (B)信号检测放大系统

(C)图像显示和记录系统 (D)真空系统

28. 铸件常见的表面缺陷有(　　)。

(A)粘砂 (B)夹砂 (C)冷隔 (D)气孔

29. 按品质分类,钢分为(　　)。

(A)高级优质钢 (B)优质钢 (C)普通优质钢 (D)普通钢

30. 常用的刀具材料是(　　)。

(A)碳素工具钢 (B)合金工具钢 (C)高速钢 (D)硬质合金

31. 高炉炼铁冶炼中,应完成的三个过程是(　　)。

(A)熔化过程 (B)还原过程 (C)造渣过程 (D)渗碳过程

32. 焊接可分为三类,分别为(　　)。

(A)熔化焊 (B)压力焊 (C)钎焊 (D)气体保护焊

33. 钢的分类可以按(　　)和用途作为分类标准。

(A)化学成分 (B)品质 (C)冶炼方法 (D)金相组织

34. 特殊用途钢包括(　　)。

(A)不锈钢 (B)耐热钢 (C)耐磨钢 (D)超高强度钢

35. 特殊铸造包括(　　)。

(A)金属型铸造 (B)压力铸造 (C)离心铸造 (D)熔模铸造

36. 金属加热时产生的缺陷为(　　)。

(A)氧化及脱碳 (B)过热 (C)过烧 (D)热应力

37. 常用的铣床有(　　)。

(A)卧式铣床 (B)立式铣床 (C)台式铣床 (D)龙门铣床

38. 常用磨床有(　　)。

(A)外圆磨床 (B)内圆磨床 (C)平面磨床 (D)工具磨床

39. 一般拉伸曲线可以分成(　　)等几个阶段。

(A)弹性变形 (B)屈服 (C)均匀塑性变形 (D)局部塑性变形

40. 铁碳平衡图中包含的单相有(　　)。

(A)铁素体 (B)奥氏体 (C)渗碳体 (D)纯铁

41. 特殊用途钢包括(　　)。

(A)不锈钢 (B)耐磨钢 (C)耐蚀钢 (D)超高强度钢

42. 当固溶体中出现均匀分布的化合物颗粒时,合金的(　　)会有显著提高。

(A)强度　(B)塑性　(C)韧性　(D)耐磨性

43. 硬度高低与材料的(　　)以及韧度等一系列的物理量有关。

(A)弹性　(B)塑性　(C)强化率　(D)强度

44. 设备检查按照时间间隔可以分为(　　)。

(A)日常检查　(B)月度检查　(C)年度检查　(D)定期检查

45. 结构钢淬火时引起淬火裂纹的可能原因有(　　)零件外形不良等。

(A)原材料的表面和内部缺陷　(B)实际晶粒粗大

(C)加热温度过高　(D)冷却不当及机械加工刀痕

46. 1Cr13、2Cr13 等不锈钢调质处理后正常的组织可能为(　　)。

(A)回火索氏体　(B)回火索氏体＋少量铁素体

(C)回火马氏体　(D)回火马氏体＋少量铁素体

47. 1Cr18Ni9 等奥氏体不锈钢具有良好的(　　)。

(A)耐蚀性　(B)焊接性

(C)冷加工性和低温性能　(D)高温性能

48. 裂纹扩展的方式有(　　)。

(A)张开型　(B)裂开性　(C)滑开型　(D)撕开型

49. 提高材料疲劳强度的表面处理方法有(　　)。

(A)调质处理　(B)表面酸洗　(C)表面冷作变形　(D)表面热处理

50. 下面属于金属的断裂类型的有(　　)。

(A)穿晶断裂　(B)解理断裂　(C)脆性断裂　(D)切断

51. 疲劳损坏有(　　)几个阶段。

(A)裂纹的萌生　(B)裂纹的长大　(C)裂纹的扩展　(D)最终断裂

52. 弯曲冲击试验的形式有(　　)。

(A)简支梁式　(B)悬臂梁式　(C)落锤式　(D)立式

53. 影响正断抗力的主要因素有(　　)。

(A)晶粒大小　(B)合金成分　(C)试样大小　(D)弹性模量

54. 影响疲劳强度的外因包括(　　)。

(A)工作条件　(B)零件几何形状　(C)表面状态　(D)热处理状态

55. 影响疲劳强度的内因包括(　　)。

(A)材料本质　(B)表面处理　(C)残余内应力　(D)零件几何形状

56. 从几何学角度认为试样截面上的显微组织是由(　　)所组成的。

(A)体　(B)面　(C)线　(D)点

57. 肉眼对颜色的感觉包括(　　)。

(A)色调　(B)亮度　(C)对比度　(D)饱和度

58. 热染法用来鉴别(　　)的显微组织。

(A)钢　(B)合金钢　(C)铸铁　(D)有色金属

59. 现今最主要的显微分析手段有(　　)两种。

(A)XRD 分析　(B)透射电镜分析　(C)电子探针分析　(D)扫描电镜分析

60. 透射电子显微镜主要由(　　)三部分组成。

(A)照明系统　(B)成像系统　(C)观察记录装置　(D)电源系统

61. 象差规定的分辨率主要有(　　)三种。

(A)面差　(B)球差　(C)相差　(D)色差

62. 透射电镜的分辨率有(　　)两种定义。

(A)点分辨率　(B)面分辨率　(C)体分辨率　(D)点阵分辨率

63. 复型方法有(　　)。

(A)一级复型　(B)二级复型　(C)三级复型　(D)萃取复型

64. 铁基粉末冶金制品中的缺陷主要有大量大面积孔隙和(　　)等。

(A)脱碳　(B)渗碳　(C)过热粗大组织　(D)硬点

65. 韧性断裂形式有(　　)。

(A)纯剪断型断裂　(B)半剪切型断裂　(C)疲劳断裂　(D)微孔聚集断裂

66. 合金组织组成为(　　)。

(A)固溶体　(B)金属化合物　(C)非金属化合物　(D)机械混合物

67. 随含碳量的增加,钢的(　　)不断提高。

(A)强度　(B)硬度　(C)塑性　(D)韧性

68. 随含碳量的降低,钢的(　　)不断提高。

(A)强度　(B)硬度　(C)塑性　(D)韧性

69. 多晶体的晶粒越细,则(　　)越高。

(A)强度　(B)硬度　(C)塑性　(D)韧性

70. 碳在铸铁中存在的形式有(　　)。

(A)游离态(石墨)　(B)混合态　(C)化合态(Fe_3C)　(D)单晶体

71. 根据碳在铸铁中存的状态不同，一般铸铁可分为(　　)、特殊铸铁等几类。

(A)白口铸铁　(B)灰口铸铁　(C)可锻铸铁　(D)球墨铸铁

72. 金属发生塑性变形方式有(　　)。

(A)滑移　(B)孪生　(C)结合键断裂　(D)晶界变形

73. 板材冲压成形是利用了材料的(　　)。

(A)塑性　(B)韧性　(C)形变硬化特性　(D)强度

74. 在最大应力相等的条件下,应力循环不对称度增大、(　　)。

(A)疲劳损伤降低　(B)寿命增加　(C)疲劳损伤增加　(D)寿命降低

75. 疲劳加载的缺口敏感性能取决于(　　)。

(A)加载的时间　(B)材料的缺口形状和尺寸

(C)材料的性质　(D)断裂的位置

76. 金属压力加工对金属组织与性能的影响,主要表现为(　　)两个方面。

(A)消除应力　(B)改善金属的热处理状态

(C)改善金属的组织　(D)使金属的机械性能具有方向性

77. 合金工具钢按用途可分为(　　)。

(A)合金结构钢　(B)合金刃具钢　(C)合金模具钢　(D)合金量具钢

78. 金属锻造可分为(　　)。

(A)自由锻造　(B)模型锻造　(C)落锤锻造　(D)挤压锻造

79. 不是高速钢的是(　　)。

(A)42CrMoA　(B)G20CrNi2MoA　(C)ZG230-450　(D)$W_{18}Cr_4V$

80. 以下应在中心切取拉力及冲击样坯的有(　　)。

(A)截面尺寸 60 mm 的圆钢　(B)截面尺寸 40 mm 方钢

(C)截面尺寸 55 mm 六角钢　(D)截面尺寸 65 mm 的圆钢

81. 下列布氏硬度测试的试样的表面粗糙度在允许值范围内的有(　　)。

(A)*Ra*0.4 μm　(B)*Ra*0.6 μm　(C)*Ra*0.8 μm　(D)*Ra*1.0 μm

82. 下列洛氏硬度测试的试样的表面粗糙度在允许值范围内的有(　　)。

(A)*Ra*0.6 μm　(B)*Ra*0.8 μm　(C)*Ra*1.0 μm　(D)*Ra*1.2 μm

83. 下列维氏硬度测试的试样的表面粗糙度在允许值范围内的有(　　)。

(A)*Ra*0.05 μm　(B)*Ra*0.1 μm　(C)*Ra*0.15 μm　(D)*Ra*0.2 μm

84. 以下的硬度试验原理相同的是(　　)。

(A)布氏硬度　(B)洛氏硬度　(C)维氏硬度　(D)邵氏硬度

85. 布氏硬度试验是常用的硬度试验方法之一,其硬度值的正确表示方法有(　　)。

(A)120HBS10/1000/30　(B)450HBW5/750

(C)200HBS10/3000　(D)180HBW5/750/30

86. 下列曲线形状相似的有(　　)。

(A)应力—应变曲线　(B)载荷—伸长曲线

(C)应力—时间曲线　(D)载荷—变形曲线

87. 按晶体的缺陷的几何形状,可分为(　　)。

(A)点缺陷　(B)线缺陷　(C)面缺陷　(D)体缺陷

88. 以下说法中正确的是(　　)。

(A)微孔聚集型的韧性断裂不一定有韧窝存在

(B)较硬的材料也会被较软的磨料所磨掉

(C)电子探针属表面分析仪器中的一类

(D)由于机械作用(指载荷和相对运动)而造成物件表面材料逐渐消耗的过程称为磨损

89. 以下说法中错误的是(　　)。

(A)亚温淬火钢的断口大部分在奥氏体及铁素体间分布着纤维组织

(B)河流花样实际上是解理台阶的一种形态

(C)在珠光体中解理裂纹可以沿珠光体片层间发生,形成珠光体片层断裂,因此在电镜中就可清楚地见到片层状组织形貌

(D)夹杂物和第二相不会对疲劳裂纹的扩展速率带来影响

90. 以下说法中正确的是(　　)。

(A)增大奥氏体晶粒尺寸的合金元素是奥氏体中的碳及磷、氮、锰等

(B)弹性模量愈大,材料的刚度愈大,在一定应力下产生弹性变形愈小

(C)金属的原始晶粒愈细小,塑性变形的阻力愈大,冷变形后集聚的内能较高,则再结晶温度较低

(D)奥氏体向珠光体转变时,随着过冷度的增加,得到的组织越来越细,因而其强度越来越高

91. 下列元素中提高临界点的元素有(　　)。
(A)Si　(B)Al　(C)Cr　(D)Mo
92. 下列元素中降低临界点的元素有(　　)。
(A)Mn　(B)Ni　(C)Cu　(D)V
93. 可以使奥氏体化过程加快的手段有(　　)。
(A)提高加热温度　(B)提高淬火温度
(C)增大加热速度　(D)提高渗碳体在钢中分散程度
94. 金属酸浸低倍腐蚀常见低倍组织包括(　　)。
(A)中心疏松　(B)一般疏松　(C)锭型偏析　(D)边缘点状偏析
95. DIC装置是由(　　)组成。
(A)起偏镜　(B)渥拉斯顿棱镜　(C)物镜　(D)检偏镜
96. 热染法可用来显示(　　)定向好的金属的晶粒位相。
(A)Zn　(B)Mg　(C)Cu　(D)Fe
97. 淬火钢中存在的塑性第二相主要指(　　)。
(A)淬火马氏体　(B)自由渗碳体　(C)自由铁素体　(D)残余奥氏体
98. 以下说法中正确的是(　　)。
(A)淬火钢中存在的塑性第二相主要指自由铁素体及残余奥氏体
(B)时效和回火的共同点是使合金由不稳定向稳定过渡，不同点是时效过程无相变发生，而回火有相变
(C)淬火裂纹的形成不是一进入冷却剂就发生，而是在冷至200 ℃以下某一瞬间或取出冷却剂时或在室温停留几小时甚至几十小时后产生的
(D)高温蠕变断裂是穿晶的，也可以是沿晶的，在高温低应力下其断裂方式常是穿晶的
99. 当周围环境含有(　　)且潮湿时，黄铜会产生自裂现象，这种自裂是沿应力分布不均匀的晶粒边界产生腐蚀而造成的。
(A)氨　(B)汞　(C)汞盐　(D)酸
100. 以下说法中正确的是(　　)。
(A)光学显微镜用可见光照明，玻璃透镜成像，而电子显微镜用电子束照明，电磁透镜成像
(B)通常透镜的分辨率<10埃，扫描电镜的分辨率为30～60埃，光学显微镜分辨率为2～2 000埃
(C)高压氙灯色温近似于白光，光谱连续且亮度高
(D)透射电子显微镜的照明系统主要由电子枪和聚光镜组成
101. 以下说法中错误的是(　　)。
(A)同种金属或能相互固溶的金属不容易产生黏着磨损
(B)$V_A=A_A=L_L=P_P$说明通过显微组织的任意截面上所选取的相的体积之比、面积之比、线长之比和点数之比均相等
(C)铁基粉末冶金制品烧结后缓冷或淬火、回火后的组织均和钢材相应的热处理后的组织类似，只是多了孔隙和石墨
(D)磁粉探伤对奥氏体不锈钢是适用的

102. 淬火冷却时产生的应力,随(　　)增高而增大。

(A)工件质量　(B)工件复杂程度　(C)奥氏体化温度　(D)回火温度

103. 所有亚共析钢的室温平衡组织都由(　　)组成。

(A)珠光体　(B)铁素体　(C)奥氏体　(D)渗碳体

104. 调质处理即是钢材进行(　　)热处理。

(A)淬火　(B)低温回火　(C)中温回火　(D)高温回火

105. 具有明显屈服现象的金属材料,应测定其屈服点,上屈服点或下屈服点,但当有关标准或协议没有规定时,一般可测定(　　)。

(A)屈服点　(B)上屈服点　(C)上屈服点　(D)最大应力

106. 在洛氏硬度试验标尺 B 的测量范围内的值有(　　)。

(A)67　(B)100　(C)85　(D)120

107. 测定淬火工件的硬度一般不选择的硬度计为(　　)。

(A)维氏　(B)布氏　(C)洛氏　(D)邵氏

108. 维氏硬度试验采用的压头不是(　　)。

(A)两相对面间夹角为 136°的金刚石正四棱锥体

(B)ϕ1.588 mm 钢球

(C)顶角为 120°的金刚石圆锥体

(D)ϕ5 mm 钢球

109. 下列处理中属于钢的化学热处理的有(　　)。

(A)表面渗碳　(B)氮化　(C)氰化　(D)渗铝

110. 金属材料进行低温冲击试验为达到−60 ℃时,一般不采用(　　)作为冷却介质。

(A)水　(B)酒精　(C)煤油　(D)液态空气

111. 金属的弹性模量与组成金属的(　　)有着密切关系。

(A)原子结构　(B)晶体点阵　(C)点阵常数　(D)晶体晶向

112. 以下说法中正确的是(　　)。

(A)当工件表面氧化与脱碳严重时,应作过热检查

(B)疲劳断口的微观形貌,除辉纹外,有时还出现轮胎压痕和脊骨状等花样

(C)弹性模量主要取决于金属本性,它随温度升高而下降

(D)零件断裂后的自然表面称为断口

113. 断裂韧性是一种(　　)指标。

(A)强度　(B)塑性　(C)韧性　(D)疲劳

114. 低合金钢中加入合金元素对于调质能够起到(　　)作用。

(A)增加淬透性　(B)细化奥氏体晶粒

(C)提高回火稳定性　(D)改善第二类回火脆性

115. 对共析钢和过共析钢进行球化退火可以(　　)。

(A)使片状珠光体变成粒状珠光体,从而降低硬度

(B)便于机加工

(C)改善组织

(D)减少淬火时的变形和开裂,为淬火作准备

116. 金属压力加工的特点包括(　　)。
(A)改善金属内部组织　(B)具有较高的生产率
(C)减少金属材料的加工损耗　(D)适用范围广
117. 根据载荷作用性质的不同载荷可分为(　　)。
(A)静载荷　(B)冲击载荷　(C)交变载荷　(D)疲劳载荷
118. 根据碳在铸铁中的存在形态铸铁可分为(　　)。
(A)白口铸铁　(B)灰铸铁　(C)可锻铸铁　(D)球墨铸铁
119. 过冷奥氏体转变为马氏体不是(　　)型转变。
(A)依靠原子扩散完成的晶格改组　(B)通过切变完成晶格重构的无扩散
(C)具有铁原子扩散而无碳原子扩散　(D)具有碳原子扩散而无铁原子扩散
120. 确定碳钢淬火加热温度的基本依据不是(　　)。
(A)Fe-Fe_3C状态图　(B)临界点　(C)S曲线　(D)淬透性曲线
121. 为使钢淬火时尽可能多的得到马氏体不必要的手段有(　　)。
(A)提高淬火温度　(B)延长保温时间
(C)加快冷却速度　(D)冷却到Mf点以下
122. 不是合金铸态组织中出现枝晶偏析主要原因的有(　　)。
(A)冷却速度缓慢　(B)浇注温度过高
(C)浇注温度过低　(D)冷却速度太大
123. 影响淬火钢马氏体的硬度的因素有(　　)。
(A)合金元素　(B)含碳量　(C)冷却速度　(D)加热
124. 下列是绝缘材料的为(　　)。
(A)塑料　(B)云母　(C)铅箔　(D)玻璃
125. 下列不是二次硬化法在生产中较少使用的主要原因是(　　)。
(A)处理后钢的硬度较低　(B)处理后钢的韧性较差，热处理变形大
(C)这种工艺的生产效率低　(D)所获得的硬度不如一次硬度法高
126. 下贝氏体的塑性、韧性低于上贝氏体，这是因为(　　)。
(A)铁素体尺寸小　(B)碳化物在晶内析出
(C)铁素体尺寸大　(D)碳化物在晶界析出
127. 强烈阻碍奥氏体晶粒长大的元素有(　　)。
(A)Nb　(B)Ti　(C)Zr　(D)V
128. A1、Ac1和Ar1三者的关系是(　　)。
(A)A1＝Ac1　(B)Ac1＝Ar1　(C)Ac1＞A1　(D)A1＞Ar1
129. 试验数据的表示方法有(　　)。
(A)列表表示法　(B)图形表示法　(C)方程表示法　(D)图像表示法
130. 下列属于金属工艺性能试验的有(　　)。
(A)杯突试验　(B)金属冷、热弯曲试验
(C)室温拉伸试验　(D)金属冷、热顶锻试验
131. 磨损通常分哪几个阶段(　　)。
(A)开始磨损阶段　(B)稳定磨损阶段　(C)剧烈磨损阶段　(D)失效阶段

132. 退火的目的包括(　　)。

(A)降低硬度,提高塑性,改善切削和压力加工性能

(B)细化晶粒,改善组织,为后道热处理作组织准备

(C)消除铸件、锻件、焊接件和机械加工件等的内应力,防止变形和开裂

(D)改善或消除钢在锻造、铸造、轧制或焊接过程中所造成的某些组织缺陷

133. 35CrMo、40Cr、35CrNi3Mo 钢制造的轴承零件,通常进行(　　)处理。

(A)正火　(B)中温回火　(C)高温回火　(D)淬火

134. 高速钢用作刀具时通常进行(　　)热处理。

(A)淬火　(B)二次回火　(C)三次回火　(D)退火

135. 17-7PH 等沉淀硬化不锈钢,通常经(　　)处理。

(A)固溶　(B)调整　(C)时效　(D)调质

136. 当碳钢或低合金钢自渗碳温度缓慢冷却时,表层组织为(　　)。

(A)珠光体　(B)铁素体　(C)马氏体　(D)碳化物

137. 显微硬度计是(　　)相结合的仪器。

(A)显微镜　(B)洛氏硬度计　(C)维氏硬度计　(D)布氏硬度计

138. 金相显微镜使用消色差物镜时应使用(　　)滤色片。

(A)黄色　(B)紫色　(C)兰色　(D)绿色

139. 扫描电镜所观察的样品表面是(　　)。

(A)腐蚀样品　(B)原始断口　(C)抛光样品　(D)低倍样品

140. 高温显微镜不能研究钢或合金化加热、保温、冷却过程中的(　　)转变。

(A)长度　(B)磁性　(C)组织　(D)热膨胀

141. 热染铸铁时组织(及相)的着色先后顺序正确的为(　　)。

(A)铁素体先于渗碳体　(B)铁素体先于磷共晶

(C)渗碳体先于铁素体　(D)渗碳体先于磷共晶

142. 金属材料进行低温冲击试验时,为达到－196 ℃则无法应用(　　)为冷却剂。

(A)水　(B)液态空气　(C)干冰　(D)液态氮

143. 金属低温冲击试验时,当冷却箱中的冷却液达到规定温度后,保持时间允许为(　　)分钟。

(A)5　(B)10　(C)15　(D)20

144. 疲劳极限对试样的(　　)很敏感。

(A)晶格结构　(B)内部缺陷　(C)表面质量　(D)热处理状态

145. 以下疲劳周次可划分为低周疲劳的有(　　)。

(A)5×10^2　(B)4×10^3　(C)3×10^4　(D)2×10^5

146. 以下疲劳周次可划分为高周疲劳的有(　　)。

(A)4×10^4　(B)3×10^5　(C)2×10^6　(D)10^7

147. 常规无损探伤方法中,用于检查内部缺陷的方法有(　　)。

(A)磁粉探伤　(B)涡流探伤　(C) 射线探伤　(D)超声波探伤

148. 用作探伤的射线是(　　)。

(A)X 射线　(B)γ 射线　(C)中子射线　(D)红外线

149. 应用(　　)技术能使材料化学成分定性和定量分析的侧向和深度空间分辨率达到微米、甚至微米以下的水平。

(A)电子探针　(B)X射线光电子能谱　(C)俄歇能谱　(D)离子探针

150. 测定金属材料中残余应力的方法有(　　)。

(A)电测法　(B)磁性法　(C)超声法　(D)X射线衍射法

151. 零件上(　　)等对疲劳断口上的三个区的状态有很大影响。

(A)加载类型　(B)载荷水平　(C)应力状态　(D)试样情况

152. 力学性能试验时,切取试样坯的规则包括(　　)。

(A)样坯应在外观及尺寸合格的钢材上切取

(B)切取样坯时,应防止受热而影响其力学及工艺性能

(C)切取样坯时,应防止加工硬化及变形

(D)样坯可在外观及尺寸略微不合规格的钢材上切取

153. 液压系统由(　　)部分组成。

(A)动力部分　(B)执行部分　(C)控制部分　(D)辅助部分

154. 中等程度阻止奥氏体晶粒长大的元素有(　　)。

(A)W　(B)Mo　(C)Cr　(D)V

155. 轻微阻止奥氏体晶粒长大的元素有(　　)。

(A)Si　(B)Ni　(C)Co　(D)Cu

156. 促进奥氏体长大的元素有(　　)。

(A)Mn　(B)S　(C)P　(D)C

157. 影响钢的淬透性的因素有(　　)。

(A)钢的化学成分　(B)奥氏体晶粒度

(C)奥氏体化温度　(D)第二相的存在和分布

158. 断裂可以按(　　)方式进行分类。

(A)形态　(B)扩展路径　(C)取向　(D)机理

159. 以下是薄膜衍衬技术在金相分析中的应用的有(　　)。

(A)低碳马氏体钢中残余奥氏体的分析

(B)钢中碳化物相的分析

(C)断口微区化合物成分定性分析

(D)不锈钢变形孪晶的分析

160. 全面质量管理的基础工作包括质量教育工作和(　　)。

(A)标准化工作　(B)计量工作　(C)质量情报工作　(D)质量责任制

161. 回火时常见缺陷有(　　)。

(A)回火后硬度过高　(B)回火后硬度不足

(C)高合金钢容易产生回火裂纹　(D)回火后有脆性

162. 缺口拉伸试验是为了模拟构件中的(　　)等结构的缺口脆性倾向而做的实验。

(A)螺纹　(B)键槽　(C)轴肩　(D)倒角

163. 超声波探伤用于检验工件(　　)缺陷。

(A)内部缩孔　(B)内部气泡　(C)夹渣　(D)内部裂纹

164. X-射线探伤用于检验工件(　　)缺陷。

(A)内部缩孔　(B)内部气泡　(C)夹渣　(D)内部裂纹

165. 磁力探伤主要用于检验(　　)。

(A)铁磁性材料的表面缺陷　(B)铁磁性材料接近表面的缺陷

(C)非铁磁性材料的表面缺陷　(D)非铁磁性材料接近表面的缺陷

166. 渗透探伤主要用于检验(　　)。

(A)铁磁性材料的表面缺陷　(B)铁磁性材料接近表面的缺陷

(C)非铁磁性材料的表面缺陷　(D)非铁磁性材料接近表面的缺陷

167. 高速钢的脱碳会引起(　　)。

(A)表面红硬性降低　(B)回火稳定性降低

(C)表面和心部淬火组织的不同　(D)淬火裂纹

168. 机件失效分析前期工作包括(　　)。

(A)原始资料的收集及试样的选择　(B)力学性能分析、检测

(C)金相分析　(D)失效机件的现场调查检测

169. 位错的类型包括(　　)。

(A)楔形位错　(B)刃型位错　(C)螺型位错　(D)混合位错

170. 磨损类型包括(　　)。

(A)粘着磨损　(B)磨粒磨损　(C)疲劳磨损　(D)腐蚀磨损

171. 塑性断裂也要经过(　　)过程。

(A)空穴成核　(B)空穴长大　(C)空穴增殖　(D)空穴聚合

172. 在普通车床上能完成(　　)。

(A)车外圆　(B)车端面　(C)镗孔　(D)切断

173. 偏光在金相分析中主要用于(　　)。

(A)显示组织　(B)研究塑性变形的晶粒取向

(C)复相合金组织分析　(D)非金属夹杂物研究

174. 影响屈服点的内在因素有(　　)。

(A)金属元素本性和晶体点阵类型的影响　(B)相成分的影响

(C)晶粒大小的影响　(D)第二相的影响

175. 球铁的石墨漂浮是由于(　　)。

(A)碳当量过高　(B)球化剂不足

(C)孕育剂不足　(D)铁水在高温液态停留过久

176. 热处理设备的种类有(　　)。

(A)加热设备　(B)冷却设备　(C)辅助设备　(D)形状检测

177. 配合的种类有(　　)。

(A)间隙配合　(B)过盈配合　(C)过渡配合　(D)零差配合

178. 电化学腐蚀引起的破坏形式有(　　)。

(A)表面腐蚀　(B)晶界腐蚀　(C)点腐蚀　(D)应力腐蚀

179. 球墨铸铁基体组织有(　　)。

(A)铁素体基体　(B)珠光体基体　(C)奥氏体基体　(D)屈氏体基体

180. 结构钢常见的热处理缺陷有(　　)。

(A)氧化与脱碳　　(B)淬裂

(C)硬度不足与淬火软点　　(D)回火脆性

四、判 断 题

1. 马氏体是一种硬而脆的组织 。(　　)

2. 莱氏体是由奥氏体渗碳体组成的共析体。(　　)

3. 奥氏体是碳溶解在 γ-Fe 中的置换固溶体、铁素体则是碳在 γ-Fe 的间隙固溶体。(　　)

4. 再结晶是一种引起晶格形式改变的的生核及长大过程。(　　)

5. 由铁—碳平衡图可看出,奥氏体的含碳量最高是 0.8%。(　　)

6. ψ_u 只取决于金属材料基体金属的极限塑性。(　　)

7. 弹性极限是材料由弹性变形过渡到塑性变形的应力。(　　)

8. 材料弹性变形是在正应力作用下才会发生的。(　　)

9. 塑性变形只有在切应力下才会发生。(　　)

10. 弹性模量 E 是衡量材料刚度的指标。(　　)

11. 弹性模量 E 可用热处理给予提高。(　　)

12. σ_b 是低碳钢拉伸时断裂时的应力。(　　)

13. 疲劳断口中的轮廓线区表示裂纹的扩展。(　　)

14. 正火中碳钢截面积相等的圆形与矩形两种试样拉伸,圆形试样的 δ、ψ 测定值较高。(　　)

15. HV 测定为提高准确度应尽量选大载荷。(　　)

16. 因规定伸长率同为 0.2%,故生产检验可用方便的 $\delta_{r0.2}$ 验证试验来代替费时的 $\delta_{p0.2}$ 测定。(　　)

17. 裂纹扩展功(Ap)比裂纹形成与扩展总功(Ak)更适合作为材料的韧性指标。(　　)

18. 某一 Cu 合金与某一铝合金硬度值同为 50HSD 应认为两者的硬度相同。(　　)

19. 冲击载荷下材料的塑变抗力提高,脆性倾向减小。(　　)

20. 冶金质量检验常采用 U 试样进行常温冲击试验,因钢铁的韧脆转变温度在常温范围。(　　)

21. 三点弯曲试验,一般来说总是在施加载荷 F 的地方破坏。(　　)

22. 高周疲劳与低周疲劳是以疲劳频率高低之别区分的。(　　)

23. 不同直径尺寸的标准试样实验测得的疲劳极限应该相等。(　　)

24. 磨损发生在相互运动的物体表面。(　　)

25. 疲劳试验的应力对称系数 $\gamma=\sigma_{max}/\sigma_{min}$。(　　)

26. 铸件常见的缺陷只有孔眼类缺陷和裂纹类缺陷两类。(　　)

27. 在碳素钢中,低、中、高碳钢的区分是以含碳量来确定的,低碳钢的碳含量小于 0.20%,中碳钢含碳量:0.20%～0.60%,高碳钢含碳量大于 0.60% 。(　　)

28. 甲类钢是按化学成分供应,乙类钢是按机械性能供应,特类钢的供应既要保证化学成分,又要保证机械性能。(　　)

29. 普通碳素结构钢分为甲类和乙类两种。( )

30. 铸钢件质量可分为三级。( )

31. 对工字钢和槽钢在腰高的三分之一处沿轧制方向切取矩形拉力、弯曲、冲击样坯。( )

32. 在 GB 228—87 中的规定非比例伸长应力 $\sigma_{p}\varepsilon$ 即 GB 228—76 中的规定比例极限 $\sigma_{p}50$。( )

33. σ_{b} 是表示材料的抗拉强度,即试样断裂时的载荷除以试样原始横截面积的商。( )

34. 测定铸钢的屈服强度试验的应力速率应控制在 3 $N/mm^{2}\ s^{-1}$ ~50 $N/mm^{2}\ s^{-1}$。( )

35. 拉伸试验时,由于试验失误引起的试验结果不可靠,可以用同样数量的试样补做试验,这种情况称为"复试"。( )

36. "规定非比例伸长应力"是按试样标距部分的非比例伸长量达到规定的原始标距百分比时的应力。( )

37. 压缩试验时,圆柱体试样的长度 L_0 与直径 d_0 的比值大小对试验结果无影响。( )

38. 为了比较不同材料的抗弯强度,采用圆柱体试样(或矩形试样)进行弯曲试验时,支座跨距 L_0 与试样直径 d_0 应有严格规定。( )

39. 在进行布氏硬度试验时,只要根据试样的材料和厚度选用不同的力 F 和球体直径 D,在不同的试样上所测得的结果具有可比性。( )

40. 材料的冲击韧性取决于材料本身的内在因素,与外界条件没有关系。( )

41. 为测定冲击韧性 ak,切取试样时,试样轴线平行轧制方向的 ak 要比垂直轧制方向的试样高。( )

42. 在相同的试验条件下,布氏硬度试验的压痕直径越大,其硬度越高。( )

43. 洛氏硬度是以压痕深度来衡量的,在相同的试验条件下,压入深度越深,硬度越高。( )

44. 测量值与真值差叫相对误差。( )

45. JB30B 冲击试验机的最大冲击能量为 294 J 。( )

46. 真实应力—应变曲线也称为工程应力—应变曲线。( )

47. 不同材料对缺口表现的脆性倾向是相同的。( )

48. $a=\tau_{max}/\sigma_{max}$,$a$ 值越大,表示应力状态越硬。( )

49. 弹性模量主要取决于金属本性,它随温度升高而下降。( )

50. 弹性后效随着材料组织不均匀性增大而加剧。( )

51. 零件断裂后的自然表面称为断口。( )

52. 在受载荷变形过程没有裂纹的材料也可能会产生裂纹。( )

53. 人们对疲劳的研究发现,金属承受的最大交变应力 σ_{max} 越大,则断裂时应力循环周次 N 越大。( )

54. 不同种类的金属材料的疲劳曲线完全不同。( )

55. 应力较小,同时在裂纹处没有较大的应力集中时,疲劳裂纹扩展区会较大。( )

56. 不同种类的金属材料，其疲劳极限可能会相同。(　　)

57. 在平面应力状态下，材料对裂纹的抗力较高。(　　)

58. 反映材料受到单向静载荷下断裂失效时的应力最大值的性能指标被称之为断裂韧性。(　　)

59. 镍是低温钢中重要的合金元素。(　　)

60. Ak 相同材料其韧性相同。(　　)

61. ak 值对组织缺陷非常敏感。(　　)

62. 黏着磨损结合点强度低于材料本身强度时，则断裂发生在接触点，那么两表面都有材料损失。(　　)

63. 同种金属或能相互固溶的金属不容易产生黏着磨损。(　　)

64. 在腐蚀介质中加入缓蚀剂，这不是属于金属防护方法之一。(　　)

65. 高温蠕变断裂是穿晶的，也可以是沿晶的，在高温低应力下其断裂方式常是穿晶的。(　　)

66. 应力状态对韧窝的形貌会产生影响。(　　)

67. 疲劳断口的微观范围内，通常由许多大小不同、高低不同的小断块组成，每一小断块上的疲劳辉纹连续且平行，而相邻小断块上的疲劳辉纹不一定连续平行。(　　)

68. 磁粉探伤对奥氏体不锈钢是适用的。(　　)

69. γ 射线是放射性同位素在自然裂变时放射出来的一种波长极短的电磁波。(　　)

70. 离子探针技术与原子的电离激发以及其后的回复跃迁过程有关。(　　)

71. 凡是测量电子能量分布的研究方法都可以称为电子能谱学。(　　)

72. 解理裂纹总是沿着若干个解理面进行。(　　)

73. 在合金固溶体中，溶质的溶入量，总是随温度的升高而增大。(　　)

74. γ-Fe 中原子的扩散系数比 α-Fe 中的要小。(　　)

75. 在金属的晶体结构中，原子排列密度大，则原子扩散速度加快。(　　)

76. 金属在切应力的作用下，其中的一部分相对于另一部分产生滑动的现象称为滑移。(　　)

77. 钢锭经锻造及热轧后仍存在成分偏析及夹杂物成带状分布，而使材料不合乎要求时可再经锻造，用多次镦拔来改善。(　　)

78. 钢中马氏体惯习面不随含碳量及形成温度的变化而变化。(　　)

79. 回火索氏体比淬火索氏体韧性好。(　　)

80. 第二类回火脆性是可逆的，可以用回火后的快冷来防止。(　　)

81. 碳钢回火温度在 200 ℃～250 ℃时发生残留奥氏体的转变。(　　)

82. 高速钢淬火后晶粒越小越好，使钢的硬度及热硬性提高。(　　)

83. 金属的再结晶温度并不是一个固定的温度，而且再结晶也是一个相变过程。(　　)

84. 原始组织球状珠光体比片状珠光体热处理时容易过热，淬火温度范围窄。(　　)

85. 灰铸铁淬火处理目的是改变金属基体组织、石墨形态，从而提高灰铸铁强度和韧性。(　　)

86. 石墨因其强度很低，所以塑性好。(　　)

87. 中碳钢和高碳合金钢在一定的冷却速度下就可获得粒状贝氏体组织。(　　)

88. 合金元素可以改变碳化物转变温度范围,也可以改变碳素钢回火时碳化物转变的性质。(　　)

89. 真实应力—应变曲线也称为工程应力—应变曲线。(　　)

90. 不同材料对缺口表现的脆性倾向是相同的。(　　)

91. $a=\tau_{max}/\sigma_{max}$,$a$ 值越大,形变阻力越大。(　　)

92. 断裂韧性是反映材料抵抗裂纹临界扩展的一种能力。(　　)

93. 镍是低合金钢中重要的合金元素。(　　)

94. 成分与热处理条件相同的同种材料,它们的变形和断裂行为一样。(　　)

95. 固溶体分为两种,一种是间隙固溶体,其强化效果差,另一种是置换固溶体,其强化效果好。(　　)

96. 形变强化可使金属的塑性变形均匀地进行。(　　)

97. 钢在高温下作短时间的快速加热,奥氏体晶粒的成核速度不大于它的长大速度,故能获得细小的晶粒。(　　)

98. 奥氏体的晶粒大小对钢的韧性最不敏感。(　　)

99. 简单说,如果 $Z>A$,则形成缩颈,如果 $Z=A$,则不形成缩颈。(　　)

100. 刃型位错是一个多余的原子面插入晶体中,使某个晶面上下两部分的晶体之间产生了错排现象。(　　)

101. 增大冷却速度可以使“C”曲线右移。(　　)

102. 合金元素使铁—碳相图中的 E 点左移,意味着钢中出现莱氏体的含碳量降低。(　　)

103. 合金元素使钢的 Ms 点及 Mf 点降低,意味着钢淬火后残余奥氏体减少,钢的硬度提高。(　　)

104. 冷却速度对铸铁的石墨化影响很大,一般情况下冷却越快,愈有利于石墨化进行。(　　)

105. 多层焊接可获得细小的晶粒。(　　)

106. 锌当量系数 $K>1$ 时起减锌作用,$K<1$ 时起增锌的作用。(　　)

107. X 射线在晶体中产生衍射现象是相干散射的一种特殊表现。(　　)

108. 一般来说,对于所有环境都耐蚀的工业材料是存在的。(　　)

109. 铝青铜含 Al 8%~9%时的组织是 $\alpha+(\alpha+\gamma 2)$ 共析体。(　　)

110. Al-Si 相图的 D 点含 Si 量为 1.65%,而 ZL104 中的平均含 Si 量为 9%,所以它属于 D 点以右,应为铸造铝合金。(　　)

111. 黑脆缺陷用热处理或热加工方法可以改善和消除。(　　)

112. 光学显微镜的光源已从钨丝白炽灯发展到卤素灯,拍照从碳弧灯发展到氙灯。(　　)

113. 在偏振光、暗场或 DIC 条件下,卤素灯仍能满足操作要求。(　　)

114. 在相同的物镜和目镜下,插入不同倍率的中间镜,即可变更所观察的放大倍数。(　　)

115. 渥拉斯顿棱镜是由两块方型水晶组合而成。(　　)

116. 渗碳、氮、硼等化学热处理后的渗层组织用热染法显示效果是不理想的。(　　)

117. 恒电位电解是用于试样深侵蚀，因此在制备扫描电镜的样品时得到广泛应用。(　　)

118. 若选用 ZnSe 或 ZnTe 作蒸膜材料，即可将钢中马氏体与奥氏体组织明显地区分出来。(　　)

119. 电镜比光镜有高的分辨率是由于电子波照明光源波长大于可见光波长的原因。(　　)

120. 电镜的放大倍数是各级透镜的放大倍数之和。(　　)

121. 电子显微镜的分辨距离 $\Delta\gamma$ 与透镜的孔径半角 α 成正比。(　　)

122. 透射电镜的球差 $\Delta\gamma_s$、象差 $\Delta\gamma_n$ 和色差 $\Delta\gamma_c$ 均和透镜的孔径半角成反比。(　　)

123. 扫描电镜的分辨率高低与检测的信号种类有关。(　　)

124. 布拉格公式是 $2d\sin\theta=n\lambda$。(　　)

125. 由于背散射电子作用体积小，分辨率高，所以在图象分析中都应用它。(　　)

126. 电子探针的电子束流小于扫描电镜的速流。(　　)

127. 电子束入射固体时，入射电子束的侧向扩展很小，随着散射不断增多，在固体中电子轨迹形成一个梨形的体积。(　　)

128. 电子探针的原理是利用细聚焦电子束激发样品内所含元素特征的 X 射线信号。(　　)

129. 由于机械作用(指载荷和相对运动)而造成物件表面材料逐渐消耗的过程称为磨损。(　　)

130. 亚温淬火钢的断口大部分在奥氏体及铁素体间分布着纤维组织。(　　)

131. 河流花样实际上是解理台阶的一种形态。(　　)

132. 在珠光体中解理裂纹可以沿珠光体片层间发生，形成珠光体片层断裂，因此在电镜中就可清楚地见到片层状组织形貌。(　　)

133. 夹杂物和第二相不会对疲劳裂纹的扩展速率带来影响。(　　)

134. 疲劳断口的微观范围内，通常由许多大小不同、高低不同的小断块组成，每一小断块上的疲劳辉纹连续且平行，而相邻小断块上的疲劳辉纹不一定连续平行。(　　)

135. 应尽量使流线与零件工作时所受到的最大拉应力的方向相一致，而与外加的剪切应力或冲击方向相垂直。(　　)

136. 适合于亚温淬火钢种对原始组织的要求，只要不存在大块状铁素体即可。(　　)

137. 金属的晶体缺陷越多，则易于变形。(　　)

138. 淬火裂纹是在淬火过程中由热应力与组织应力所产生的合成应力为拉应力，而且超过材料的抗拉强度时产生的。(　　)

139. 铸铁淬火加热温度比碳钢要低些，保温时间要短些。(　　)

140. 显微镜上的滤光片的作用是使显微镜的白色光源，经滤光片后成为单色光。(　　)

141. 金相显微镜上用的消色差物镜，因只校对了黄绿色光波区，因此必须配上黄绿滤光片，才能获得最小象差。(　　)

142. 显微镜的孔径光栏偏小时，进入物镜的光束也缩小，可加大物镜的球面象差，使物象显得不清晰。(　　)

143. 金相试样的电解抛光的基本原理是阳极腐蚀。(　　)

144. 机件在运行过程发生早期失效质量分析称废品分析,机件在加工过程中出现废品的质量分析叫做失效分析。(　)

145. 工件淬火时产生的组织应力变形正好与热应力相同这是因组织转变的不均匀性引起的。(　)

146. 钢退火后出现网状碳化物或铁素体是原材料本身带来的。(　)

147. 高速钢或高合金工具钢中,淬火后发现在碳化物偏析带中有碳化物连成网状的小区域,应判为淬火过热。(　)

148. 齿轮出现齿面剥落,经金相分析,组织中有大块未溶铁素体,由于它的存在,降低了机械强度而使齿面剥落。(　)

149. 彩色底版冲洗时用红灯,印相时用绿灯,彩色相片可以用上光机加热烘干上光。(　)

150. 黑白胶卷,相片冲洗时,全部可以采用红灯照明,只要光线暗淡就可以。(　)

151. 由于回火脆性是杂质元素在晶界偏聚引起的,因此它的断口是沿晶的。(　)

152. 含 Cr 量 25%～30%的不锈钢淬火后含有马氏体组织。(　)

153. 对于 Al 和 Cu 及其合金抛光时,用金刚石研磨膏抛光比用 Cr_2O_3 加水的悬浮液好。(　)

154. 用氢氧化钠水溶液作试剂可使二次渗碳体染成黑色。(　)

155. 解理断裂的宏观特征为结晶断口,在扁平构件或快速断裂时为人字形花样。(　)

156. 弹性滞后随着材料组织不均匀性增大而加剧。(　)

157. 对于没有裂纹的材料,在受载变形过程中也不会产生裂纹。(　)

158. 人们对疲劳的研究发现,金属承受的最大交变应力 σ_{max} 越大,则断裂时应力循环周次 N 越小。(　)

159. 各种钢铁和有色金属材料的疲劳曲线大致相同。(　)

160. 当应力小而又无大的应力集中时,则疲劳裂纹扩展区小。(　)

161. 不同材料,其疲劳极限不同。(　)

162. 在平面应变状态下,材料对裂纹的抗力最高。(　)

163. Ak 相同材料其韧性未必相同。(　)

164. ak 值对组织缺陷不敏感。(　)

165. 较硬的材料也会被较软的磨料所磨掉。(　)

166. 腐蚀磨损时,如果腐蚀产物疏松,则磨损轻微。(　)

167. 摩擦如果在真空中进行,则石墨的润滑作用就丧失了。(　)

168. 循环频率低的疲劳称低周疲劳。(　)

169. 在高温疲劳条件下,带裂纹的构件往往会在低于疲劳极限载荷下断裂。(　)

170. 只要所试的材料有一定塑性,缺口试样的拉伸强度小于无缺口试样的拉伸强度。(　)

171. 所谓应力状态是与加载方式有关的一种受力状态。(　)

172. 断口的"人"字形花纹,其"人"字的尖端指向裂纹的起源点。(　)

173. 在国外的金相显微镜上,一般使用 12 V、100 W 的卤素灯作主要光源。(　)

174. 物镜与镜筒透镜是按照无限远象距对色差进行校正的,所有象差均作了校正。

( )

175. DIC用白光作光源不能显示不同颜色的图象。( )

176. 光的亮度是由光波的振幅决定的,振幅越大越感到暗。( )

177. 饱和度越高,则颜色的纯度或鲜度越低。( )

178. 热染温度高于合金相变温度。( )

179. 热染时间确定一般以表面呈紫到蓝紫色时为准,此时干涉效果较好。( )

180. 热染法显示对温度敏感的一些结构因素如应力分布等。( )

181. 用干涉层方法可以区分所有的合金相。( )

182. X射线衍射法能精确地测定组成相的晶体结构和位向,也能对样品进行形貌分析。( )

183. 透射电镜的最大特点是能把图象分析和衍射操作结合起来进行微区组织结构分析。( )

184. 扫描电子显微镜的成像原理是利用扫描电子束从样品表面激发出各种物理信号来调制成图象的。( )

185. 新式的扫描电镜都有三个强磁透镜。( )

五、简 答 题

1. 什么叫金属的同素异构转变?

2. 一板状试样,其表面分别沿纵向和横向贴有电阻片,进行拉伸试验,测出纵横向的应变量。若已知板宽 $b=30$ mm,厚 $a=4$ mm,拉伸时测出每增加 3 kN 拉力,测得其纵向应变量为 $\varepsilon_1=120\ \mu\varepsilon$,横向应变 $\varepsilon_2=-38\ \mu\varepsilon$,试求该试样的弹性模量 E,泊松比 μ 和剪切模量 G 值各为多少?

3. 说明影响屈服点的内在因素。

4. 按化学成分分类合金钢可分为哪几类?分别是什么?

5. 用钢球直径 $D=10$ mm,$F=3\ 000$ kgf,$t=30$ s,对于某一试样进行硬度测试得 $d=3.60$ mm;用钢球直径 $D=2.5$ mm,$F=187.5$ kgf,$t=30$ s,对另一试样进行硬度测试得 $d=0.90$ mm,试分别计算其硬度值,并分析为何会有这样的结果?

6. "软应力状态"和"硬应力状态"的区别在哪里?

7. 材料的缺口效应实验的定义是什么?

8. 压缩试验按《压缩试验方法》可测哪些性能指标?

9. 材料压缩破坏有哪三种典型形式?

10. 为什么说弯曲加载试验方式对于脆性材料具有特别的意义?

11. 为什么弯曲试验中试样的跨距 L_0 与直径 d_0(或厚度 h)之比要求满足 $L_0\geqslant 10d$ $(10h)$?

12. 磨损试验的特点是什么?

13. 氧化膜在什么条件下能起到良好的减少磨损的作用?

14. 什么是金属的疲劳,疲劳极限?

15. 什么是金属压力加工?有何特点?

16. 力学性能试验时,切取试样坯的规则是什么?

17. 布氏硬度试验的基本原理是什么?

18. U 型缺口和 V 型缺口冲击试样的主要差别是什么?

19. 碳素钢中的低、中、高碳钢如何区分?

20. 试述布氏硬度试验的优缺点。

21. 拉伸试验,试样断后伸长率如何测定?

22. 什么是内力,应力?

23. 什么是晶粒度? 什么是魏氏组织?

24. 试述一次冲击试验的应用场合。

25. 试述铁一石墨相图和铁一渗碳体相图的主要区别。

26. "C"曲线是怎样建立起来的?

27. 置换固溶体与间隙固溶体的结晶构造有什么不同?

28. 影响钢的淬透性的因素有哪些?

29. 设备润滑工作的"五定"内容是什么?

30. 热电偶常见的故障现象有哪些?

31. 亚温淬火为什么会减轻回火脆性?

32. 为什么随回火温度升高,硬度和强度逐渐下降而韧性提高?

33. 试述硫印的简单原理。

34. 韧性断裂的静力断口的宏观特征是什么?

35. 按照应力的组合,疲劳试验有哪四种?

36. 在失效件上取拉伸试验试样时,要注意哪些问题?

37. 用何试剂显示和区分渗硼层的 FeB 和 Fe_2B 相?

38. 淬火高碳钢为什么易产生显微裂纹?

39. 什么是离子探针显微分析?

40. 什么是电磁透镜?

41. 什么叫无损探伤? 无损探伤有哪些类型?

42. 什么是金属的热膨胀? 什么是膨胀系数?

43. 请列举造成机件失效的原因。

44. 试述钢的脱碳层对性能的影响。

45. 为什么灰铸铁件表面的硬度比中心高? 当表面硬度过高时,可用什么方法来降低硬度?

46. 在渗碳钢热处理操作中,为什么要采用二次淬火工艺?

47. 为什么同样的牌号钢材,在同样热处理规范下得到的晶粒度不同?

48. 片状马氏体的针长短不一,如何根据马氏体针的大小判断奥氏体晶粒度?

49. 高速钢为什么具有高的热硬性?

50. 低碳钢焊缝热影响区有几部分?

51. 简述钢件淬火裂纹有哪些特征?

52. 试述回火时常见缺陷的产生原因。

53. 扫描电镜中采用什么信号可以显示原子序数衬度? 为什么?

54. 简述 X 射线物相定性分析的原理。

55. 什么是残余内应力？
56. 影响非调质钢机械性能的显微组织参量是什么？
57. 试述影响韧窝形貌的因素？
58. 简述疲劳裂纹萌生的原因？
59. 何谓蠕变断裂？
60. 铸造 Al-Si 合金变质处理前后的显微组织有何不同？
61. 试述可用哪些热处理工艺方法提高金属材料的断裂韧性？
62. 试述失效分析的意义及需要用到的常见分析手段。
63. 当原始组织为非平衡组织时，为什么在热处理后会出现粗大过热组织？
64. 简述弹簧钢的热处理要求。
65. 试对热加工和冷加工加以区别？
66. 缺口拉伸试验的意义是什么？
67. 试说明形变强化的实用价值。
68. 测定磨损的方法有哪些？
69. 何为 *X* 射线光电子能谱分析？何为俄歇电子能谱分析？
70. ZGMn13 水韧处理与 ZG16Mn 淬火有何本质区别？

六、综 合 题

1. 什么是误差，试说明三种情况下的误差定义？
2. 试述金相检验在失效分析和质量分析中的作用？
3. 什么是等温淬火？
4. 焊接普通低合金钢金属用的焊条的选择是根据什么确定的？
5. 硬质合金分几类？简述其性能特点及其用途？
6. 断裂可以按哪几种方式进行分类？
7. 试述塑性断裂的过程及其断口的特征？
8. 一碳钢试样直径为 10.1 mm，断裂时最大负荷为 48 kN，断裂测得断面收缩率为 52%，问断裂瞬间应力是多少？
9. 何谓标准？何谓标准化？在国民经济中标准化有哪些作用？
10. 编制锻钢曲轴的制造工艺路线，分析表面淬火对曲轴出现的问题及解决方法？
11. 试述扫描电镜的特点及适用范围？
12. 位错有哪几种类型？
13. 与单晶体相比，多晶体塑性变形有什么特点？
14. 检查仪表故障的一般原则是什么？
15. 影响钢的淬透性的因素有哪些？
16. 氙灯是较理想的光源，为什么只有在特殊场合下使用？
17. 试述在金相分析中微差干涉装置的应用。
18. 显示显微组织的特殊技术有哪几种？
19. 电子束和固体作用时产生哪几种信号？
20. 试述透射电镜薄膜样品的制备步骤。

21. 复型方法有哪几种?

22. 试述电子探针的性能。

23. 试述透射电镜的分辨率和分析方法。

24. 试述金属腐蚀的定义及防腐蚀的意义。

25. 断裂失效有哪几方面? 各有何特征。

26. 在失效分析中,常见的沿晶断裂有哪几类?

27. 试述疲劳断裂的特征,裂纹扩展时有哪几个阶段?

28. 试述应力腐蚀断口和氢脆断口的特征。

29. 试述解理断口的微观特征。

30. 试述暗场的优点。

31. 计算 35 钢在室温组织中,珠光体量是多少?(其组织为平衡状态下获得)

32. 试述调质钢与非调质钢在机械性能上的对比?

33. 某材料的抗拉屈服点 R,经长期累积知其均方差 $6\xi=21.0\ \mathrm{N/mm^2}$。今测试了一组(10 根)该材料的 R 值。得到子样平均值为 $X=824.5\ \mathrm{N/mm^2}$。求:给定可靠度 $R=95\%$,试估计该材料 R 的上下限范围。

34. 为什么用二次电子成像时分辨率最高?

35. 热压力加工对金属组织和性能有哪些影响?

材料物理性能检验工(高级工)答案

一、填 空 题

1. 10%　2. 方向　3. 10～15　4. 10
5. 软硬　6. 90　7. 深度　8. $1.8544F/d^2$
9. 3　10. 48　11. 冶炼　12. 723 ℃
13. 0.45%　14. 30±2　15. 碳成分　16. 最小
17. 脆性转变　18. 微孔聚集断裂　19. 日常检查　20. 劳动安全卫生条件
21. 0.77%　22. 热脆　23. 0.45%　24. 弹性
25. GB/T 228—2010　26. 脆性，韧性　27. 金属内部组织结构
28. 原子排列情况　29. 加工硬化指数　30. 对称性
31. 压头、支座安装无误　32. δ_{gt}，δ_{g}　33. $\gamma=-1$
34. 磨损量　35. 应力　36. 23 ℃±5 ℃　37. 屈服强度 $\sigma_{0.2}$
38. 3～5　39. 抗拉强度 σ_{b}　40. 疲劳缺口敏感度　41. 愈大
42. 最小二乘法　43. 主体运动　44. 机械性能　45. 轴承钢
46. 美国　47. 组织和性能　48. 钎焊　49. 挤压
50. 组织状态　51. 算术平均值　52. 11.3　53. 断面收缩率
54. 缩颈部分的伸长 ΔL_2　55. σ_{SL}　56. 图示法
57. 移位法　58. 大小　59. 正方形柱体　60. 平行度
61. 碳成分的　62. 表面划伤　63. 残余缩孔　64. 高强度和高韧性
65. 物理化学　66. C曲线　67. 冷却速度　68. 临界冷却速度
69. Fe_3C　70. 片状石墨　71. 团絮状石墨　72. 球状石墨
73. 42　74. 电解腐蚀法　75. 最低　76. 绿灯
77. 改善　78. 强度　79. 残余奥氏体　80. 低
81. 强碳化物形成元素　82. 提高　83. 扩大　84. 腐蚀
85. 热分析法　86. 下降　87. 低　88. 扩散
89. 伪共析　90. 三氧化二铬悬浮液　91. 强烈
92. 中等程度　93. 轻微程度　94. 促进奥氏体长大　95. 0.6%～0.9%
96. 0.45%～0.75%　97. 韧性断裂和脆性断裂　98. 正断和切断
99. $\sigma_{BB}=(3FL)/(2bh^2)$　100. 表面、心部的组织
101. 硬度和耐磨性　102. 大气和蒸气介质　103. 570 ℃～580 ℃　104. 水韧
105. 热应力　106. 夹杂物　107. 干涉和迭加　108. 电子束
109. 磁透镜　110. 石英透镜　111. 低　112. 残余相域弯曲
113. 硫酸铜和盐酸水溶液　114. 二甲苯　115. 宏观缺陷

116. 疲劳缺口敏感性	117. 正断与切断	118. 应力状态	119. 伸长率
120. 大	121. 能量	122. 不	123. 塑性变形
124. 形变强化或形变硬化		125. 垂直	126. 人字纹
127. 结合力	128. 没有	129. 失效	130. 下降
131. 低周疲劳	132. 尖端	133. 加载速度	134. 总功
135. 硬度	136. 微动	137. 没有	138. 很
139. 低于	140. 效能	141. 之一	142. 损害
143. 一种	144. 最小	145. 无氧环境	146. 微差干涉
147. 卤素灯	148. 衬度	149. 鉴别率	150. 10～25 nm
151. 十分之几纳米	152. 颜色	153. 相干	154. 干涉色
155. 全波片	156. 干涉膜金相法	157. 光学	158. 饱和度
159. 热氧化法	160. 热染时间	161. 不适	162. 电化学侵蚀沉积法
163. 复合沉积	164. 干涉薄膜	165. 组织及相	166. 微米数量级
167. 晶体结构分析	168. 物镜	169. 乘积	170. 高真空
171. 7	172. 化学成分分析	173. 成分分析	174. 成分
175. 显示系统及真空系统		176. 成像	177. 2～3 nm
178. 真空系统	179. 2～3 nm	180. 50～200 nm	181. 100～1 000 nm
182. 电子衍射	183. 布拉格方程	184. 必要	185. 透射电子束
186. 衍射电子束	187. 组织结构	188. 相似	189. 2 nm
190. 2 nm	191. 结构分析	192. 分辨率	
193. 背散射电子和吸收电子		194. 脆性转变	195. 塑性变形
196. 疲劳缺口敏感度	197. 裂纹扩展功	198. 不破坏	199. 衍射强度
200. 布拉格定律			

二、单项选择题

1. B	2. A	3. A	4. A	5. C	6. A	7. C	8. C	9. C
10. C	11. A	12. B	13. A	14. A	15. B	16. A	17. C	18. A
19. C	20. B	21. C	22. B	23. B	24. C	25. B	26. C	27. B
28. C	29. C	30. B	31. C	32. A	33. C	34. B	35. B	36. B
37. A	38. C	39. A	40. A	41. A	42. C	43. A	44. B	45. B
46. B	47. C	48. C	49. B	50. B	51. D	52. C	53. B	54. B
55. D	56. A	57. C	58. B	59. A	60. B	61. B	62. A	63. B
64. C	65. C	66. C	67. A	68. B	69. C	70. A	71. A	72. A
73. C	74. C	75. A	76. C	77. A	78. A	79. C	80. A	81. B
82. B	83. C	84. A	85. B	86. C	87. B	88. A	89. C	90. B
91. C	92. A	93. C	94. C	95. C	96. B	97. A	98. B	99. B
100. C	101. A	102. A	103. A	104. D	105. A	106. B	107. B	108. A
109. A	110. B	111. B	112. C	113. B	114. A	115. B	116. B	117. A
118. C	119. B	120. B	121. B	122. D	123. B	124. C	125. C	126. A

127. C 128. A 129. C 130. C 131. A 132. B 133. C 134. A 135. A
136. A 137. C 138. A 139. A 140. B 141. A 142. B 143. A 144. B
145. D 146. A 147. A 148. B 149. C 150. A 151. A 152. B 153. C
154. B 155. C 156. C 157. C 158. D 159. B 160. A 161. C 162. B
163. B 164. B 165. D 166. B 167. A 168. C 169. A 170. A 171. D
172. B 173. C 174. D 175. C 176. D 177. C 178. C 179. D 180. C
181. D 182. B 183. D 184. C 185. D

三、多项选择题

1. ABCD 2. BC 3. ABC 4. ABCD 5. ABD 6. ABCD 7. ABD
8. AB 9. BCD 10. ABCD 11. ACD 12. ABCD 13. ABCD 14. BCD
15. BD 16. BCD 17. AC 18. ABC 19. BCD 20. ABCD 21. ABCD
22. BCD 23. ABCD 24. ABD 25. ABCD 26. ABCD 27. ABCD 28. ABC
29. ABD 30. ABCD 31. BCD 32. ABC 33. ABCD 34. ABCD 35. ABCD
36. ABCD 37. ABD 38. ABCD 39. ABCD 40. ABCD 41. ABCD 42. AD
43. ABCD 44. AD 45. ABCD 46. AB 47. ABC 48. ACD 49. CD
50. ABCD 51. ACD 52. AB 53. ABC 54. ABC 55. ABC 56. BCD
57. ABD 58. ABCD 59. BD 60. ABC 61. BCD 62. AD 63. ABD
64. ABCD 65. AD 66. ABD 67. AB 68. CD 69. ABCD 70. AC
71. ABCD 72. AB 73. AC 74. AB 75. BC 76. CD 77. BCD
78. AB 79. ABC 80. ABC 81. ABC 82. AB 83. ABCD 84. AC
85. ABCD 86. AB 87. ABC 88. BD 89. AD 90. ABCD 91. ABCD
92. ABC 93. ACD 94. ABCD 95. ABCD 96. ABCD 97. CD 98. ABC
99. ABC 100. ABCD 101. AD 102. AB 103. AB 104. AD 105. AC
106. ABC 107. ABD 108. BCD 109. ABCD 110. ABCD 111. ABC 112. ABCD
113. AB 114. ABCD 115. ABCD 116. ABCD 117. ABC 118. ABCD 119. ACD
120. ACD 121. ABC 122. BCD 123. ABCD 124. ABD 125. ACD 126. AB
127. ABCD 128. CD 129. ABC 130. ABD 131. ABC 132. ABCD 133. AB
134. AC 135. ABC 136. AD 137. AC 138. AD 139. ABC 140. ABD
141. ABD 142. ABC 143. ABCD 144. BC 145. ABC 146. BCD 147. CD
148. ABC 149. ABCD 150. ABCD 151. ABCD 152. ABC 153. ABCD 154. ABC
155. ABCD 156. ACD 157. ABCD 158. ABCD 159. ABD 160. ABCD 161. ABCD
162. ABCD 163. ABCD 164. ABCD 165. AB 166. CD 167. ABCD 168. AD
169. BCD 170. ABCD 171. ABCD 172. ABCD 173. ABCD 174. ABCD 175. AD
176. ABCD 177. ABC 178. ABCD 179. AB 180. ABCD

四、判 断 题

1. × 2. × 3. × 4. × 5. × 6. × 7. √ 8. × 9. √
10. √ 11. × 12. × 13. √ 14. √ 15. × 16. × 17. √ 18. ×

19. × 20. × 21. √ 22. × 23. × 24. √ 25. × 26. × 27. ×
28. × 29. × 30. √ 31. × 32. × 33. × 34. × 35. × 36. √
37. × 38. √ 39. × 40. × 41. √ 42. × 43. × 44. × 45. √
46. × 47. × 48. × 49. √ 50. √ 51. √ 52. × 53. × 54. ×
55. √ 56. √ 57. √ 58. × 59. √ 60. × 61. × 62. × 63. ×
64. × 65. × 66. √ 67. √ 68. × 69. √ 70. × 71. √ 72. √
73. × 74. √ 75. × 76. √ 77. √ 78. × 79. √ 80. √ 81. √
82. × 83. × 84. × 85. √ 86. × 87. × 88. × 89. × 90. ×
91. × 92. √ 93. √ 94. × 95. × 96. √ 97. √ 98. × 99. √
100. √ 101. × 102. √ 103. × 104. × 105. √ 106. × 107. √ 108. ×
109. √ 110. √ 111. × 112. √ 113. × 114. √ 115. × 116. × 117. √
118. √ 119. × 120. × 121. × 122. × 123. √ 124. √ 125. × 126. ×
127. √ 128. √ 129. √ 130. × 131. √ 132. √ 133. × 134. √ 135. √
136. √ 137. × 138. √ 139. × 140. √ 141. √ 142. × 143. √ 144. ×
145. × 146. × 147. √ 148. √ 149. × 150. × 151. √ 152. × 153. ×
154. √ 155. √ 156. √ 157. × 158. √ 159. × 160. × 161. × 162. ×
163. √ 164. × 165. √ 166. × 167. √ 168. × 169. √ 170. × 171. √
172. √ 173. √ 174. √ 175. × 176. × 177. × 178. × 179. √ 180. ×
181. √ 182. × 183. √ 184. √ 185. ×

五、简 答 题

1. 答:同一金属在不同温度范围以不同的晶体结构稳定存在，当温度从一个范围变化到另一温度范围时,金属稳定存在的晶体结构类型也随之发生转变的现象称之为金属的同素异构转变(5 分)。

2. 答:$E=\Delta\sigma/\Delta\varepsilon_1=208$ GPa(1 分)

$\mu=|\varepsilon_2/\varepsilon_1|=0.317$(2 分)

$G=E/2(1+\mu)=79$ GPa(2 分)

3. 答:影响屈服点的内在因素有:(1)金属元素本性和晶体点阵类型的影响(1.5 分);(2)相成分的影响(1.5 分);(3)晶粒大小的影响(1 分);(4)第二相的影响(1 分)。

4. 答:可分三类,分别是:低合金钢(2 分),中合金钢(2 分),高合金钢(1 分)。

5. 答:经计算二只试样的布氏硬度值均为 285HBS(1 分)。这说明这两只试样来自同一母体或同样硬度的材料(1 分)。因为这二只试样，虽然选用了不同的试验力 F 和钢球直径 D，但其比值 F/D^2 均为 30，为常数，符合布氏硬度相似原理，可进行比较(3 分)。

6. 答:材料在各种应力状态下，其最大切应力和最大正应力之间的比值关系不同，一般以软性系数 α 表示(2 分)，α 值越大，材料产生塑性滑移的趋势越大，这种应力状态称为软应力状态；反之 α 值越小，材料产生塑性滑移的趋势越小，应力状态越硬(3 分)。

7. 答:缺口效应试验就是测定材料的缺口脆化倾向，也叫做缺口敏感性试验，可以衡量材料在带有缺口时脆化倾向和安全程度，为正确选用材料提供安全可靠的参考依据(5 分)。

8. 答:《压缩试验方法》规定的材料压缩性能的指标有:规定非比例压缩应力 $\sigma_{pc\varepsilon}$,规定总压缩应力 $\sigma_{tc\varepsilon}$,压缩屈服点 σ_{sc},抗压强度 σ_{bc} 和压缩弹性模量 E_c(3 分)。

9. 答:(1)塑性很好的材料最后压成腰鼓形(1 分);(2)塑性一般的材料破坏的形式是沿侧面开裂,开裂线与底面交角为 55°(2 分);(3)脆性材料则有些是被剪切,剪切面与底面夹角为 45°;有些是被拉坏的,即横向纤维伸长超过材料的允许伸长而被破坏,断裂面平行于试样轴线(2 分)。

10. 答:对于脆性材料,在拉伸时不易进行塑性变形测量,无法准确测定其塑性指标,而弯曲试验用挠度来表示材料的塑性,能明显地显示出脆性材料和低塑性材料的塑性(5 分)。

11. 答:这是因为要尽量缩小切应力的影响(1 分),对于三点弯曲试验,当 $L_0=10d_0$(或 $10h$)时切应力占正应力的 7.5%(或 10%)(2 分)。如果 $L_0<10d_0$(或 $10h_0$),则切应力的影响更大,就会影响对材料弯曲强度的正确测定(2 分)。

12. 答:(1)材料的消耗发生在表面或次表面,不是基体材料(2 分);(2)消耗是逐渐的,不象疲劳损坏是突发的,而是有预告的,如振动增加,间隙增大,不太会发生灾难性事故(3 分)。

13. 答:氧化膜必须:(1)具有一定厚度(1 分);(2)并且要与基体有足够大的结合力(1 分);(3)其生成速度要大于被磨去速度(1 分);(4)还要有一定的韧性、耐冲击,在这些条件下氧化膜才能起到良好的减少磨损作用(2 分)。

14. 答:金属的疲劳:金属机件在变动载荷作用下,经过较长时间的工作发生断裂现象叫金属的疲劳(3 分)。疲劳极限:材料经受无限多次应力循环而不破坏的最大应力(2 分)。

15. 答:金属压力加工是在外力作用下使金属坯料产生塑性变形,从而获得具有一定形状、尺寸和机械性能的毛坯(或零件)的加工方法(1 分)。

特点:(1)改善金属内部组织(1 分);(2)具有较高的生产率(1 分);(3)减少金属材料的加工损耗(1 分);(4)适用范围广(1 分)。

16. 答:(1)样坯应在外观及尺寸合格的钢材上切取(2 分);(2)切取样坯时,应防止受热,加工硬化及变形而影响其力学及工艺性能(3 分)。

17. 答:布氏硬度的试验是用一定直径 D 的淬火钢球或硬质合金球,以一定大小的试验力(N)压入试样表面,经规定保持时间后卸除试验力,试样表面将残留压痕,测定出压痕球形面积(mm^2)(3 分)。布氏硬度值(HB)即为试验力除以压痕球形表面积 S 所得的商乘以数 0.102(2 分)。

18. 答:U 型和 V 型冲击试样的主要差别是缺口的形状不一样,一个为 U 型,另一个为 V 型(1 分),缺口底部的曲率半径一个为 $R1\pm0.07$(2 分),另一个为 $R0.25\pm0.025$(2 分)。

19. 答:碳素钢中的低、中、高碳钢的区分为:碳含量小于等于 0.25%的为低碳钢(2 分);碳含量大于 0.25%至 0.60%的为中碳钢(1 分);碳含量大于 0.60%的为高碳钢(2 分)。

20. 答:布氏硬度的优点:可测定软硬不同和厚薄不一材料的硬度,由于压痕较大,故具有较好的代表性和重复性(1 分)。

缺点:对不同材料和厚度的试样需更换压头和试验力,操作和压痕测量较费时,工作效率低(1 分)。

21. 答:断后伸长率 δ 的测定是在试样拉断后进行的,将试样在断裂处紧密对接在一起,尽量使其轴线在同一直线上,测出试样断后的长度 L_1,则断后伸长率 $=\{(L_1-L_0)/L_0\}\times$

100%(L_0 为试验前标距)(5 分)。

22. 答:内力:受力物体内产生的抵抗外力与变形的力(3 分)。

应力:单位面积上的内力(2 分)。

23. 答:晶粒度:晶粒尺寸大小的量度(2 分)。

魏氏组织:是一种先共析转变组织,即亚共析钢和过共析析钢在奥氏体化后的快冷过程中,沿奥氏体的一定晶面析出的针状铁素体或渗碳体,并从晶界嵌入晶内, 这种先共析组织叫魏氏组织(3 分)。

24. 答:(1)评定原材料的冶金质量及热加工后的产品质量(1 分);(2)评定材料在不同温度下的脆性转化趋势(1 分);(3)确定应变时效敏感性(1 分);(4)作为材料承受大能量冲击时的抗力指标或评定某些构件寿命与可靠性的结构性指标(2 分)。

25. 答:主要区别在于铁—石墨相图中:(1)共晶转变线—E'C'F'比 ECF 线高,而共析转变线—P'S'K'也比 PSK 线高(2 分);(2)奥氏体中碳的溶解度线 S'E'比 SE 线左上移,说明奥氏体溶解碳量减低,临界点 Acm 升高(2 分);(3)液相线 C'D'比 CD 线左上移,说明共晶点含碳量降低,液体中析出石墨的温度升高(1 分)。

26. 答:把钢制成若干一定尺寸的试样,加热到临界点以上(2 分),然后分别迅速地放入低于 $A1$ 的不同温度的盐槽中使过冷奥氏体发生等温转变(1 分),再测出各试样等温过程中奥氏体的开始转变时间和转变终了时间并绘制时间一温度坐标图(1 分)。分别连接各开始转变点(a)和终了转变点(b),便得到某钢的奥氏体等温转变曲线即 C 曲线(1 分)。

27. 答:置换固溶体是溶质原子取代溶剂晶格中溶剂原子的位置而组成的固溶体(1 分),而间隙固溶体则是溶质原子溶入溶剂晶格间隙所组成的固溶体(1 分)。因此可知,置换固溶体晶格的增大与缩小决定溶质原子的尺寸。当溶质原子大于溶剂原子时,晶格尺寸增大,反之缩小,而间隙固溶体的晶格则总是增大的(3 分)。

28. 答:包括钢的化学成分(1 分)、奥氏体晶粒度(2 分)、第二相的存在和分布(2 分)等。

29. 答:定点(1 分)、定质(1 分)、定量(1 分)、定期(1 分)、定人(1 分)。

30. 答:(1)指针指向标尺起始端(下限) (1 分);(2)指针指向标尺上限(1 分);(3)指针指零不动(1 分);(4)指针停止不动(1 分);(5)指针摆动,时有时无,时高时低(1 分);(6)指示温度偏低(1 分);(7)指示温度偏高(1 分)。(每点 1 分答 5 种满分)

31. 答:亚温淬火是不完全淬火,它是在临界区域两相区加热淬火,淬火后在马氏体基体上还保留少量弥散分布的铁素体,改变了杂质元素的分布,减少了它们在奥氏体晶界上的偏聚(3 分);另外由于加热温度较低抑制了晶粒长大的倾向,使淬火后的组织细小,从而减轻回火脆性(2 分)。

32. 答:随着回火温度的升高,固溶在 α 相中的碳化物逐渐析出,当温度更高时,亚晶粒长大并发生回复和再结晶(3 分)。与此同时渗碳体发生聚集长大并球化,晶格恢复不再有崎变,从而使硬度和强度逐渐下降,韧性提高(2 分)。

33. 答:原理是用稀硫酸与钢中的硫化物作用而产生硫化氢(2 分),再利用硫化氢与照相纸上的溴化银作用产生硫化银的棕色沉淀,沉淀物的位置刚好是硫化物的位置(3 分)。

34. 答:其宏观特征呈纤维状(1 分),颜色发暗,无金属光泽(1 分),表面上没有均匀的颗粒状组织(1 分),但有明显的滑移现象(1 分),一般为穿晶断口(1 分)。

35. 答:按应力的结合,疲劳试验有:(1)旋转弯曲疲劳试验(1.5 分);(2)拉伸压缩疲劳试验(1.5 分);(3)反复弯曲疲劳试验(1 分);(4)反复扭转疲劳试验(1 分)。

36. 答:一要注意试样的尺寸效应(2 分),二要注意试样的选取方向,即是沿加工变形方向或垂直于加工变形方向选取(3 分)。

37. 答:可采用三钾试剂。三钾试剂的配比为:铁氰化钾 10 g,亚铁氰化钾 1 g,氢氧化钾 30 g,水 100 mL(3 分)。在室温侵蚀 5～10 min,可使 FeB 呈深灰色,Fe_2B 相则为浅灰色,FeB 的显微硬度高达 1 800～2 400 HV,Fe_2B 的显微硬度稍低为 1 300～1 700 HV(2 分)。

38. 答:淬火高碳钢的组织是高硬度、高强度的孪晶马氏体(2 分),由于孪晶界上碳的偏聚,使孪晶界脆性明显增大(1 分),另外孪晶马氏体中的滑移系较少,位错通过孪晶时呈“Z”型,这就增加了形变阻力(1 分),高碳钢淬火后有较大的应力集中,又难于通过形变消除应力,于是易发生显微裂纹(1 分)。

39. 答:以离子作为激发源,轰击试样(1 分),然后接收正负二次离子,记录其荷比和强度(2 分),根据荷比和强度对试样表面进行分析(2 分),这种方法就是离子探针显微分析。

40. 答:依据电荷在磁场中运动时,在磁场产生的洛仑兹力作用下,使电荷运动方向发生改变,引起偏转的原理,制成会聚电子束的透镜叫电磁透镜(5 分)。

41. 答:无损探伤就是在不破坏工件的条件下,显示存在于工件表面及内部的各种缺陷的检验方法(1 分)。最常用的有超声波探伤(1 分)、X 射线探伤(1 分)、磁力探伤(1 分)、渗透探伤(1 分)。

42. 答:金属与合金在加热时,其尺寸和体积随温度升高而增大的现象叫做热膨胀。各种材料的热膨胀特性是不同的。为衡量热膨胀大小方便起见,规定每升高 1 ℃的膨胀率为膨胀系数(3 分)。常用的有线膨胀系数和体积膨胀系数两种(2 分)。

43. 答:(1)结构设计不合理;(2)材料的内部及表面存在有夹杂、疏松、缩孔、白点等缺陷;(3)热处理工艺不当,使材料产生脆性、裂纹等缺陷;(4)机械加工表面粗糙,园角半径过小;(5)存在不利的环境因素,如应力腐蚀、氢脆等;(6)其他因素的影响,如机组振动引起疲劳等等。(每种 1 分答出 5 种满分)

44. 答:脱碳层是钢材的表面缺陷,对使用性能和工艺性能都有显著的影响(2 分)。如滚动轴承钢表面脱碳,会引起表面硬度的降低,耐磨性变差(1 分)。高速钢的脱碳会引起表面红硬性和回火稳定性降低,也会造成表面和心部淬火组织的不同从而导致淬火裂纹(1 分)。弹簧钢及其他结构钢的脱碳,会引起疲劳极限的降低,导致早期失效(1 分)。

45. 答:因为铸件表面冷却速度比中心快,组织较细且易得到白口组织,所以表面比中心硬度高(3 分)。当出现白口组织造成加工困难时,可以用高温石墨化退火方法来消除(2 分)。

46. 答:第一次淬火用于消除表面的高碳区存在的网状渗碳体(2 分),第二次淬火是为了细化组织,获得正常的马氏体或隐晶马氏体,从而获得较好的机械性能(3 分)。

47. 答:同一钢号,但因不同批,由于炼钢时使用的脱氧剂及条件不同,使钢中含有的微量元素不同,从而不同程度地阻碍晶粒的长大,因此表现在同样热处理条件下有着不同的晶粒度(5 分)。

48. 答:根据马氏体的形成规律,首先形成的针,贯穿整个晶粒,因此,可以以最长的针判断加热时奥氏体晶粒的大小,以确定其过热程度(5 分)。

49. 答:高速钢中大量的钨和钒能与碳形成特殊的碳化物,它们不仅增加了钢的耐磨性,而且通过淬火后,相当部分特殊碳化物溶入马氏体中,阻碍马氏体在受热时发生分解(3 分),

因而高速钢的马氏体到 600 ℃时还比较稳定,它所析出的特殊碳化物细小,难以聚集长大(2 分)。

50. 答:低碳钢焊缝热影响区有五个区域:

(1)半熔化区 (1 分);(2)过热区(1 分);(3)正火区(1 分);(4)亚温正火区(或不完全再结晶区)(1 分);(5)低于临界点的区域,组织为母材原始组织(1 分)。

51. 答:钢件淬火裂纹大多数起源于工件棱角、孔洞、有缺陷处、截面突变等应力集中处(2 分)。淬火裂纹一般来说始端较粗大,末端渐细消失,裂纹两侧无氧化脱碳现象,金相组织与其他区域组织相同(3 分)。

52. 答:回火时常见的缺陷有:(1)回火后硬度过高(1 分);(2)回火后硬度不足(1 分);(3)高合金钢容易产生回火裂纹(1 分);(4)回火后有脆性,具体分为第一类回火脆性和第二类回火脆性(2 分)。

53. 答:采用背散射电子和吸收电子显示原子序数衬度(1 分)。因为这两种电子作用体积较大,分辨率比较低,一般不用来进行形貌分析,但这两种电子的产额与样品被电子束照射区域中所含元素的平均原子序数有关,元素的原子序数愈大,这两种电子的产额也愈大(2 分)。如背散射电子的扫描图象上出现的亮度大的区域含重元素较多,亮度弱的区域含轻元素较多,对不同的亮度进行标定,就可定性地进行成分分析(2 分)。

54. 答:X 射线粉末衍射花样能用于物相分析是因为由衍射花样上各线条的角度位置所确定的晶面间距 d 以及它们的相对强度 I/I_1 是物质的固有特性(1 分)。任何一种晶体物质都有确定的点阵类型和晶胞尺寸,晶胞中各原子的性质和空间位置也是一定的,因而对应有特定的衍射花样,可根据衍射花样来鉴别晶体物质(2 分)。一旦未知物质衍射花样的 d 值和 I/I_1 与已知物质相等,便可确定被测物的相组成(2 分)。

55. 答:残余内应力是当产生的各种因素不复存在时(如外力已去除、温度达到均匀、相变已结束等),由于不均匀的塑性变形和不均匀的相变致使物体内依然存在并自身保持平衡的应力(5 分)。

56. 答:显微组织参量是珠光体和铁素体的比例(1 分);铁素体的晶粒度大小(1 分);珠光体区域大小(1 分)和沉淀硬化相的量(1 分)等。单纯增加珠光体数量对屈强比和韧性不利,必须同时控制铁素体晶粒及沉淀硬化相的量(1 分)。

57. 答:(1)第二相粒子对韧窝的影响(1.5 分);(2)材料特性对韧窝深浅的影响(1 分);(3)应力状态对韧窝类型的影响(1.5 分)。

58. 答:疲劳裂纹总是首先在应力最高,强度最弱的基体上形成的(1 分)。具体来说,裂纹萌生源于下述四个方面:(1)晶体滑移而产生裂纹(1 分);(2)相界面处产生裂纹(1 分);(3)晶界处产生裂纹(1 分);(4)空洞形成和连接形成裂纹(1 分)。

59. 答:金属在恒应力作用下发生缓慢塑性变形的现象称蠕变(2 分)。当蠕变量积累到一定程度而导致断裂称蠕变断裂,也称持久强度断裂(2 分)。所以蠕变断裂是与时间有关的一种延滞破坏(1 分)。

60. 答:铸造铝硅合金 Si 量小于 12.6%时为亚共晶组织即 α 固溶体+(α+Si)共晶体,共晶硅变质处理前为灰色针状(1.5 分)。含 Si 大于 12.6%时组织中有初晶硅呈多面体状(1.5 分)。经变质处理后,若加变质剂 NaF,硅的形态变为球点状(1 分),若加磷变质时,初晶硅变小,共晶硅呈短针状(1 分)。

61. 答:提高金属材料断裂韧性的热处理工艺方法有以下几种:(1)中碳钢的等温淬火(1分);(2)亚共析钢的亚温淬火(1分);(3)形变热处理(1分);(4)回火和时效参数的重新选择(1分);(5)钢的超细化热处理等(1分)。

62. 答:在机件运行过程中有时会发生早期失效,因此进行机件失效分析对提高用材质量,改变环境条件,以及改进产品设计具有重大意义(1分)。

机件失效分析一般会用到:(1)失效机件的无损检测(1分);(2)断口的宏观、微观分析(1分);(3)物理、化学分析(1分);(4)结构应力分析(1分)。

63. 答:当原始组织为非平衡组织时,加热时会出现原奥氏体粗大晶粒,这种现象就是组织遗传(2分)。这种粗大结构的遗传是由于新相结晶位向与旧相的位向相同造成的。若能打乱其新相按旧相的位向排列的基因,则可避免粗大组织的产生(3分)。

64. 答:热轧弹簧钢一般在淬火、中温回火状态下使用(1分);冷拉(轧)弹簧钢丝冷卷成弹簧后,只经消除应力回火处理即可使用(2分);退火状态供应的合金弹簧钢丝卷制成弹簧后,需经淬火、中温回火才能使用(2分)。

65. 答:热加工是在再结晶温度以上进行的,加工硬化和再结晶连续进行,能消除加工硬化(2.5分)。冷加工则是在再结晶温度以下进行的,只有加工硬化没有再结晶过程,因此,不能消除加工硬化(2.5分)。

66. 答:在机械结构中,台阶和缺口存在会大大增加裂的倾向。不同材料对缺口所表现的脆性倾向是不同的。因此,对某些有缺口的机件来说,不仅需知道光滑试样的机械性能,还应考虑缺口脆性倾向(3分)。通过缺口拉伸试验,可以衡量材料对缺口的脆性倾向和安全程度。为正确选用材料提供安全可靠的依据(2分)。

67. 答:(1)它可使金属的塑性变形均匀地进行,保证了冷加工工艺的顺利实现(2分)。(2)它可使金属具有一定的抗偶然过载的能力,保证了构件的安全(2分)。(3)它可以提高金属的强度,如生产中的喷丸和表面滚压,有效地提高了疲劳强度(1分)。

68. 答:(1)称重法;(2)测长法;(3)微观轮廓法;(4)人工基准法;(5)放射性同位素法;(6)化学分析法;(7)运转特性改变法。(每种1分答对五种即满分)

69. 答:利用光子能量恒定的单色X射线轰击样品表面,使其原子或分子的电子受到电离激发而发射出来,从而获得样品化学成分等信息,这就是X射线光电子能谱分析,习惯上又叫化学分析用的电子能谱法(3分)。若采用电子束(或X射线)激发,测量样品的俄歇电子,则称为俄歇电子能谱分析(2分)。

70. 答:ZG16Mn钢淬火,得到马氏体组织,产生相变(2.5分)。而ZGMn13水韧处理后不发生相变,只是把高温下的奥氏体在室温固定下来了,二者有着本质区别(2.5分)。

六、综 合 题

1. 答:真值与观测值之差定义为误差(3分)。在实际测量中,真值无法知道的情况,真值用平均值代替,这时误差的含义就是偏差(2分)。在生产中,产品的参数往往会给定一个标称值,我们把标称值当作真值,这时误差的含义就是公差(3分)。在计算中,往往会得到某物体的运动速度为100 m/s±0.1 m/s,其中100 m/s相当于真值,这时误差的含义就是计算的精确度(2分)。

2. 答:通过金相检验可以了解到材料中的夹杂物(1分)、显微组织(1分)、成分偏析(1

分)、脱碳(1分)、增碳晶粒大小(1分)、不适当热处理(过热、过烧)(1分),回火不充分以及变形(1分)、晶界腐蚀(1分)、应力腐蚀(1分)、裂纹的扩展情况(1分),这样可正确地反映出机件材料在热处理过程中产生的缺陷和寻找出各种促成产生失效的有害工况对材料性能的影响。

3. 答:等温淬火:将加热到淬火温度的构件迅速放入温度稍高于Ms点(钢的马氏体转变开始温度)的热浴中(5分),等温保持到过冷奥氏体基本上完全转变为下贝氏体组织之后取出空冷的热处理(5分)。

4. 答:根据主体金属的化学成分(2分)、机械性能(2分)、接头的裂纹敏感性(2分)、焊后是否热处理(2分)以及耐腐蚀、耐高温、耐低温(2分)等条件综合考虑。

5. 答:硬质合金分两类:(1)钨钴类(YG),主要成分为碳化钨和钴,YG具有较好的强度和韧性,适于切削脆性材料(铸铁、有色金属、胶木)(5分)。(2)钨钴钛类(YT):主要成分为碳化钨、碳化硅和钴。YT在加工钢材时,刀具表面形成一层氧化钛薄膜,使切削不易黏附,红硬性也较好,可用于加工韧性材料如钢材等(5分)。

6. 答:(1)按形态分为韧性断裂和脆性断裂(2.5分);(2)扩展路径分为穿晶断裂(又称晶间断裂)和沿晶断裂(又称晶界断裂)(2.5分);(3)按取向分为正断和切断(2.5分);(4)按照机理分为解理断裂和剪切断裂(2.5分)。

7. 答:塑性断裂常伴有裂纹形成和裂纹亚临界扩展过程,只有当应力达到某一临界应力时才使裂纹扩展,所以塑性断裂也要经过空穴的成核、长大、增殖和聚合过程(4分)。所以塑性断裂是在不断增加驱动力及裂纹缓慢的扩展速度下进行的,若在裂纹扩展过程中卸载,便可使裂纹停止扩展(4分)。塑性断裂的宏观断口一般由灰暗色的凹凸不平纤维区、剪切唇和放射区等三部分组成(2分)。

8. 答:解:$R=F_m/S_1$(2分)

$Z(\%)=(S_0-S_1)/S_0\times100\%$(2分)

则 $S_1=S_0(1-Z)=\pi/4\times10.1^2(1-52\%)=38.5\ mm^2$(4分)

$R=48\times10^3/38.5=1\ 247\ MPa\approx1\ 250\ MPa$(4分)

答:断裂瞬间应力是1 250 MPa。

9. 答:标准是对重复性事物和概念所做的统一规定。它以科学、技术和实践经验的综合成果为基础,经有关方面协商一致、由主管机构批准,以特定形式发布,作为共同遵守的准则和依据(3分)。

标准化就是在经济、技术、科学及管理等社会实践中,对重复性事物和概念,通过制订、发布和实施标准,达到统一,以获得最佳秩序和社会效益(2分)。

标准化的作用体现在下列几方面:标准化是现代化大生产的必要条件(1分);标准化是实行科学管理和现代化管理的基础(1分);标准化有利于专业化协作生产的巩固和发展(1分);开展标准化有利于提高产品质量和发展产品品种(1分);标准化是消除浪费、节约活动和物化劳动的有效手段(1分)。

10. 答:工艺路线:调质(或正火)→矫直→清理→检验→粗加工→去应力退火→粗加工→表面热处理→矫直→磨加工→检验(6分,缺项、顺序错误一处扣0.5分)。

易出现的问题是:(1)淬硬层分布不均匀,产生的主要原因是轴颈与感应器不同心,其同心度偏差应小于1 mm。其次是感应器内电流分布不均匀,可在感应器上电流分布少的部分加导磁体(2 分)。(2)油孔处产生放射状裂纹,是由于油孔处加热不均匀或局部产生过热,解决方法可以在感应器上对着油孔的地方嵌入铜质金属或预冷后淬火(2 分)。

11. 答:扫描电镜具有试样制备简单(1 分),放大倍数可连续调节(1 分),并可观察大块试样(1 分),景深长(1 分),分辨率高(达 3 nm)(1 分)等优点。适合于对较粗糙表面如金属断口和显微组织的三维形态的观察研究,也是进行失效分析和对材料(包括无机非金属和高分子聚合物)进行研究的有效工具。如对扫描电镜配置能谱仪还可对分析试样进行成分分析(5 分)。

12. 答:位错属于线缺陷,其特点是沿着空间点阵某一方向的尺寸很长,而在另两个方向的尺寸则很短,它是晶体缺陷中最重要的一种(4 分)。有刃型位错、螺型位错和混合位错等三种(4 分)。混合位错的原子排列介于螺型位错和刃型位错之间,也可分解为螺型位错和刃性位错(2 分)。

13. 答:多晶体中每个晶粒内塑性变形也是滑移或孪晶方式进行的(3 分)。但不同位向的晶粒之间发生滑移的先后、大小、方向和程度各不相同,相互牵扯,总的效果是增加了滑移阻力(3 分)。晶界的存在及其结构特点,对塑性变形产生较大阻力,位错在晶界处塞积,只有在更大外力作用下,晶界附近应力集中足以使相邻晶内位错开始移动,滑移才能继续下去(3 分)。显然,多晶体对滑移的较大阻力,反映了材料强度的增高。晶粒越细,单位体积内晶界数量越多,材料对塑性变形抗力越大亦即强度越高(1 分)。

14. 答:(1)作好调查研究,做到心中有数(2 分);(2)先外后内,逐步缩小范围(2 分);(3)先检查机械部分,后检查电气部分(2 分);(4)先不通电检查,后通电检查(2 分);(5)先检查输入端,后检查输出端(2 分)。

15. 答:(1)钢的化学成分:碳含量在 1%以下时,随着钢中含碳量的增加淬透性提高;当含碳量高于 1%时,若加热温度高于 Acm 点时,则随着含碳量的增加淬透性提高;若加热温度低于 Acm 时,则相反。合金元素除 Ti、Zr、Co 外,均可提高淬透性(3 分)。(2)奥氏体晶粒度:奥氏体晶粒尺寸增大,淬透性提高(3 分)。(3)奥氏体化温度:奥氏体化温度增高,淬透性提高(3 分)。(4)第二相的存在和分布(1 分)。

16. 答:氙灯的色温为 6 000 K,近似于白光,光谱连续、亮度高,是当前国内外金相显微镜的主要光源之一(5 分)。在很多显微镜中,由于光路缩短,光损失大大降低,因而通常只使用卤素灯,只有在特殊场合下才使用氙灯(5 分)。

17. 答:主要应用如下:(1)根据金属材料中不同的相或组织在一定的光学条件下能呈现出不同色泽的特点,可以作为相鉴别的依据,特别适用于配合其他手段分析复杂合金的显微组织(3 分)。(2)提高金相组织衬度,显示在一般明场中难以观察到的某些显微组织的细节(2 分)。(3)通过获得具有良好衬度的显微组织图像,可用于做定量金相分析(2 分)。(4)金属材料及其构件在服役中,在交变应力作用下易产生疲劳,在疲劳开始时受力处会产生微量形变,这种微量变形可利用微差干涉衬度装置将其显示出来,由此可用以研究疲劳整个过程(3 分)。

18. 答:传统的化学及电解侵蚀法仅简单地使合金表面造成浮凸,利用其由于反射光的强弱不同所造成的黑白衬度来鉴别组织及相。这种传统的显示方法不但使其所提供的合金组织的信息不多,而且还会因受侵蚀原因而导致合金组织轮廓的扩大或产生各种假象,使组织鉴别失真(5 分)。因此,必须使用其他的诸如干涉法、热染法、化学着色法、恒电位法、真空镀膜法及离子溅射成膜法等几种新的显示方法,以达到正确、有效显示显微组织之目的(5 分)。

19. 答:产生主要的信号有以下几种:(1)背散射电子,这是被入射固体样品中的原子核反弹回来的一部分入射电子,它可用作表面形貌和化学成分定性分析(3分)。(2)二次电子,它是被入射电子轰击出来离开样品表面的核外电子,对表面形貌十分敏感,故最适用于样品的表面形貌分析(3分)。(3)特征X射线,原子内层电子受到激发后,在能级跃迁过程中直接释放出具有特征能量和波长的一种射线,它主要用于成分分析(3分)。(4)其他信号,主要为透射电子、吸收电子和俄歇电子等,这些信号可用作形貌分析和成分分析(1分)。

20. 答:可供透射电镜下进行分析的样品,其样品一定要减薄至能使入射电子束穿过(1分)。制备金属薄膜样品主要有如下几个步骤:(1)根据分析目的从大块样品切下薄片,其厚度控制在0.2~0.3 mm范围内,常用电火花线切割法(3分)。(2)用机械法或化学法把样品成薄至0.05~0.10 mm范围内(3分)。(3)用双喷电解抛光法将样品最终成薄,即把样品减薄至刚刚穿孔为止(3分)。

21. 答:复型法是一种间接的分析方法,通过复型制备出的样品是真实样品组织结构细节的复制品(1分),目前复型的主要方法有三种:(1)一级复型。在样品表面浇铸一层塑料,常用的塑料复型材料是火棉胶或聚醋酸甲基乙烯酯,干燥后塑料膜厚约为100 nm,把塑料复型膜从样品上揭下来置于$\phi=3$ nm铜网上,就可以进行分析观察,其分辨率约为10~20 nm;也可用碳一级复型,其分辨率可达2 nm(3分)。(2)二级复型。先在样品表面滴上一滴丙酮,然后把醋酸纤维素(即AC纸)压在样品上,干后把AC纸揭下,放入真空喷镀装置中进行重金属投影和喷碳膜,把带有碳膜的AC纸剪成小方块放在丙酮中,带AC纸溶去后用铜网把碳膜捞起即成样品,其分辨率为10~20 nm(3分)。(3)萃取复型。它的制备方法与碳一级复型相似,即把样品放在真空镀膜装置中,在其表面喷镀一层数十纳米的碳膜后,用化学或电化学方法对样品进行侵蚀,使复型和样品分离。萃取复型要采用深腐蚀,使第二相颗粒裸露出来,这样萃取下的第二相颗粒易被碳膜所包围,萃取复型不仅可分析第二相的形貌和分布,而且可以进行电子衍射结构分析(3分)。

22. 答:电子探针主要特点是可以进行微区、微量元素的分析(3分)。分析区域可在几个立方微米范围内,检测最小范围直径约为1 μm,其绝对感量为10^{-11}~10^{-16} g(3分)。由于它不破坏样品而且制作简单,且能在1 min内可完成硼~铀的全元素定性分析,10个元素的定量分析也只需2~3 min,以及其分析精度高,定量分析的相对误差优于±2%等原因,因此得到了广泛应用(4分)。

23. 答:电子显微镜是一种新型的可进行综合分析的现代测试仪器,它能把形貌显示,微区成分分析和晶体结构分析三者结合起来进行(4分)。透射电镜的点分辨率达到0.2~0.3 nm,即在电镜下可观察到两粒子的最近距离,点阵分辨率可达0.144 nm,即能看清两晶面间的间距(3分)。透射电镜还可以进行选区衍射电子操作,这样就可以把样品中观察部位的微观形貌与其晶体结构对照起来(3分)。

24. 答:金属和它所处的环境介质之间发生化学作用或电化学作用引起的变质和破坏称为金属腐蚀(3分),其中也包括上述因素与机械因素或生物因素的共同作用,如应力腐蚀、磨损腐蚀、微生物腐蚀和腐蚀疲劳等(3分)。金属腐蚀问题遍及企业生产和国防建设的各个领域,会对国民经济带来巨大的损失。为了减轻因金属腐蚀而带来的损失,研究腐蚀发生的原因及其防护控制的方法,将对我国经济发展具有十分重要的意义(4分)。

25. 答:断裂失效主要分塑性、脆性和疲劳等三种断裂类型(1分)。

塑性断裂失效的特点是断裂之前有一定程度的塑性变形,一般属非灾难性的失效。其断裂特征为在裂纹或断口附近有宏观塑性变形，在金相显微镜下观察时可明显见到塑性变形层，用电镜观察断口时可见到韧窝形貌(3 分)。

脆性断裂是突发性的，易导致灾难性的事故。其断裂特征是失效件断成两段或碎成多块，断口附近没有宏观塑性变形特征，断口与正应力方向垂直，断口源区边缘无剪切唇，断口呈细瓷状，有时可见闪亮的小晶面，断口上可见放射棱线或"人字纹"，电镜断口特征为河流花样或冰糖状形貌(3 分)。

疲劳断裂都在交变载荷下发生，无明显塑性变形，断裂是瞬间发生的，其危害性较大，宏观断口上有贝纹花样，电镜下的断口可见到辉纹形貌(3 分)。

26. 答:沿晶断裂是裂纹沿晶界扩展而造成金属材料的脆断(2 分)。在失效分析中常见的有以下几种类型的沿晶断裂形成:

(1)晶界沉淀相造成的沿晶断裂。晶界上不连续的沉淀相在外力作用下，在其周围首先形成微孔，后经长大连接成为晶界裂纹，最后造成沿晶断裂，此时为沿晶韧窝断裂。若晶界上沉淀相粒子形成脆性网状薄膜，此时断裂为脆性薄膜分裂型(2 分)。

(2)杂质元素偏聚造成的沿晶脆断。杂质元素 P、S、Sb、As 和 Sn 等在晶界上存在并达到一定浓度时，它们将降低晶界内聚能，从而引起脆断。如高强度低合金钢的回火脆性就是典型例子(2 分)。

(3)由环境介质侵蚀引起的沿晶断裂。这主要表现为应力腐蚀及氢脆两类(2 分)。

(4)高温下的沿晶断裂。主要是蠕变断裂，也包括高温下疲劳时可能产生的沿晶断裂(2 分)。

27. 答:疲劳断裂往往在循环交变应力、拉应力和塑性形变同时作用下造成(1 分)。循环应力导致裂纹萌生(1 分);拉应力促使裂纹扩展(1 分);塑性变形影响着整个疲劳过程(1 分)。通常疲劳失效原于空洞、尖角或夹杂物等应力集中处(2 分)。在疲劳过程中，于疲劳扩展区内，机体不发生肉眼可见的宏观塑性变形，因此机体的疲劳断裂通常都是突发性的(2 分)。疲劳裂纹一般可分为裂纹萌生阶段、疲劳扩展第罗阶段、疲劳扩展第罗阶段和瞬时断裂四个阶段(2 分)。

28. 答:这两种断裂都是由于环境介质侵蚀而引起的沿晶断裂(2 分)。

应力腐蚀的断口可呈脆性断口也可呈塑性断口。断裂方式有沿晶断裂和穿晶断裂两种，碳钢及低合金钢多半是沿晶断裂，而奥氏体不锈钢多半是穿晶断裂(2 分)。在金相磨片上，应力腐蚀裂纹除主裂纹外，尚有许多分支，若主裂纹走向是沿晶的，分支裂纹多数也是沿晶的。在电镜下应力腐蚀断口常呈现一些腐蚀斑点，一般晶间断裂形态的晶面上有撕裂脊，当腐蚀时间较长时，常呈现干裂的泥塘状花样(2 分)。

氢脆断口较为平齐，裂纹源大多在表皮下三向拉应力最大处。氢脆断口的特征是与裂纹前沿的应力强度因子 K_{I}值及氢浓度有关，当 K_{I}较大时以韧窝形式开裂，当 K_{I}较小时会出现沿晶断裂(2 分)。垂直于氢脆断口对主裂纹进行金相检验，主裂纹两侧一般没有分叉现象(2 分)。

29. 答:在电镜下观察某些脆性断口，可见到解理断裂特征形貌，同时又能观察到伴随发生的塑性变形痕迹，这种断口称为准解理断口(4 分)。准解理断口的宏观形貌较为平整，基本无塑性变形或变形很小，与解理断口相近似也具有小刻面及放射状条纹等形貌(4 分)。准解理断口的微观形貌也有呈台阶、河流、舌状等形貌特征(2 分)。

30. 答:(1)可提高显微镜的实际分辨率。因为小于 0.1 μm 粒子无法在光学显微镜的明场下辨认,由于暗场消除了叠加在这些微粒散光成像的亮背景,从而加强了这些粒子衍射像衬度,因此用暗场可观察到这些粒子(4 分)。

(2)提高图像的衬度。由于暗场照明光线不经过物镜,因而显著减少了因为光线多次通过物镜界面所引起的反射和炫光,所以提高了像的衬度(3 分)。

(3)鉴别钢中非金属夹杂物。当暗场照明时,由于金属基体处的反射光不能进入物镜,因而夹杂物的本色清晰呈现(3 分)。

31. 答:珠光体的含碳量为 0.77%,铁素体在室温的含碳量极少,忽略不计,

由杠杆定律(2 分)可得:

F%=(0.77－0.35)/(0.77－0)×100%=54.5%(4 分)

则 P%=1－54.5%=45.5%(4 分)

珠光体量点 45.5%。

32. 答:非调质钢与相同含碳量的中碳调质钢相比:在强度上相当(2 分);屈服强度略低些,塑性略低,韧性也略低(2 分);旋转弯曲疲劳相当甚至更好(2 分);冲击疲劳也相当(2 分);在同一强度水平上,其切削性、焊接性、高频淬火性和热加工性等工艺性能大致相同,甚至更好(2 分)。

33. 答:由于标准差是已知的,用 u 估计式(2 分):

估计上限:$\overline{X}+2б\xi/\sqrt{n}=824.5+2\times21/\sqrt{10}=837.8$ N/mm^2(4 分)

估计下限:$\overline{X}-2б\xi/\sqrt{n}=824.5-2\times21/\sqrt{10}=811.2$ N/mm^2(4 分)

因此,该材料屈服点 95%可靠度的上下限范围是 811.2～837.8 N/mm^2。

34. 答:因为二次电子激发的层深很浅约为 5～10 nm 范围,入射电子束进入浅表面时,尚未向横向扩展开来,它们只能在与束斑直径相当的一个圆柱形小体积内被激发出来,故束斑直径就是一个成像单元(像点),也就是二次电子的分辨率相当于束斑直径(5 分)。背散射电子和特征 X 射线是在样品较深的部位中激发出来的,此时被散射的入射电子束经横向扩展,作用体积明显变大,横向扩展后的作用范围大小就是它们的成像单元。由此可见,这两种信号的分辨率要比二次电子低得多(5 分)。

35. 答:热压力加工(热加工)对金属组织和性能有以下影响:(1)改善金属组织和性能,铸锭坯料经压力加工后,由于变形和再结晶,使粗大枝晶和柱状晶变成晶粒较细,大小均匀的再结晶组织。同时铸件中原有的气孔、疏松、裂纹等缺陷,经压力加工而压合,使金属组织更致密提高了机械性能(5 分)。(2)使金属机械性能具有方向性。铸锭中含有的杂质,经压力加工后,随晶界变形而拉长,并排列成方向一致,形成纤维组织,使机械性能有方向性(5 分)。

材料物理性能检验工(初级工)技能操作考核框架

一、框架说明

1. 依据《国家职业标准》注,以及中国北车确定的“岗位个性服从于职业共性”的原则,提出材料物理性能检验工(初级工)技能操作考核框架(以下简称:技能考核框架)。

2. 本职业等级技能操作考核评分采用百分制。即:满分为 100 分,60 分为及格,低于 60 分为不及格。

3. 实施“技能考核框架”时,考核制件(活动)命题可以选用本企业的加工件(活动项目),也可以结合实际另外组织命题。

4. 实施“技能考核框架”时,考核的时间和场地条件等应依据《国家职业标准》,并结合企业实际决定。

5. 实施“技能考核框架”时,其“职业功能”的分类按以下要求决定:

(1)“检验操作”属于本职业等级技能操作的核心职业活动,其“项目代码”为“E”。

(2)“检验准备”、“数据处理”、“事故处理”属于本职业等级技能操作的辅助性活动,其“项目代码”分别为“D”和“F”。

6. 实施“技能考核框架”时,其“鉴定项目”和“选考数量”按以下要求确定:

(1)按照《国家职业标准》有关技能操作鉴定比重的要求,本职业等级技能操作考核制件的“鉴定项目”应按“D”+“E”+“F”组合,其考核配分比例应为:“D”占 25 分,“E”占 60 分,“F”占 15 分(其中:数据处理 10 分,事故处理 5 分)。

(2)依据中国北车确定的“核心职业活动选取 2/3,并向上取整”的规定,在“E”类鉴定项目——“检验操作”的全部 7 项中,至少选取 5 项。

(3)依据中国北车确定的“其余‘鉴定项目’的数量可以任选”的规定,“D”和“F”类鉴定项目——“检验准备”、“数据处理”、“事故处理”中,至少分别选取 1 项。

(4)依据中国北车确定的“确定‘选考数量’时,所涉及‘鉴定要素’的数量占比,应不低于对应‘鉴定项目’范围内‘鉴定要素’总数的 60%,并向上取整”的规定,考核制件的鉴定要素“选考数量”应按以下要求确定:

①在“D”类“鉴定项目”中,在已选定的至少 1 个鉴定项目中,至少选取已选鉴定项目所对应的全部鉴定要素的 60%项,并向上保留整数。

②在“E”类“鉴定项目”中,在已选定的至少 5 个鉴定项目所包含的鉴定要素中,至少选取总数的 60%项,并向上保留整数。

③在“F”类“鉴定项目”中,对应“数据处理”,在已选定的至少 1 个鉴定项目中,至少选取已选鉴定项目所对应的全部鉴定要素的 60%项,并向上保留整数。对应“事故处理”的 2 个鉴定要素,应当全部选取。

举例分析:

按照上述“第 6 条”要求,若命题时按最少数量选取,即:在“D”类鉴定项目中选取了“实验准备”1 项,在“E”类鉴定项目中选取了“力学试验”、“硬度试验”、“金相制样”、“热处理实验”、“低倍试验”5 项,在“F”类鉴定项目中选取了“台账登具”、“事故处理”2 项,则:

此考核制件所涉及的“鉴定项目”总数为 8 项,具体包括:“实验准备”,“力学试验”、“硬度试验”、“金相制样”、“热处理实验”、“低倍试验”,“台账登具”、“事故处理”。

此考核制件所涉及的鉴定要素“选考数量”相应为 17 项,具体包括:“实验准备”鉴定项目包含的全部 3 个鉴定要素的 2 项,“力学试验”、“硬度试验”、“金相制样”、“热处理实验”、“低倍试验”5 个鉴定项目包括的全部 17 个鉴定要素的 11 项,“台账登具”鉴定项目包含的全部 2 个鉴定要素的 2 项,“事故处理”鉴定项目包含的全部 2 个鉴定要素的 2 项。

7. 本职业等级技能操作需要两人及以上共同作业的,可由鉴定组织机构根据“必要、辅助”的原则,结合实际情况确定协助人员的数量。在整个操作过程中,协助人员只能起必要、简单的辅助作用。否则,每违反一次,至少扣减应考者的技能考核总成绩 10 分,直至取消其考试资格。

8. 实施“技能考核框架”时,应同时对应考者在质量、安全、工艺纪律、文明生产等方面行为进行考核。对于在技能操作考核过程中出现的违章作业现象,每违反一项(次)至少扣减技能考核总成绩 10 分,直至取消其考试资格。

注:按照中国北车规定,各《职业技能操作考核框架》的编制依据现行的《国家职业标准》或现行的《行业职业标准》或现行的《中国北车职业标准》的顺序执行。

二、材料物理性能检验工(初级工)技能操作鉴定要素细目表

<table>
<tr><th rowspan="2">职业功能</th><th colspan="3">鉴定项目</th><th colspan="4">鉴定要素</th></tr>
<tr><th>项目代码</th><th>名　称</th><th>鉴定比重(%)</th><th>选考方式</th><th>要素代码</th><th>名　称</th><th>重要程度</th></tr>
<tr><td rowspan="12">检验准备</td><td rowspan="12">D</td><td rowspan="2">检验试样接收</td><td rowspan="12">25</td><td rowspan="12">任选</td><td>001</td><td>确定检验试样的种类、牌号</td><td>X</td></tr>
<tr><td>002</td><td>确定委托试样的检验项目</td><td>X</td></tr>
<tr><td rowspan="3">实验准备</td><td>001</td><td>选用委托试验的采用标准</td><td>X</td></tr>
<tr><td>002</td><td>正确标识、保管委托试样</td><td>X</td></tr>
<tr><td>003</td><td>按标准配置 4%硝酸酒精腐蚀液</td><td>Y</td></tr>
<tr><td rowspan="4">仪器设备选用</td><td>001</td><td>根据试样形状选用试验机钳口夹具</td><td>Y</td></tr>
<tr><td>002</td><td>选用正确的试样热处理装夹具</td><td>Y</td></tr>
<tr><td>003</td><td>选用正确的金相显微镜放大倍数</td><td>Y</td></tr>
<tr><td>004</td><td>正确选用金相砂纸和抛光材料</td><td>Y</td></tr>
<tr><td rowspan="3">仪器设备保养</td><td>001</td><td>对金相显微镜进行试验后维护保养</td><td>Y</td></tr>
<tr><td>002</td><td>对拉伸试验机进行试验后维护保养</td><td>Y</td></tr>
<tr><td>003</td><td>对硬度计进行试验后维护保养</td><td>Y</td></tr>
</table>

续上表

职业功能	鉴定项目				鉴定要素		
	项目代码	名称	鉴定比重(%)	选考方式	要素代码	名称	重要程度
检验操作	E	力学试验	60	至少选五项	001	使用游标卡尺测量试样尺寸	X
					002	使用游标千分尺测量试样尺寸	X
					003	操作拉伸试验机测定试样的屈服强度	X
					004	操作拉伸试验机测定试样的抗拉强度	X
					005	测定试样的断后伸长率	X
					006	测定试样的断面收缩率	X
					007	操作试验机做试样的弯曲试验	X
		硬度试验			001	操作洛氏硬度计测定洛氏硬度值	X
		工艺性能试验			001	操作试验机做试样的杯突试验	X
					002	操作磁性测量仪测定磁感强度和铁损	X
		金相制样			001	制备金相组织检验试样	X
					002	制备晶粒度检验试样	X
		金相检验			001	比照标准图谱对晶粒度组织评级	X
					002	比照标准图谱对带状组织评级	X
					003	识别铁素体和珠光体组织	X
		热处理实验			001	进行试样时效热处理	Y
					002	进行试样调质/淬回火热处理	Y
					003	进行试样正火热处理	Y
					004	进行试样退火热处理	Y
		低倍试验			001	操作试样低倍酸浸试验	X
					002	按照标准评级图谱,识别并评定低倍疏松组织缺陷	X
					003	按照标准评级图谱,识别并评定低倍偏析组织缺陷	X
数据处理	F	记录方法	15	任选	001	使用法定计量单位	X
					002	修约拉伸试验结果	X
		台账登具			001	登记检验原始记录	X
					002	出具检验报告	X
事故处理		事故处理			001	描述岗位事故的基本类型	Y
					002	配合进行一般事故处理	Y

注:重要程度中X表示核心要素,Y表示一般要素,Z表示辅助要素。下同。

材料物理性能检验工(初级工)
技能操作考核样题与分析

职 业 名 称：________________

考 核 等 级：________________

存 档 编 号：________________

考核站名称：________________

鉴定责任人：________________

命题责任人：________________

主管负责人：________________

中国北车股份有限公司劳动工资部制

职业技能鉴定技能操作考核制件图示或内容

理化试验委托单

委托单位:人力资源部　　送样时间　　月　　日　　时　　　要求完成时间　　月　　日　　时

试样名称	编号(规格)	数量	检验项目	原始证件内容
原材料检验	T01	1	抗拉强度	初级操作考核
G20CrNi2MoA		2	低倍	
		1	金相组织(制样)	
		1	晶粒度(制样)	
		1	模拟热处理	
针阀体成品试样	T02	1	硬度(HRC)	

注:此表一式二份,一份留存,一份随试样送理化室。

主管:　　　　　　　取样负责人:

以上为本次物理实验委托单,请按照试验委托单的要求,对所提供的试块进行相应物理检测试验。

基本工作要求:①实验前需找到相应的物理检测标准;②正确标识与保管试样;③选用正确的仪器设备与试验方法进行试验;④按照《职业技能鉴定技能考核制件(内容)分析》中规定的考核项目正确无误的进行实验操作;⑤试验中与试验后必须正确无误的填写实验记录与实验报告;⑥在热处理操作、低倍操作、磨抛操作结束后向考官陈述该项目的事故危险性和注意要点。

其他要求:①安全性要求:应正确使用护目镜、耳塞等防护用品;涉及高速旋转类的设备操作中,不允许带手套进行操作;化学药品使用中,需正确使用防护用品(口罩、橡胶手套等)与设施(换气扇、通风橱等);热处理操作须做好防火。评分依据:检测中心试验室《C层次文件汇编》(1999年版)。②时间性要求:按照国家规定技能操作考试时间为120分钟,在本次考试项目中热处理、低倍试验的升温、保温、降温所需时间不计入操作考试总时间。

职业名称	材料物理性能检验工
考核等级	初级工
试题名称	G20CrNi2MoA 渗碳钢物理检测
材质等信息	

职业技能鉴定技能操作考核准备单

职业名称	材料物理性能检验工
考核等级	初级工
试题名称	G20CrNi2MoA 渗碳钢物理检测

一、材料准备

1. 材料规格：ϕ10 标准拉力试样 x1，20×20×10 金相试样×2，低倍试样×2，针阀体试样×1，ϕ20×200 淬火毛坯试样×1，工业酒精(分析纯)2 500 mL，盐酸(分析纯)2 500 mL。

2. 坯件尺寸：无。

二、设备、工、量、卡具准备清单

序号	名称	规格	数量	备注
1	游标卡尺	量程 200 mm，分度值 0.02 mm	1把	
2	千分尺	量程 25 mm	1把	
3	台阶式拉伸试样夹具		2套	
4	钳口式拉伸试样夹具		2套	
5	热处理夹钳		2件	
6	金相砂纸	320#	5张	
7	金相砂纸	600#	5张	
8	金相砂纸	800#	5张	
9	金刚石抛光喷雾	1 μm	1罐	
10	金刚石抛光喷雾	2.5 μm	1罐	
11	记号笔		1支	
12	一字改锥		1把	
13	硝酸酒精	4%浓度	300 mL	
14	试样保管袋		10个	
15	橡胶防护手套		1副	

三、考场准备

1. 相应的公用设备、设备与器具的润滑与冷却等：

拉力试验机 1 台；

砂轮机 1 台；

金相磨光机 1 台；

金相抛光机 1 台；

洛氏硬度计 1 台；

高温热处理炉 1 台；

低温热处理炉(干燥箱)1台；

低倍试验炉1台；

出具报告用电脑1台；

试验台账1本。

2. 相应的场地及安全措施：

物理性能实验室；

金相实验室；

化学分析实验室；

热处理实验室；

干粉灭火器及二氧化碳灭火器；

烫伤、外伤及化学品中毒的相应急救设备。

3. 其他准备。

《金属力学及工艺性能试验方法标准汇编》；

《金属材料金相热处理检验方法标准汇编》；

劳保手套、噪声耳塞、护目镜等劳保用品。

四、考核内容及要求

1. 考核内容：按照试验委托单的要求对所提供的渗碳轴承钢试块进行相应物理检测试验，其中包括：①拉力试验测定拉力试样的强塑性指标；②硬度试验测定淬火件的硬度；③金相制样；④低倍试验及评级；⑤试样的模拟热处理；⑥试验相关数据记录和报告出具。

2. 考核时限：120分钟。

3. 考核评分。

职业名称	材料物理性能检验工		考核等级	初级工	
试题名称	G20CrNi2MoA渗碳钢物理检测		考核时限	120 min	
鉴定项目	考核内容	配分	评分标准	扣分说明	得分
实验准备	选用正确的拉力、硬度、金相、低倍试验标准	4	少选、选错1种扣1分		
	在试样上用记号笔或其他标记方式标识试样	2	在实验整个过程中出现标记丢失，错误，扣2分		
	在实验前后正确处置试样	4	在试样保管袋上正确标识试样名称、试验类型、检验日期、试样材质，少1项扣1分		
仪器设备选用	选用正确形状的试验机钳口夹具	3	选错扣3分		
	选用合理尺寸的试验机钳口夹具	3	选择尺寸不适当，未打滑扣1分，打滑扣3分		
	选用适当形状、尺寸的钳口夹具	3	在热处理过程中出现夹持不稳扣2分，操作不便扣1分		
	选用正确的砂纸	3	选择不合适的砂纸型号，扣3分		
	选用正确的抛光材料	3	选择不合适的抛光材料，扣3分		
力学实验	测量拉伸试验的原始标距长度	3	操作不正确扣3分		
	使用千分尺测量拉伸试样的原始直径	3	操作不正确扣3分		

续上表

鉴定项目	考核内容	配分	评分标准	扣分说明	得分
力学实验	操作试验机正确夹持加载进行试样的拉伸试验	3	操作不正确扣3分		
	测量拉伸试验断后的标距长度	3	操作不正确扣3分		
	计算断后伸长率	4	计算错误扣4分		
	测量拉伸试验断后的断口直径	3	操作不正确扣3分		
	计算断面收缩率	4	计算错误扣4分		
硬度试验	选择正确载荷	3	载荷选择不正确扣3分		
	进行洛氏硬度试验	4	加载、卸载操作不正确，扣4分		
金相制样	组织试样磨光操作	3	未能磨出同一平面扣1分，未能完全磨除过热层及机械扰乱层扣2分		
	组织试样抛光操作	3	未能完全抛光扣2分，磨糊扣1分		
	组织试样浸蚀操作	3	不能清晰的显示金相组织扣3分		
	晶粒度试样磨光操作	3	未能磨出同一平面扣1分，未能完全磨除过热层及机械扰乱层扣1分		
	晶粒度试样抛光操作	3	未能完全抛光扣2分，磨糊扣1分，		
	晶粒度试样浸蚀操作	3	不能清晰的分辨晶粒，扣3分		
热处理实验	正确操作淬火热处理	2	操作不正确扣2分		
	正确操作回火热处理	2	操作不正确扣2分		
低倍试验	正确操作低倍酸浸	2	操作不正确扣2分		
	一般疏松评级	3	评级错误每超过0.5级扣1.5分		
	中心疏松评级	3	评级错误每超过0.5级扣1.5分		
台账登具	登记检验原始记录	5	记录中需体现托验方、样品名称、日期、检验项目、数量、取样负责人，缺一项扣1分		
	出具检验报告	5	报告中需体现报告号、样品名称、日期、检验结果、试验者，缺一项扣1分		
事故处理	描述岗位事故的基本类型	3	热处理操作、低倍操作、磨抛操作结束后向考官陈述该项目的事故危险性和注意要点，缺少1次扣1分		
	配合进行一般事故处理	2	对火灾事故类型进行模拟处理		
质量、安全、工艺纪律、文明生产等综合考核项目	考核时限	不限	每超时15分钟，扣10分		
	工艺纪律	不限	依据企业有关工艺纪律管理规定执行，每违反一次扣10分		
	劳动保护	不限	依据企业有关劳动保护管理规定执行，每违反一次扣10分		

续上表

鉴定项目	考核内容	配分	评分标准	扣分说明	得分
质量、安全、工艺纪律、文明生产等综合考核项目	文明生产	不限	依据企业有关文明生产管理规定执行，每违反一次扣10分		
	安全生产	不限	依据企业有关安全生产管理规定执行，每违反一次扣10分，有重大安全事故，取消成绩		

职业技能鉴定技能考核制件(内容)分析

职业名称	材料物理性能检验工				
考核等级	初级工				
试题名称	G20CrNi2MoA 渗碳钢物理检测				
职业标准依据	《材料物理性能检验工国家职业标准》				
试题中鉴定项目及鉴定要素的分析与确定					
鉴定项目分类 分析事项	基本技能“D”	专业技能“E”	相关技能“F”	合计	数量与占比说明
鉴定项目总数	4	7	3	14	核心技能“E”满足鉴定项目占比高于2/3的要求
选取的鉴定项目数量	2	5	2	9	
选取的鉴定项目数量占比	50%	71%	67%	64%	
对应选取鉴定项目所包含的鉴定要素总数	7	17	4	28	鉴定要素数量占比大于60%
选取的鉴定要素数量	5	11	4	20	
选取的鉴定要素数量占比	71%	65%	100%	71%	

所选取鉴定项目及相应鉴定要素分解与说明

鉴定项目类别	鉴定项目名称	国家职业标准规定比重(%)	《框架》中鉴定要素名称	本命题中具体鉴定要素分解	配分	评分标准	考核难点说明
“D”	实验准备	25	选用委托试验的采用标准	选用正确的拉力、硬度、金相、低倍试验标准	4	少选、选错1种扣1分	实验操作细节
			正确标识、保管委托试样	在试样上用记号笔或其他标记方式标识试样	2	在实验整个过程中出现标记丢失,错误,扣2分	
				在实验前后正确处置试样	4	在试样保管袋上正确标识试样名称、试验类型、检验日期、试样材质,少1项扣1分	
	仪器设备选用		根据试样形状选用试验机钳口夹具	选用正确形状的试验机钳口夹具	3	选错扣3分	试验设备、试验用具选用
				选用合理尺寸的试验机钳口夹具	3	选择尺寸不适当,未打滑扣1分,打滑扣3分	
			选用正确的试样热处理装夹具	选用适当形状、尺寸的钳口夹具	3	在热处理过程中出现夹持不稳扣2分,操作不便扣1分	
			正确选用金相砂纸和抛光材料	选用正确的砂纸	3	选择不合适的砂纸型号,扣3分	
				选用正确的抛光材料	3	选择不合适的抛光材料,扣3分	

续上表

鉴定项目类别	鉴定项目名称	国家职业标准规定比重(%)	《框架》中鉴定要素名称	本命题中具体鉴定要素分解	配分	评分标准	考核难点说明
"E"	力学实验	60	使用游标卡尺测量试样尺寸	测量拉伸试验的原始标距长度	3	操作不正确扣3分	量具的正确使用
			使用游标千分尺测量试样尺寸	使用千分尺测量拉伸试样的原始直径	3	操作不正确扣3分	
			操作拉伸试验机测定试样的抗拉强度	操作试验机正确夹持加载进行试样的拉伸试验	3	操作不正确扣3分	力学实验基本知识以及基本操作
			测定试样的断后伸长率	测量拉伸试验断后的标距长度	3	操作不正确扣3分	
				计算断后伸长率	4	计算错误 扣4分	
			测定试样的断面收缩率	测量拉伸试验断后的断口直径	3	操作不正确扣3分	
				计算断面收缩率	4	计算错误扣4分	
	硬度试验		操作洛氏硬度计测定洛氏硬度值	选择正确载荷	3	载荷选择不正确扣3分	洛氏硬度实验知识和硬度计操作
				进行洛氏硬度试验	4	加载、卸载操作不正确,扣4分	
	金相制样		制备金相组织检验试样	磨光操作	3	未能磨出同一平面扣1分,未能完全磨除过热层及机械扰乱层扣2分	磨平、抛光基本技能以及扰乱层知识
				抛光操作	3	未能完全抛光扣2分,磨糊扣1分	
				浸蚀操作	3	不能清晰的显示金相组织扣3分	组织浸蚀操作的腐蚀时间
			制备晶粒度检验试样	磨光操作	3	未能磨出同一平面扣1分,未能完全磨除过热层及机械扰乱层扣1分	磨平、抛光基本技能以及扰乱层知识的掌握
				抛光操作	3	未能完全抛光扣2分,磨糊扣1分	
				浸蚀操作	3	不能清晰的分辨晶粒,扣3分	晶粒度浸蚀的腐蚀时间
	热处理实验		进行试样调质/淬回火热处理	正确操作淬火热处理	2	操作不正确扣2分	实验热处理操作能力
				正确操作回火热处理	2	操作不正确扣2分	
	低倍试验		操作试样低倍酸浸试验	正确操作低倍酸浸	2	操作不正确扣2分	低倍试验操作和评级能力
			按照标准评级图谱,识别并评定低倍疏松组织缺陷	一般疏松评级	3	评级错误每超过0.5级扣1.5分	
				中心疏松评级	3	评级错误每超过 0.5 级 扣1.5分	

续上表

鉴定项目类别	鉴定项目名称	国家职业标准规定比重(%)	《框架》中鉴定要素名称	本命题中具体鉴定要素分解	配分	评分标准	考核难点说明
“F”	台账登具	10	登记检验原始记录	登记检验原始记录	5	记录中需体现托验方、样品名称、日期、检验项目、数量、取样负责人,缺一项扣1分	实验数据正确记录能力
			出具检验报告	出具检验报告	5	报告中需体现报告号、样品名称、日期、检验结果、试验者,缺一项扣1分	
	事故处理	5	描述岗位事故的基本类型	描述岗位事故的基本类型	3	热处理操作、低倍操作、磨抛操作结束后向考官陈述该项目的事故危险性和注意要点,缺少1次扣1分	本职岗位的安全知识了解程度和事故处理能力
			配合进行一般事故处理	配合进行一般事故处理	2	对火灾事故类型进行模拟处理	
质量、安全、工艺纪律、文明生产等综合考核项目				考核时限	不限	每超时15分钟,扣10分	
				工艺纪律	不限	依据企业有关工艺纪律管理规定执行,每违反一次扣10分	
				劳动保护	不限	依据企业有关劳动保护管理规定执行,每违反一次扣10分	
				文明生产	不限	依据企业有关文明生产管理规定执行,每违反一次扣10分	
				安全生产	不限	依据企业有关安全生产管理规定执行,每违反一次扣10分,有重大安全事故,取消成绩	

材料物理性能检验工(中级工)技能操作考核框架

一、框架说明

1. 依据《国家职业标准》注,以及中国北车确定的“岗位个性服从于职业共性”的原则,提出材料物理性能检验工(中级工)技能操作考核框架(以下简称:技能考核框架)。

2. 本职业等级技能操作考核评分采用百分制。即:满分为 100 分,60 分为及格,低于 60 分为不及格。

3. 实施“技能考核框架”时,考核制件(活动)命题可以选用本企业的加工件(活动项目),也可以结合实际另外组织命题。

4. 实施“技能考核框架”时,考核的时间和场地条件等应依据《国家职业标准》,并结合企业实际决定。

5. 实施“技能考核框架”时,其“职业功能”的分类按以下要求决定:

(1)“检验操作”属于本职业等级技能操作的核心职业活动,其“项目代码”为“E”。

(2)“检验准备”、“数据处理”、“计算机操作”、“事故处理”属于本职业等级技能操作的辅助性活动,其“项目代码”分别为“D”和“F”。

6. 实施“技能考核框架”时,其“鉴定项目”和“选考数量”按以下要求确定:

(1)按照《国家职业标准》有关技能操作鉴定比重的要求,本职业等级技能操作考核制件的“鉴定项目”应按“D”+“E”+“F”组合,其考核配分比例应为:“D”占 20 分,“E”占 65 分,“F”占 15 分(其中:数据处理 5 分,计算机操作 5 分,事故处理 5 分)。

(2)依据中国北车确定的“核心职业活动选取 2/3,并向上取整”的规定,在“E”类鉴定项目——“检测操作”的全部 8 项中,至少选取 6 项。

(3)依据中国北车确定的“其余‘鉴定项目’的数量可以任选”的规定,“D”和“F”类鉴定项目——“检测准备”、“数据处理”、“计算机操作”、“事故处理”中,至少分别选取 1 项。

(4)依据中国北车确定的“确定‘选考数量’时,所涉及‘鉴定要素’的数量占比,应不低于对应‘鉴定项目’范围内‘鉴定要素’总数的 60%,并向上取整”的规定,考核制件的鉴定要素“选考数量”应按以下要求确定:

①在“D”类“鉴定项目”中,在已选定的至少 1 个鉴定项目中,至少选取已选鉴定项目所对应的全部鉴定要素的 60%项,并向上保留整数。

②在“E”类“鉴定项目”中,在已选定的至少 6 个鉴定项目所包含的全部鉴定要素中,至少选取总数的 60%项,并向上保留整数。

③在“F”类“鉴定项目”中,对应“数据处理”、“计算机操作”、“事故处理”在已选定的至少 1 个鉴定项目中,至少选取已选鉴定项目所对应的全部鉴定要素的 60%项,并向上保留整数。

举例分析:

按照上述“第 6 条”要求,若命题时按最少数量选取,即:在“D”类鉴定项目中选取了“实验准备"1 项,在"E"类鉴定项目中选取了"冲击试验""拉力试验"、"硬度试验"、"金相制样"、"金相、热处理实验"、"定量金相检验"6 项,在"F"类鉴定项目中选取了"力学数据处理"、"计算机操作"、"事故处理"3 项,则:

此考核制件所涉及的"鉴定项目"总数为 10 项,具体包括:"实验准备","冲击试验""拉力试验"、"硬度试验"、"金相制样"、"金相、热处理实验"、"定量金相检验","力学数据处理"、"计算机操作"、"事故处理"。

此考核制件所涉及的鉴定要素"选考数量"相应为 23 项,具体包括:"实验准备"鉴定项目包含的全部 5 个鉴定要素的 3 项,"冲击试验""拉力试验"、"硬度试验"、"金相制样"、"金相、热处理实验"、"定量金相检验"等 6 个鉴定项目包括的全部 22 个鉴定要素的 14 项,"力学数据处理"鉴定项目包含的全部 3 个鉴定要素的 2 项,"计算机操作"鉴定项目包含的全部 3 个鉴定要素的 2 项,"事故处理"鉴定项目包含的全部 2 个鉴定要素的 2 项。

7. 本职业等级技能操作需要两人及以上共同作业的,可由鉴定组织机构根据"必要、辅助"的原则,结合实际情况确定协助人员的数量。在整个操作过程中,协助人员只能起必要、简单的辅助作用。否则,每违反一次,至少扣减应考者的技能考核总成绩 10 分,直至取消其考试资格。

8. 实施"技能考核框架"时,应同时对应考者在质量、安全、工艺纪律、文明生产等方面行为进行考核。对于在技能操作考核过程中出现的违章作业现象,每违反一项(次)至少扣减技能考核总成绩 10 分,直至取消其考试资格。

注:按照中国北车规定,各《职业技能操作考核框架》的编制依据现行的《国家职业标准》或现行的《行业职业标准》或现行的《中国北车职业标准》的顺序执行。

二、材料物理性能检验工(中级工)技能操作鉴定要素细目表

职业功能	鉴定项目				鉴定要素		
	项目代码	名称	鉴定比重(%)	选考方式	要素代码	名称	重要程度
检测准备	D	检验试样接收	20	任选	001	根据标准验收拉伸、冲击试样	X
					002	根据标准验收弯曲试样	X
					003	根据标准验收硬度试样	X
		实验准备			001	配置低倍腐蚀酸液	Y
					002	配置 4%硝酸酒精腐蚀液	X
					003	根据要求确定弯曲、杯突试验的试验条件	X
					004	选用正确的金相评级标准图谱	X
					005	根据材料选用正确的硬度试验方法	X
		仪器设备选用			001	依据材质选用合适的拉伸试验机及度盘	X
					002	依据材质选用合理的冲击摆锤	X
					003	根据试样形状选用试验机钳口夹具	X
					004	根据材料的热处理条件选取热处理设备	X
		设备维护保养			001	对拉伸试验机进行试验前后维护保养	Y
					002	对金相显微镜进行试验前后维护保养	Y
					003	对冲击试验机进行试验后维护保养	Y

续上表

职业功能	鉴定项目				鉴定要素		
	项目代码	名称	鉴定比重(%)	选考方式	要素代码	名称	重要程度
检验操作	E	冲击试验	65	至少选五项	001	测量V型或U型缺口形状、尺寸	X
					002	进行材料的常温冲击试验	X
					003	进行材料的低温冲击试验	X
					004	进行材料的高温冲击试验	X
		拉力试验			001	用试验机测定钢的规定非比例延伸强度	X
					002	用试验机测定钢的屈服强度	X
					003	用试验机测定钢的总延伸强度	X
		硬度试验			001	根据材质操作台式试验机选定正确载荷完成布氏硬度试验	X
					002	利用锤击式硬度计完成布氏硬度实验	X
					003	利用放大镜测定布氏硬度试验压痕直径	X
		材料工艺试验			001	根据材质选定实验条件完成顶锻试验并评定结果	X
					002	根据要求选择试验条件完成线材扭转、反复弯曲工艺试验并评定试验结果	X
					003	根据要求选择试验条件完成金属管扩口、压扁、弯曲、卷边试验并评定试验结果	X
					004	进行时效变形完成应变时效冲击试验	X
					005	进行镀层板的镀层重量、钝化物的测定	X
					006	进行电工钢片(带)的磁性指标检验	X
		金相、热处理检验			001	对晶粒度检验试样进行热处理操作	X
					002	测量钢材料热处理后脱碳层深度	X
					003	区分粗、细、极细珠光体	X
					004	使用相机拍摄显微组织照片	X
					005	使用相机拍摄低倍照片	Y
					006	按标准评定球墨铸铁的球化率、球化级别	X
					007	按标准评定灰铸铁中石墨形态	X
					008	按标准评定游离渗碳体、魏氏组织级别	X
		金相制样			001	制备奥氏体晶粒度检验试样	X
					002	使用镶样机或树脂镶嵌金相试样	X
		低倍评级			001	对连铸坯进行低倍酸浸试验评定缺陷组织	X
					002	对型材进行低倍酸浸试验评定缺陷组织	X
					003	进行材料的硫印试验	X
		定量金相检验			001	按标准评定奥氏体晶粒度级别	X
					002	按标准评定灰铸铁中石墨长度、碳共晶级别	X

续上表

职业功能	鉴定项目				鉴定要素		
	项目代码	名称	鉴定比重(%)	选考方式	要素代码	名称	重要程度
数据处理	F	力学数据处理	15	任选	001	在钢的拉伸曲线上确定抗拉强度、屈服强度对应力值	X
					002	在钢的拉伸曲线上确定规定非比例延伸强度对应力值	X
					003	在钢的拉伸曲线上确定总延伸强度对应力值	X
		硬度数据处理			001	根据压痕直径使用硬度值计算表测定布氏硬度	X
					002	推导布氏硬度计算公式	Z
计算机操作		计算机操作			001	操作计算机进行力学性能试验	Y
					002	操作计算机进行金相试验	Y
					003	检查与设置实验软件参数	Z
事故处理		事故处理			001	叙述本岗位检验事故的基本处理方式	Y
					002	组织进行一般事故处理	Y

材料物理性能检验工(中级工)
技能操作考核样题与分析

职 业 名 称：________________

考 核 等 级：________________

存 档 编 号：________________

考核站名称：________________

鉴定责任人：________________

命题责任人：________________

主管负责人：________________

中国北车股份有限公司劳动工资部制

职业技能鉴定技能操作考核制件图示或内容

理化试验委托单

委托单位:人力资源部　　送样时间　　月　　日　　时　　要求完成时间　　月　　日　　时

试样名称	编号(规格)	数量	检验项目	原始证件内容
风电齿轮箱锻件	T01(Q+T)	1	抗拉强度、屈服强度	中级操作考核
		1	冲击功(常温)	
		3	冲击功(−20 ℃)	
	T02(N+T)	1	硬度	
		1	基体组织(拍照)	
		1	奥氏体晶粒度	
渗碳成品试样	T03	1	脱碳(要求镶嵌)	

注:此表一式二份,一份留存,一份随试样送理化室。

主管:　　　　取样负责人:

以上为本次物理实验委托单,请按照试验委托单的要求,对所提供的试块进行相应物理检测试验。

基本工作要求:①实验前需找到各组实验相应的物理检测标准并确定本实验中的硬度实验方法;②正确标识与保管试样;③正确配置所需的组织腐蚀剂和晶粒度腐蚀剂;④选用正确的试验方法并操作联机设备进行试验;⑤采用镶嵌的方式观察渗碳成品脱碳情况并评级;⑥按照《职业技能鉴定技能考核制件(内容)分析》中规定的考核项目正确无误的进行实验操作;⑦试验中与试验后必须正确无误的填写实验记录与实验报告;⑧在钢的拉伸曲线上确定抗拉强度、屈服强度、总延伸强度对应力值;⑨在热处理操作、低倍操作、磨抛操作结束后向考官陈述该项目的事故危险性和注意要点。

其他要求:①安全性要求:应正确使用护目镜、耳塞等防护用品;涉及高速旋转类的设备操作中,不允许带手套进行操作;化学药品使用中,需正确使用防护用品(口罩、橡胶手套等)与设施(换气扇、通风橱等);热处理操作须做好防火。评分依据:检测中心试验室《C层次文件汇编》(1999年版)。②时间性要求:按照国家规定技能操作考试时间为120分钟,在本次考试项目中热处理、低温冲击的升温、降温、保温时间以及试样镶嵌所需凝固时间不计人操作考试总时间。

职业名称	材料物理性能检验工
考核等级	中级工
试题名称	风电齿轮箱材料物理检测
材质等信息	

职业技能鉴定技能操作考核准备单

职业名称	材料物理性能检验工
考核等级	中级工
试题名称	风电齿轮箱材料物理检测

一、材料准备

1. 材料规格：18CrNiMo7-6 材质的 $\phi10$ 标准拉力试样×1、10×10×55 标准 V 型缺口冲击试样×3、10×10×55 标准 U 型缺口冲击试样×1，15×15×15 原材料试块×2，10×10×20 渗碳成品金相试样×1，工业酒精(分析纯)2 500 mL，硝酸(分析纯)2 500 mL。

2. 坯件尺寸：无。

二、设备、工、量、卡具准备清单

序号	名称	规格	数量	备注
1	布氏硬度读数显微镜		1台	
2	缺口千分尺		1把	
3	钳口式拉伸试样夹具	$\phi10\sim\phi20$	2套	
4	钳口式拉伸试样夹具	$\phi20\sim\phi40$	2套	
5	热处理夹钳		2件	
6	金相砂纸	320#	5张	
7	金相砂纸	600#	5张	
8	金相砂纸	800#	5张	
9	金刚石抛光喷雾	1 μm	1罐	
10	金刚石抛光喷雾	2.5 μm	1罐	
11	引伸计	40 mm	1套	
12	引伸计	60 mm	1套	
13	冲击摆锤	147 kJ	1套	
14	冲击摆锤	294 kJ	1套	
15	量筒	200 mL	2件	
16	滴定管		1套	
17	记号笔		1支	
18	镶嵌用树脂		1瓶	
19	树脂稀释液		1瓶	
20	试样镶嵌夹具		2套	
21	一字改锥		1把	
22	活口扳手		1把	
23	硝酸酒精	4%浓度	300 mL	

续上 表

序号	名称	规格	数量	备注
24	橡胶防护手套		1副	
25	试样保管袋		10个	
26	苦味酸		1瓶	

三、考场准备

1. 相应的公用设备、设备与器具的润滑与冷却等:
电液伺服万能拉力试验机1台;
冲击试验机1台;
冲击试验低温槽1台;
夏比冲击缺口投影仪1台;
砂轮机1台;
金相磨光机1台;
金相抛光机1台;
金相显微镜1台(配置照相装置);
布氏硬度计1台;
高温热处理炉1台;
试验台账1本;
出具报告用电脑1台。
2. 相应的场地及安全措施:
物理性能实验室;
金相实验室;
化学分析实验室;
热处理实验室;
干粉灭火器及二氧化碳灭火器;
烫伤、外伤及化学品中毒的相应急救设备。
3. 其他准备。
各类常用金相及力学性能试验标准;
特征点明显、具有代表性的钢材料拉伸曲线图1份;
劳保手套、护目镜等劳保用品。

四、考核内容及要求

1. 考核内容:按照试验委托单的要求对所提供的铸钢及合金钢试块进行相应物理检测试验,其中包括:①拉力试验测定拉力试样的强塑性指标;②硬度试验测定布氏硬度;③金相制样;④定量金相试验;⑤奥氏体晶粒度热处理;⑥试验相关设备的使用与操作;⑦实验数据处理。

2. 考核时限:120分钟(注:某些试验的试验周期较长,在考官允许条件下可以对部分操作进行口述,操作过程正确即视为得分)。

3. 考核评分(表)。

职业名称	材料物理性能检验工		考核等级	中级工	
试题名称	风电齿轮箱材料物理检测		考核时限	120 min	
鉴定项目	考核内容	配分	评分标准	扣分说明	得分
实验准备	配置4%硝酸酒精腐蚀液	4	不按照正确方式操作配置化学溶液扣2分,配置比例不正确扣2分		
	选用正确的晶粒度、脱碳评级标准图谱	2	选错、少选一种扣1分		
	给定材料热处理状态,选择正确的硬度试验方法	4	选择错误扣4分		
仪器设备选用	根据试验委托要求的实验项目选择合适的试验机以及度盘、配件	3	拉伸试验机、度盘、引伸计选择错误不能测定对应指标,出现一项扣1分		
	根据材质、热处理状态,选择冲击摆锤	3	摆锤选择错误导致实验数据不准确,扣3分		
	选用正确形状的试验机钳口夹具	2	选错扣2分		
	选用合理尺寸的试验机钳口夹具	2	选择尺寸不适当扣2分		
冲击试验	使用缺口千分尺或夏比缺口投影仪测量缺口形状和尺寸	2	测量不准确或无法发现缺口不能达到标准扣2分		
	操作冲击试验机进行常温冲击试验	3	缺口不对准中心扣2分,试块未贴紧毡块扣1分		
	冲击试块的低温保温	3	保温时间、保温误差范围不达到国标规定扣3分		
	操作冲击试验机进行低温冲击试验	3	实验操作太慢扣3分		
拉力试验	正确操作试验机进行拉伸试验	3	操作不正确扣3分		
	运用引伸计等设备测定非比例延伸强度	3	操作不正确扣3分		
	正确操作试验机进行拉伸试验	3	操作不正确扣3分		
	通过度盘示数或拉伸曲线图测定总延伸强度	3	选点或读值错误、计算不准确,扣3分		
硬度试验	根据材质选定合适的载荷	3	载荷选择错误,扣3分		
	完成布氏硬度试验	3	加载时间不按照国标规定,扣3分		
	利用放大镜测定布氏硬度试验压痕直径	1	读数错误或误差过大,扣1分		
金相、热处理检验	选择正确的奥氏体晶粒度检验热处理温度	3	热处理温度选择错误,扣3分		
	选择正确的奥氏体晶粒度试块的冷却方式	3	冷却方式不当,扣3分		
	制取脱碳层观察制样并腐蚀	3	制样、腐蚀效果不好导致边缘不清晰无法观察,扣3分		
	测量脱碳深度	3	测量误差过大(超过1级),扣3分		
	区分珠光体组织类型	3	粗细区分错误,扣3分		
	拍摄清晰、有代表性的正火态基体组织	3	照片模糊扣1分;组织不具代表性扣2分		

续上表

鉴定项目	考核内容	配分	评分标准	扣分说明	得分
金相制样	奥氏体晶粒度试样磨光操作	3	未能完全磨除过热层及机械扰乱层扣3分		
	奥氏体晶粒度试样抛光操作	3	未能完全抛光扣2分,磨糊扣1分		
	奥氏体晶粒度试样浸蚀操作	3	不能清晰的分辨晶粒,扣3分		
	使用树脂或夹具镶嵌脱碳层检验试样	3	镶嵌不牢固扣1分;镶嵌错误表面,扣2分		
定量金相检验	面积法测定奥氏体晶粒度级别	5	晶粒计数错误扣2分;计算错误扣3分		
力学数据处理	在钢的拉伸曲线上确定抗拉强度、屈服强度对应力值	4	抗拉强度对应力值确定错误扣2分;上、下屈服强度对应力值确定错误每项扣1分		
	在钢的拉伸曲线上确定总延伸强度对应力值	1	总延伸强度对应力值确定错误扣1分		
计算机操作	操作计算机进行力学性能试验	3	操作错误导致未能测定要求的力学性能指标,少一项扣1分		
	检查与设置实验软件参数	2	软件参数错误导致试验机加载异常、指定性能指标未能正确测定,出现一项扣2分		
事故处理	描述本岗位事故的基本处理方式	3	热处理操作、磨抛操作结束后向考官陈述该项目的事故危险性和注意要点,缺少1次扣1.5分		
	组织进行一般事故处理	2	对火灾事故类型进行模拟处理		
质量、安全、工艺纪律、文明生产等综合考核项目	考核时限	不限	每超时15分钟,扣10分		
	工艺纪律	不限	依据企业有关工艺纪律管理规定执行,每违反一次扣10分		
	劳动保护	不限	依据企业有关劳动保护管理规定执行,每违反一次扣10分		
	文明生产	不限	依据企业有关文明生产管理规定执行,每违反一次扣10分		
	安全生产	不限	依据企业有关安全生产管理规定执行,每违反一次扣10分,有重大安全事故,取消成绩		

职业技能鉴定技能考核制件(内容)分析

职业名称	材料物理性能检验工				
考核等级	中级工				
试题名称	风电齿轮箱材料物理检测				
职业标准依据	《材料物理性能检验工国家职业标准》				
试题中鉴定项目及鉴定要素的分析与确定					
鉴定项目分类 / 分析事项	基本技能“D”	专业技能“E”	相关技能“F”	合计	数量与占比说明
鉴定项目总数	4	8	4	16	核心技能“E”满足鉴定项目占比高于2/3的要求
选取的鉴定项目数量	2	6	3	11	
选取的鉴定项目数量占比	50%	75%	75%	69%	
对应选取鉴定项目所包含的鉴定要素总数	9	22	8	39	鉴定要素数量占比大于60%
选取的鉴定要素数量	6	14	6	26	
选取的鉴定要素数量占比	67%	64%	75%	67%	

所选取鉴定项目及相应鉴定要素分解与说明

鉴定项目类别	鉴定项目名称	国家职业标准规定比重(%)	《框架》中鉴定要素名称	本命题中具体鉴定要素分解	配分	评分标准	考核难点说明
“D”	实验准备	20	配置4%硝酸酒精腐蚀液	配置4%硝酸酒精腐蚀液	4	不按照正确方式操作配置化学溶液扣2分,配置比例不正确扣2分	溶液配制
			选用正确的金相评级标准图谱	选用正确的晶粒度、脱碳评级标准图谱	2	选错、少选一种扣1分	试验标准
			根据材料选用正确的硬度试验方法	给定材料热处理状态,选择正确的硬度试验方法	4	选择错误扣4分	
	仪器设备选用		依据材质选用合适的拉伸试验机及度盘	根据试验委托要求的实验项目选择合适的试验机以及度盘、配件	3	拉伸试验机、度盘、引伸计选择错误不能测定对应指标,出现一项扣1分	考物理性能设备的使用
			依据材质选用合理的冲击摆锤	根据材质、热处理状态,选择冲击摆锤	3	摆锤选择错误导致实验数据不准确,扣3分	
			根据试样形状选用试验机钳口夹具	选用正确形状的试验机钳口夹具	2	选错扣2分	
				选用合理尺寸的试验机钳口夹具	2	选择尺寸不适当扣2分	

续上表

鉴定项目类别	鉴定项目名称	国家职业标准规定比重(%)	《框架》中鉴定要素名称	本命题中具体鉴定要素分解	配分	评分标准	考核难点说明
"E"	冲击试验	65	测量V型或U型缺口形状、尺寸	使用缺口千分尺或夏比缺口投影仪测量缺口形状和尺寸	2	测量不准确或无法发现缺口不能达到标准扣2分	
			进行材料的常温冲击试验	操作冲击试验机进行冲击试验	3	缺口不对准中心扣2分,试块未贴紧毡块扣1分	常温、低温冲击试验操作
			进行材料的低温冲击试验	冲击试块的低温保温	3	保温时间、保温误差范围不达到国标规定扣3分	
				操作冲击试验机进行冲击试验	3	缺口不对准中心扣2分,试块未贴紧毡块扣1分	
	拉力试验		用试验机测定钢的规定非比例延伸强度	正确操作试验机进行拉伸试验	3	操作不正确扣3分	万能试验机
				运用引伸计等设备测定非比例延伸强度	3	操作不正确扣3分	
			用试验机测定钢的总延伸强度	正确操作试验机进行拉伸试验	3	操作不正确扣3分	
				通过拉伸曲线图测定总延伸强度	3	读值错误、计算错误,扣3分	总延伸强度计算
	硬度试验		根据材质操作台式试验机选定正确载荷完成布氏硬度试验	根据材质选定合适的载荷	3	载荷选择错误,扣3分	布氏硬度试验操作
				完成布氏硬度试验	3	加载时间不按照国标规定,扣3分	
			利用放大镜测定布氏硬度试验压痕直径	利用放大镜测定布氏硬度试验压痕直径	1	读数错误或误差过大,扣1分	
	金相、热处理检验		对晶粒度检验试样进行热处理操作	选择正确的热处理温度	3	热处理温度选择错误,扣3分	晶粒度热处理基本知识
				选择正确的冷却方式	3	冷却方式不当,扣3分	
			测量钢材料热处理后脱碳层深度	制样及腐蚀	3	样品倒圆严重,扣3分	金相组织评级能力
				测量脱碳深度	3	测量误差过大(超过1级),扣3分	
			区分粗、细、极细珠光体	辨认珠光体组织	3	辨认错误,扣3分	
			使用相机拍摄显微组织照片	拍摄清晰、有代表性的显微组织	3	照片模糊扣1分;组织不具代表性扣2分	拍摄金像照片的能力

续上表

鉴定项目类别	鉴定项目名称	国家职业标准规定比重(%)	《框架》中鉴定要素名称	本命题中具体鉴定要素分解	配分	评分标准	考核难点说明
"E"	金相制样	65	制备奥氏体晶粒度检验试样	磨光操作	3	未能完全磨除过热层及机械扰乱层扣3分	晶粒度试样制样
				抛光操作	3	未能完全抛光扣2分，磨糊扣1分	
				浸蚀操作	3	不能清晰的分辨晶粒，扣3分	
			使用镶样机、夹具或树脂镶嵌金相试样	使用树脂或夹具镶嵌渗碳试样以便观察脱碳层	3	镶嵌不牢固扣1分；镶嵌错误表面，扣2分	镶嵌试样
	定量金相检验		按标准评定奥氏体晶粒度级别	面积法测定奥氏体晶粒度级别	5	晶粒计数错误扣2分；计算错误扣3分	定量分析知识
"F"	力学数据处理	15	在钢的拉伸曲线上确定抗拉强度、屈服强度对应力值	在钢的拉伸曲线上确定抗拉强度、屈服强度对应力值	4	抗拉强度对应力值确定错误扣2分；上、下屈服强度对应力值确定错误每项扣1分	力学数据计算
			在钢的拉伸曲线上确定总延伸强度对应力值	在钢的拉伸曲线上确定总延伸强度对应力值	1	总延伸强度对应力值确定错误扣1分	
	计算机操作		操作计算机进行力学性能试验	操作计算机进行力学性能试验	3	操作错误导致未能测定要求的力学性能指标，少一项扣1分	计算机联机设备的基本操作
			检查与设置实验软件参数	检查与设置实验软件参数	2	软件参数错误导致试验机加载异常、指定性能指标未能正确测定，出现一项扣2分	
	事故处理		描述本岗位事故的基本处理方式	描述本岗位事故的基本处理方式	3	热处理操作、磨抛操作结束后向考官陈述该项目的事故危险性和注意要点，缺少1次扣1.5分	实验室安全操作基本知识与技能
			组织进行一般事故处理	组织进行一般事故处理	2	对火灾事故类型进行模拟处理	

续上表

鉴定项目类别	鉴定项目名称	国家职业标准规定比重(%)	《框架》中鉴定要素名称	本命题中具体鉴定要素分解	配分	评分标准	考核难点说明
质量、安全、工艺纪律、文明生产等综合考核项目				考核时限	不限	每超时15分钟,扣10分	
				工艺纪律	不限	依据企业有关工艺纪律管理规定执行,每违反一次扣10分	
				劳动保护	不限	依据企业有关劳动保护管理规定执行,每违反一次扣10分	
				文明生产	不限	依据企业有关文明生产管理规定执行,每违反一次扣10分	
				安全生产	不限	依据企业有关安全生产管理规定执行,每违反一次扣10分,有重大安全事故,取消成绩	

材料物理性能检验工(高级工)技能操作考核框架

一、框架说明

1. 依据《国家职业标准》注，以及中国北车确定的“岗位个性服从于职业共性”的原则，提出材料物理性能检验工(高级工)技能操作考核框架(以下简称：技能考核框架)。

2. 本职业等级技能操作考核评分采用百分制。即：满分为100分，60分为及格，低于60分为不及格。

3. 实施“技能考核框架”时，考核制件(活动)命题可以选用本企业的加工件(活动项目)，也可以结合实际另外组织命题。

4. 实施“技能考核框架”时，考核的时间和场地条件等应依据《国家职业标准》，并结合企业实际决定。

5. 实施“技能考核框架”时，其“职业功能”的分类按以下要求决定：

(1)“检验操作”属于本职业等级技能操作的核心职业活动，其“项目代码”为“E”。

(2)“检验准备”、“电子显微分析”、“数据处理”、“计算机操作”、“事故处理”属于本职业等级技能操作的辅助性活动，其“项目代码”分别为“D”和“F”。

6. 实施“技能考核框架”时，其“鉴定项目”和“选考数量”按以下要求确定：

(1)按照《国家职业标准》有关技能操作鉴定比重的要求，本职业等级技能操作考核制件的“鉴定项目”应按“D”+“E”+“F”组合，其考核配分比例应为：“D”占20分，“E”占60分，“F”占20分(其中：电子显微分析5分，数据处理5分，计算机操作5分，事故处理5分)。

(2)依据中国北车确定的“核心职业活动选取2/3，并向上取整”的规定，在“E”类鉴定项目——“检验操作”的全部9项中，至少选取6项。

(3)依据中国北车确定的“其余‘鉴定项目’的数量可以任选”的规定，“D”和“F”类鉴定项目——“检验准备”、“电子显微分析”、“数据处理”、“计算机操作”、“事故处理”中，至少分别选取1项。

(4)依据中国北车确定的“确定‘选考数量’时，所涉及‘鉴定要素’的数量占比，应不低于对应‘鉴定项目’范围内‘鉴定要素’总数的60%，并向上取整”的规定，考核制件的鉴定要素“选考数量”应按以下要求确定：

①在“D”类“鉴定项目”中，在已选定的至少1个鉴定项目中，至少选取已选鉴定项目所对应的全部鉴定要素的60%项，并向上保留整数。

②在“E”类“鉴定项目”中，在已选定的至少6个鉴定项目所包含的全部鉴定要素中，至少选取总数的60%项，并向上保留整数。

③在“F”类“鉴定项目”中，对应“电子显微分析”、“数据处理”、“计算机操作”、“事故处理”在已选定的至少1个鉴定项目中，至少选取已选鉴定项目所对应的全部鉴定要素的60%项，并向上保留整数。

举例分析:

按照上述"第 6 条"要求,若命题时按最少数量选取,即:在"D"类鉴定项目中选取了"标准检验方法的选取"1 项,在"E"类鉴定项目中选取了"力学实验"、"硬度试验"、"合金钢铸铁分析"、"轴承钢金相检验""其他金相及热处理试验"、"定量金相检验"6 项,在"F"类鉴定项目中选取了"电子显微分析"、"计算机操作"、"力学数据处理"、"事故处理"4 项,则:

此考试制件所涉及的"鉴定项目"总数为 11 项,具体包括:"标准检验方法的选取","力学实验"、"硬度试验"、"合金钢铸铁分析"、"轴承钢金相检验""其他金相及热处理试验"、"定量金相检验","电子显微分析"、"计算机操作"、"力学数据处理"、"事故处理"。

此考核制件所涉及的鉴定要素"选考数量"相应为 24 项,具体包括:"标准检验方法的选取"鉴定项目包含的全部 2 个鉴定要素的 2 项,"力学实验"、"硬度试验"、"合金钢铸铁分析"、"轴承钢金相检验""其他金相及热处理试验"、"定量金相检验"等 6 个鉴定项目包括的全部 24 个鉴定要素的 15 项,"电子显微分析"鉴定项目包含的全部 3 个鉴定要素的 2 项,"计算机操作"鉴定项目包含的全部 2 个鉴定要素的 2 项,"力学数据处理"鉴定项目包含的全部 1 个鉴定要素的 1 项,"事故处理"鉴定项目包含的全部 2 个鉴定要素的 2 项。

7. 本职业等级技能操作需要两人及以上共同作业的,可由鉴定组织机构根据"必要、辅助"的原则,结合实际情况确定协助人员的数量。在整个操作过程中,协助人员只能起必要、简单的辅助作用。否则,每违反一次,至少扣减应考者的技能考核总成绩 10 分,直至取消其考试资格。

8. 实施"技能考核框架"时,应同时对应考者在质量、安全、工艺纪律、文明生产等方面行为进行考核。对于在技能操作考核过程中出现的违章作业现象,每违反一项(次)至少扣减技能考核总成绩 10 分,直至取消其考试资格。

注:按照中国北车规定,各《职业技能操作考核框架》的编制依据现行的《国家职业标准》或现行的《行业职业标准》或现行的《中国北车职业标准》的顺序执行。

二、材料物理性能检验工(高级工)技能操作鉴定要素细目表

<table>
<tr><th rowspan="2">职业功能</th><th colspan="4">鉴定项目</th><th colspan="3">鉴定要素</th></tr>
<tr><th>项目代码</th><th>名称</th><th>鉴定比重(%)</th><th>选考方式</th><th>要素代码</th><th>名称</th><th>重要程度</th></tr>
<tr><td rowspan="10">检验准备</td><td rowspan="10">D</td><td rowspan="2">标准取样方法的使用</td><td rowspan="10">20</td><td rowspan="10">任选</td><td>001</td><td>根据实验要求、受测件实际尺寸按标准确定试样尺寸规格和数量</td><td>X</td></tr>
<tr><td>002</td><td>根据实验要求按标准确定材料的检验项目及取样方法</td><td>X</td></tr>
<tr><td rowspan="2">标准检验方法的选取</td><td>001</td><td>根据实验要求按标准确定指定试验项目的检验方法</td><td>X</td></tr>
<tr><td>002</td><td>根据实验要求选择试验执行标准</td><td>X</td></tr>
<tr><td rowspan="2">仪器设备选用</td><td>001</td><td>选择正确的引伸计测定非比例延伸强度</td><td>X</td></tr>
<tr><td>002</td><td>根据热工、电工仪表的型号规格选用设备</td><td>Y</td></tr>
<tr><td rowspan="4">仪器设备排障</td><td>001</td><td>处理金相试验设备故障</td><td>Y</td></tr>
<tr><td>002</td><td>处理力学性能试验设备故障</td><td>Y</td></tr>
<tr><td>003</td><td>处理硬度试验设备故障</td><td>Y</td></tr>
<tr><td>004</td><td>热工、电工仪表维护与排障</td><td>Z</td></tr>
</table>

续上表

职业功能	鉴定项目		鉴定比重(%)	选考方式	鉴定要素		
	项目代码	名称			要素代码	名　称	重要程度
检验操作	E	力学实验	60	至少选六项	001	标定引伸计	X
					002	测定薄钢板成型指标 n 值和 r 值	X
					003	测定钢的弹性模量 E	X
					004	绘制韧脆转变曲线评定韧脆性	X
					005	评定冲击试样断口	X
					006	进行铁素体钢落锤撕裂试验测定剪切面积百分数	X
		硬度试验			001	根据材质选择试验条件进行维氏硬度试验	X
		工艺试验			001	进行焊接板的拉伸、弯曲、冲击、硬度试验	X
					002	进行镀锌板的折叠、球冲试验	X
					003	检验电工钢板(带)的叠装系数、层间电阻涂层附着性、矫顽力	X
					004	进行钢板(带)的表面粗糙度测量	X
		其他金相及热处理试验			001	制备盘条中心偏析试样	X
					002	对盘条中心偏析评级	X
					003	进行钢的末端淬透性试验	X
					004	进行低倍塔形发纹试验	X
					005	进行低倍断口检验	X
					006	配置晶间腐蚀溶液，进行晶间腐蚀试验	X
					007	正确制备试样并测定显微维氏硬度	X
		轴承钢金相检验			001	对轴承钢珠光体组织评级	X
					002	对轴承钢夹杂物评级	X
					003	对轴承钢共晶碳化物不均匀度评级	X
					004	对轴承钢碳化物网状、带状、液析评级	X
		工具钢金相检验			001	对工具钢珠光体组织评级	X
					002	对工具钢夹杂物评级	X
					003	对工具钢共晶碳化物不均匀度评级	X
					004	对工具钢碳化物网状、带状、液析评级	X
		合金钢铸铁分析			001	分析低倍断口，鉴别缺陷与材料断裂机理	Y
					002	分析产品性能与热处理工艺关系	Y
					003	分析显微组织与热处理工艺关系	Z
					004	检验质量异议和仲裁试样	X
		定量金相检验			001	评定球墨铸铁中石墨大小级别	X
					002	评定球墨铸铁中石墨球数级别	X

续上表

职业功能	鉴定项目				鉴定要素		
	项目代码	名称	鉴定比重(%)	选考方式	要素代码	名　　称	重要程度
电子显微分析	F	电子显微分析	5	任选	001	选择晶格结构分析的适当分析方法	Z
					002	选择断口分析的适当分析方法	Z
					003	选择成分定性分析的适当分析方法	Z
计算机操作		计算机操作	5		001	确认计算机故障,并采取相应的处理措施	Y
					002	设置和调控检验设备联机	Y
数据处理		力学数据处理	5		001	找出拉伸曲线上各特性点并计算对应性能强度指标	X
		硬度数据处理			001	根据试验载荷及测量点的对角线尺寸计算维氏硬度值	X
		定量金相分析			001	计算定量金相实验结果的算术平均值、标准偏差、相对标准偏差	Z
事故处理		事故处理	5		001	叙述本岗位事故类型及处理方式	Y
					002	组织进行各类事故的处理	Y

材料物理性能检验工(高级工)
技能操作考核样题与分析

职业名称：____________

考核等级：____________

存档编号：____________

考核站名称：____________

鉴定责任人：____________

命题责任人：____________

主管负责人：____________

中国北车股份有限公司劳动工资部制

职业技能鉴定技能操作考核制件图示或内容

理化试验委托单

委托单位:人力资源部　　送样时间　　月　　日　　时　　　要求完成时间　　月　　日　　时

试样名称	编号(规格)	数量	检验项目	原始证件内容
原材料检验	T01	1	抗拉、屈服、总延伸强度	高级操作考核
G20CrNi2MoA		1	冲击断口分析	
		1	金相(夹杂物)	
		1	金相(碳化物不均匀度、网状、带状、液析级别)	
		1	末端淬透性	
GCr15	T02	1	基体组织评级	
18CrNiMo7-6 渗碳	T03	1	硬度梯度(HV)	
QT400-18	T04	1	金相(球墨数量、球径)	

注:此表一式二份,一份留存,一份随试样送理化室。

主管:　　　　　　取样负责人:

以上为本次物理实验委托单,请按照试验委托单的要求,对所提供的试块进行相应物理检测试验。

基本工作要求:①实验前需找到相应的物理检测标准,并确定试块正确数量;②正确标识与保管试样;③选用正确的仪器设备、试验方法、硬度试验载荷进行试验;④调试设备联机并排除设备故障;⑤按照《技能考核制件(内容)分析表》中规定的考核项目正确无误的进行实验操作;⑥运用手工计算的方法验算相关实验结果,试验中与试验后必须正确无误的填写实验记录与实验报告;⑦根据试块金相组织分析热处理状态,在报告附注中注明;⑧在热处理操作、低倍操作、磨抛操作结束后向考官陈述该项目的事故危险性和注意要点;⑨口述断口分析、成分定性分析中所采用的适当电子显微分析方法。

其他要求:①安全性要求:应正确使用护目镜、耳塞等防护用品;涉及高速旋转类的设备操作中,不允许带手套进行操作;化学药品使用中,需正确使用防护用品(口罩、橡胶手套等)与设施(换气扇、通风橱等);热处理操作须做好防火。评分依据:检测中心试验室《C层次文件汇编》(1999年版)。②时间性要求:按照国家规定技能操作考试时间为120分钟,在本次考试项目中热处理的升温、保温、降温所需时间不计入操作考试总时间。

职业名称	材料物理性能检验工
考核等级	高级工
试题名称	SKF 轴承钢及 HXD2 齿轮箱材料物理检测
材质等信息	

职业技能鉴定技能操作考核准备单

职业名称	材料物理性能检验工
考核等级	高级工
试题名称	SKF 轴承钢及 HXD2 齿轮箱材料物理检测

一、材料准备

1. 材料规格：G20CrNi2MoA 材质的 $\phi10$ 标准拉力试样×1、台阶式末端淬透性标准试样×1、10×10×55 标准 V 型缺口冲击试样×1(已冲断的断口试样)；GCr15 滚动体原材料珠光体组织金相试样×1、网带液金相试块×5；渗碳淬火态 18CrNiMo7-6 金相检测试样×1；QT400-18 金相试块×1、10×10×55 标准 V 型缺口冲击试样×1(已冲断的断口试样)。

2. 坯件尺寸：无。

二、设备、工、量、卡具准备清单

序　号	名　称	规　格	数　量	备　注
1	游标卡尺	量程 200 mm，分度值 0.02 mm	1 台	
2	千分尺	量程 25 mm	1 把	
3	钳口式拉伸试样夹具		1 套	
4	热处理夹钳		2 件	
5	金相砂纸	320#	5 张	
6	金相砂纸	600#	5 张	
7	金相砂纸	800#	5 张	
8	金刚石抛光喷雾	1 μm	1 罐	
9	金刚石抛光喷雾	2.5 μm	1 罐	
10	引伸计	40 mm	1 套	
11	引伸计	60 mm	1 套	
12	冲击摆锤	147 kJ	1 套	
13	记号笔		1 支	
14	硝酸酒精	4%浓度	300 mL	

三、考场准备

1. 相应的公用设备、设备与器具的润滑与冷却等：

电液伺服万能拉力试验机 1 台；

冲击试验机 1 台；

冲击试验低温槽 1 台；

砂轮机 1 台；

金相磨光机 1 台；

金相抛光机 1 台；

金相显微镜 1 台(配置照相装置);
维氏显微硬度计 1 台;
洛氏硬度计 1 台;
高温热处理炉 1 台;
中温热处理炉 1 台;
低温热处理炉(干燥箱)1 台;
末端淬透性试验台 1 台;
试验台账 1 本;
出具报告用电脑 1 台。
2. 相应的场地及安全措施:
物理性能实验室;
金相实验室;
热处理实验室;
干粉灭火器及二氧化碳灭火器;
烫伤、外伤及化学品中毒的相应急救设备。
3. 其他准备:
各类常用金相及力学性能试验标准;
特征点明显、具有代表性的钢材料拉伸曲线图 1 份;
劳保手套、护目镜等劳保用品。

四、考核内容及要求

1. 考核内容:按照试验委托单的要求对所提供的铸钢及合金钢试块进行相应物理检测试验,其中包括:①拉力试验测定拉力试样的弹性模量,并对拉伸曲线特征值进行数学计算;②维氏硬度试验样品制样,测定维氏硬度;③渗碳钢、轴承钢的金相评级;④定量金相检验;⑤末端淬透性热处理及硬度检验;⑥试验相关设备的使用与操作;⑦实验数据处理;⑧电子显微知识。

2. 考核时限:120 分钟(注:某些试验的试验周期较长,在考官允许条件下可以对部分操作进行口述,操作过程正确即视为得分)。

3. 考核评分(表)。

职业名称	材料物理性能检验工		考核等级	高级工	
试题名称	SKF 轴承钢及 HXD2 齿轮箱材料物理检测		考核时限	120 min	
鉴定项目	考核内容	配分	评分标准	扣分说明	得分
标准检验方法的选取	选择 18CrNiMo7-6 渗碳试块检验的相关执行标准	2	渗碳组织检验标准,维氏硬度试验检验标准,少一项扣 1 分		
	选择渗碳轴承钢 G20CrNi2MoA 及滚动体用钢 GCr15 检验的实验项目、检验方法	4	抗拉强度;非比例延伸强度;轴承钢珠光体组织、铁素体级别、网带液级别少一项扣 1 分		
	以 HXD2 附铸鞍块试块为例,确定 QT400-18 物理检测的试块规格、试块数量	4	拉力试验试块一支、V 型缺口冲击试块 3 支、化学试块 1 个、金相试块 1 个,少一项或数量错误扣 1 分		

续上表

鉴定项目	考核内容	配分	评分标准	扣分说明	得分
仪器设备选用	测定 $\phi 10$ 直径的试棒的非比例延伸强度	5	选错扣 5 分		
	热处理温度要求 920 ℃,选择热处理设备或仪表	5	选错扣 5 分		
力学实验	标定引伸计	3	标定错误扣 3 分		
	按照给定的冲击功与温度数值对应表绘制冲击功曲线评定韧脆性	3	曲线绘制错误扣 3 分		
	运用万能试验机进行拉力试验做出拉伸试验的应力应变曲线	4	试验机操作错误扣 2 分;曲线错误扣 2 分		
	通过应力应变曲线计算弹性模量	2	计算错误扣 2 分		
	确定冲击试块韧/脆性冲击断口类型	3	类型确定错误扣 3 分		
	评定冲击试块断口韧性区比例	3	评定误差每超过 10%扣 1 分		
硬度试验	选择测定渗碳试块心部维氏硬度时所需的载荷	3	载荷选择不当扣 3 分		
	操作维氏硬度计测定试样心部硬度	4	硬度计操作不当扣 4 分		
轴承钢金相检验	轴承钢 G20CrNi2MoA 粒状珠光体组织评级	2	评级误差每超过 0.5 级扣 1 分		
	轴承钢 G20CrNi2MoA 夹杂物类型辨认	3	夹杂物类型辨认错误扣 3 分		
	轴承钢 G20CrNi2MoA 夹杂物评级	3	评级误差每超过 0.5 级扣 1 分		
	轴承钢 G20CrNi2MoA 共晶碳化物不均匀度评级	2	评级误差每超过 0.5 级扣 1 分		
	轴承钢 G20CrNi2MoA 网状碳化物评级	2	评级误差每超过 0.5 级扣 1 分		
	轴承钢 G20CrNi2MoA 带状碳化物评级	2	评级误差每超过 0.5 级扣 1 分		
	轴承钢 G20CrNi2MoA 碳化物液析评级	2	评级误差每超过 0.5 级扣 2 分		
其他金相及热处理试验	G20CrNi2MoA 末端淬透性实验操作	2	操作顺序不当扣 1 分;水柱高度不够扣 1 分		
	操作洛氏硬度计确定淬透性硬度梯度	2	硬度计操作不当扣 1 分,压痕位置错误扣 1 分		
	制备显微维氏硬度试样	3	测试一侧出现圆角扣 3 分		
	应用显微维氏硬度计测试渗碳件的渗层硬度梯度	2	读数误差大扣 1 分,压痕间距不符合标准扣 1 分		
合金钢铸铁分析	渗碳钢原材料试棒淬回火过后强度过高冲击偏低,试分析试样热处理存在问题并提出解决方案	2.5	结论 1.5 分;解决方法 1 分		
	试分析 GCr15 材质原材料试样热处理状态	2.5	不能正确判断扣 2.5 分		
定量金相检验	评定球墨铸铁中石墨大小级别	2	石墨球平均直径计算错误扣 2 分		
	评定球墨铸铁中石墨球数级别	3	石墨计数错误扣 1 分;计算错误扣 2 分		
电子显微分析	在 SEM、TEM、XRD 中选取断口分析的适当分析方法并简述机理	2.5	选择错误扣 2.5 分;选择正确原理叙述错误扣 1.5 分		
	在 SEM、TEM、XRD 中选取定性分析的适当分析方法并简述机理	2.5	选择错误扣 2.5 分;选择正确原理叙述错误扣 1.5 分		

续上表

鉴定项目	考核内容	配分	评分标准	扣分说明	得分
计算机操作	试验机软件故障(无法打开联机软件)排除	1.5	重新安装软件,不能排除故障扣1.5分		
	联机电脑硬件故障(内存松动)排除	1.5	重新安装内存,不能排除故障扣1.5分		
	设置拉力试验机软件参数	1	设置引伸计标准码参数,错误扣1分		
	拉力试验机设备重新联机	1	联机失败扣1分		
力学数据处理	根据拉伸实验曲线验算抗拉强度	2	选点错误扣1分;计算错误扣1分		
	根据拉伸实验曲线验算下屈服强度	2	选点错误扣1分;计算错误扣1分		
	根据拉伸实验曲线验算总延伸强度	1	选点错误扣1分;计算错误扣1分		
事故处理	叙述本岗位事故类型及处理方式	3	热处理操作、磨抛操作结束后向考官陈述该项目的事故危险性和注意要点,缺少1次扣1.5分		
	组织进行各类事故的处理	2	对火灾事故类型进行模拟处理		
质量、安全、工艺纪律、文明生产等综合考核项目	考核时限	不限	每超时15分钟,扣10分		
	工艺纪律	不限	依据企业有关工艺纪律管理规定执行,每违反一次扣10分		
	劳动保护	不限	依据企业有关劳动保护管理规定执行,每违反一次扣10分		
	文明生产	不限	依据企业有关文明生产管理规定执行,每违反一次扣10分		
	安全生产	不限	依据企业有关安全生产管理规定执行,每违反一次扣10分,有重大安全事故,取消成绩		

职业技能鉴定技能考核制件(内容)分析

职业名称	材料物理性能检验工				
考核等级	高级工				
试题名称	SKF 轴承钢及 HXD2 齿轮箱材料物理检测				
职业标准依据	《材料物理性能检验工国家职业标准》				
试题中鉴定项目及鉴定要素的分析与确定					
鉴定项目分类 分析事项	基本技能“D”	专业技能“E”	相关技能“F”	合计	数量与占比说明
鉴定项目总数	4	9	6	19	核心技能“E”满足鉴定项目占比高于 2/3 的要求
选取的鉴定项目数量	2	6	4	12	
选取的鉴定项目数量占比	50%	67%	67%	63%	
对应选取鉴定项目所包含的鉴定要素总数	4	24	8	34	鉴定要素数量占比大于 60%
选取的鉴定要素数量	4	15	7	25	
选取的鉴定要素数量占比	100%	63%	88%	74%	

所选取鉴定项目及相应鉴定要素分解与说明

鉴定项目类别	鉴定项目名称	国家职业标准规定比重(%)	《框架》中鉴定要素名称	本命题中具体鉴定要素分解	配分	评分标准	考核难点说明
“D”	标准检验方法的选取	20	根据实验要求选择试验执行标准	选择 18CrNiMo7-6 渗碳试块检验的相关执行标准	2	渗碳组织检验标准,维氏硬度试验检验标准,少一项扣 1 分	试验标准
			根据实验要求按标准确定指定试验项目的检验方法	选择渗碳轴承钢 G20CrNi2MoA 及滚动体用钢 GCr15 检验的实验项目、检验方法	4	抗拉强度;非比例延伸强度;轴承钢珠光体组织、铁素体级别、网带液级别少一项扣 1 分	
				以 HXD2 附铸鞍块试块为例,确定 QT400-18 物理检测的试块规格、试块数量	4	拉力试验试块一支、V 型缺口冲击试块 3 支、化学试块 1 个、金相试块 1 个,少一项或数量错误扣 1 分	
	仪器设备选用		选择正确的引伸计测定非比例延伸强度	测定 ϕ10 直径的试棒的非比例延伸强度	5	选错扣 5 分	联机设备的选择与使用操作
			根据热工、电工仪表的型号规格选用设备	热处理温度要求 920 ℃,选择热处理设备或仪表	5	选错扣 5 分	
“E”	力学实验	60	标定引伸计	标定引伸计	3	标定错误扣 3 分	材料物理性能指标、工艺性指标的计算与评定
			绘制韧脆转变曲线评定韧脆性	按照给定的冲击功与温度数值对应表绘制冲击功曲线评定韧脆性	3	曲线绘制错误扣 3 分	
			测定钢的弹性模量 E	运用万能试验机进行拉力试验做出应力应变曲线	4	试验机操作错误扣 2 分;曲线错误扣 2 分	
				通过曲线计算弹性模量	2	计算错误扣 2 分	
			评定冲击试样断口	确定韧/脆性冲击断口类型	3	类型确定错误扣 3 分	冲击试样断口分析
				评定冲击断口韧性区比例	3	评定误差每超过 10%扣 1 分	

续上表

鉴定项目类别	鉴定项目名称	国家职业标准规定比重(%)	《框架》中鉴定要素名称	本命题中具体鉴定要素分解	配分	评分标准	考核难点说明
"E"	硬度试验	60	根据材质选择试验条件进行维氏硬度试验	根据试样类型选择载荷	3	载荷选择不当扣3分	维氏硬度试验操作
				操作维氏硬度计测定试样心部硬度	4	硬度计操作不当扣4分	
	轴承钢金相检验		对轴承钢珠光体组织评级	轴承钢粒状珠光体组织评级	2	评级误差每超过0.5级扣1分	轴承钢常规检验项点的知识掌握与操作
			对轴承钢夹杂物评级	轴承钢夹杂物类型辨认	3	夹杂物类型辨认错误扣3分	
				夹杂物评级	3	评级误差每超过0.5级扣1分	
			对轴承钢共晶碳化物不均匀度评级	轴承钢共晶碳化物不均匀度评级	2	评级误差每超过0.5级扣1分	
			对轴承钢碳化物网状、带状、液析评级	网状碳化物评级	2	评级误差每超过0.5级扣1分	
				带状碳化物评级	2	评级误差每超过0.5级扣1分	
				碳化物液析评级	2	评级误差每超过0.5级扣2分	
	其他金相及热处理试验		进行钢的末端淬透性试验	渗碳钢的末端淬透性实验操作	2	操作顺序不当扣1分;水柱高度不够扣1分	末端淬透性试验操作
				操作洛氏硬度计确定淬透性硬度梯度	2	硬度计操作不当扣1分,压痕位置错误扣1分	
			正确制备试样并测定显微维氏硬度	制备显微维氏硬度试样	3	测试一侧出现圆角扣3分	维氏硬度试验
				测试渗碳件的渗层硬度梯度	2	读数误差大扣1分,压痕间距不符合标准扣1分	
	合金钢铸铁分析		分析产品性能与热处理工艺关系	渗碳钢原材料试棒淬回火过后强度过高冲击偏低,试分析试样热处理存在问题并提出解决方案	2.5	结论:淬火温度偏高或回火温度偏低,1.5分;解决:略降低淬火温度,略提高回火温度,1分	材料热处理基本知识
			分析显微组织与热处理工艺关系	试分析GCr15材质原材料试样热处理状态	2.5	珠光体球化退火态,2.5分	
	定量金相检验		评定球墨铸铁中石墨大小级别	评定球墨铸铁中石墨大小级别	2	石墨球平均直径计算错误扣2分	球墨铸铁定量分析评级
			评定球墨铸铁中石墨球数级别	评定球墨铸铁中石墨球数级别	3	石墨计数错误扣1分;计算错误扣2分	

续上表

鉴定项目类别	鉴定项目名称	国家职业标准规定比重(%)	《框架》中鉴定要素名称	本命题中具体鉴定要素分解	配分	评分标准	考核难点说明
"F"	电子显微分析	20	选择断口分析的适当分析方法	在SEM、TEM、XRD中选取断口分析的适当分析方法并简述机理	2.5	选择错误扣2.5分；选择正确原理叙述错误扣1.5分	电子显微基本知识
			选择成分定性分析的适当分析方法	在SEM、TEM、XRD中选取定性分析的适当分析方法并简述机理	2.5	选择错误扣2.5分；选择正确原理叙述错误扣1.5分	
	计算机操作		确认计算机故障，并采取相应的处理措施	试验机软件故障(无法打开联机软件)排除	1.5	重新安装软件，不能排除故障扣1.5分	与设备联机计算机的基本调试、排障
				联机电脑硬件故障(内存松动)排除	1.5	重新安装内存，不能排除故障扣1.5分	
			设置和调控检验设备联机	设置拉力试验机软件参数	1	设置引伸计标准码参数，错误扣1分	
				拉力试验机设备重新联机	1	联机失败扣1分	
	力学数据处理		找出拉伸曲线上各特性点并计算对应性能强度指标	验算抗拉强度	2	选点错误扣1分；计算错误扣1分	力学实验项点手工计算
				验算下屈服强度	2	选点错误扣1分；计算错误扣1分	
				验算总延伸强度	1	选点错误扣1分；计算错误扣1分	
	事故处理		叙述本岗位事故类型及处理方式	叙述本岗位事故类型及处理方式	3	热处理操作、磨抛操作结束后向考官陈述该项目的事故危险性和注意要点，缺少1次扣1.5分	实验室安全操作基本知识与技能
			组织进行各类事故的处理	组织进行各类事故的处理	2	对火灾事故类型进行模拟处理	
质量、安全、工艺纪律、文明生产等综合考核项目				考核时限	不限	每超时15分钟，扣10分	
				工艺纪律	不限	依据企业有关工艺纪律管理规定执行，每违反一次扣10分	
				劳动保护	不限	依据企业有关劳动保护管理规定执行，每违反一次扣10分	
				文明生产	不限	依据企业有关文明生产管理规定执行，每违反一次扣10分	
				安全生产	不限	依据企业有关安全生产管理规定执行，每违反一次扣10分，有重大安全事故，取消成绩	